質量管理

主　編　楊小杰　陳昌華
副主編　牟紹波　羅　劍　陳希勇　金小琴

崧燁文化

前　言

《中國製造2025》提出，堅持「創新驅動、質量為先、綠色發展、結構優化、人才為本」的基本方針，需要分三步走，到新中國成立一百年時，綜合實力進入世界製造強國前列。2016年4月，為引領中國製造升級，國務院通過了《裝備製造業標準化和質量提升規劃》，質量已經成為中國未來工業發展的重要抓手。為適應教學要求和中國經濟發展的需要，我們在總結當前質量管理發展成果的基礎上，結合教學需要，編寫了《質量管理》一書。

本書可作為工商管理專業「質量管理學」課程理論教學用書，也可作為工商管理專業碩士研究生和從事質量管理實踐相關人員使用的參考資料，全書突出體現了應用型人才培養的「實際、應用」特徵。

本書系統地介紹質量管理的基本理論和方法，並適當地補充質量管理的一些前沿知識。全書共有十一章，其中第一章為質量管理概論，主要內容包括質量管理產生與發展、質量管理的基本原理、產生質量問題的根源和提高質量的途徑；第二章為全面質量管理，主要內容包括全面質量管理的含義、全面質量管理的特點、全面質量管理的基本方法、全面質量管理的基礎性工作；第三章為質量管理體系，主要內容包括ISO 9000質量管理體系、質量管理體系的建立與有效運行、質量管理體系的要求；第四章為過程能力分析，主要內容包括過程能力分析的基本概念、常用的過程能力指數、過程績效指數；第五章為統計過程控制，主要內容包括統計過程控制的基本原理、質量控制圖；第六章為抽樣檢驗，主要內容包括批質量判斷過程、抽樣特性曲線、抽樣檢驗方案；第七章為質量經濟性分析，主要內容包括質量經濟性、質量成本管理、質量成本效益分析方法；第八章為六西格瑪管理，主要內容包括六西格瑪管理的概念和特點、六西格瑪管理的組織與推進、六西格瑪管理的方法論、精益六西格瑪管理；第九章為現場質量管理，主要內容包括現場質量管理的內容和要求、質量控制點、質量檢驗、質量改進、質量管理小組；第十章為卓越績效模式，主要內容包括卓越績效模式簡介、世界三大質量獎、中國作業績效評價準則與實施指南；第十一章為環境質量管理，主要內容包括ISO 14000的簡要介紹和環境質量管理體系的審核與實施。

本書由楊小杰、陳昌華擔任主編，負責全書的總體結構設計；牟紹波、羅劍、陳希勇、金小琴擔任副主編；楊小杰、陳昌華、牟紹波、羅劍、陳希勇、金小琴、王藝鳴、李玲、唐豔輝、王瑤、陳明月、干佳穎、簡相伍、楊洋、鄭杲奇、範柳、杜靜參加了全書的編寫。第一章由楊小杰、牟紹波、李玲編寫，第二章由楊小杰、羅劍、唐豔輝編寫，第三章由陳昌華、楊小杰、

王瑶編寫，第四章由陳昌華、牟紹波、陳希勇編寫，第五章由陳昌華、羅劍、金小琴編寫，第六章由楊小杰、陳昌華、鄭杲奇編寫，第七章由楊小杰、陳明月、干佳穎編寫，第八章由陳昌華、楊小杰、簡相伍編寫，第九章由楊小杰、陳昌華、楊洋編寫，第十章由陳昌華、範柳編寫，第十一章由楊小杰、王藝鳴、杜靜編寫。

  本書編寫過程中，參閱了大量國內外學者的相關研究成果，查閱了大量資料，謹表示衷心的感謝。由於水平所限，書中難免有不足與紕漏，懇請廣大讀者批評指正。

編者

目 錄

第一章　質量管理概論 (1)
第一節　質量管理的發展歷程 (1)
第二節　質量管理的基本原理 (7)
第三節　產生質量問題的原因與提高質量的途徑 (11)
案例分析 (15)
本章習題 (16)

第二章　全面質量管理 (17)
第一節　全面質量管理概述 (17)
第二節　全面質量管理的工具 (24)
第三節　全面質量管理的實踐 (44)
第四節　全面質量管理前沿 (47)
案例分析 (49)
本章習題 (50)

第三章　質量管理體系 (51)
第一節　基本理論 (51)
第二節　ISO 9000 族 (62)
本章習題 (73)

第四章　過程能力分析 (74)
第一節　過程能力分析的基本概念 (74)
第二節　常用的過程能力指數 (76)
第三節　過程能力分析前沿——非正態分佈 (86)
本章習題 (87)

第五章　統計過程控制 ………………………………………………（89）

第一節　統計過程控制的基本原理 ……………………………（89）

第二節　質量控制圖 ……………………………………………（96）

第三節　多變量控制圖 …………………………………………（110）

第四節　研究前沿 ………………………………………………（113）

案例分析 …………………………………………………………（114）

本章習題 …………………………………………………………（117）

第六章　抽樣檢驗 ……………………………………………………（118）

第一節　抽樣檢驗的概念 ………………………………………（118）

第二節　抽樣特性曲線 …………………………………………（119）

第三節　抽樣檢驗方案及應用 …………………………………（122）

第七章　質量經濟性分析 ……………………………………………（134）

第一節　質量的經濟特性 ………………………………………（134）

第二節　質量成本構成分析 ……………………………………（138）

第三節　質量成本效益分析 ……………………………………（156）

第四節　研究前沿 ………………………………………………（158）

案例分析 …………………………………………………………（162）

本章習題 …………………………………………………………（163）

第八章　六西格瑪管理 ………………………………………………（165）

第一節　六西格瑪管理的概述 …………………………………（165）

第二節　六西格瑪管理的組織與推進 …………………………（170）

第三節　六西格瑪管理的方法論 ………………………………（175）

第四節　精益六西格瑪管理 ……………………………………（178）

第五節　六西格瑪管理的應用 …………………………………（182）

案例分析 ……………………………………………………（191）

　　本章習題 ……………………………………………………（192）

第九章　現場質量管理 ……………………………………………（193）

　　第一節　現場質量管理的概念 ………………………………（193）

　　第二節　現場質量管理方法 …………………………………（194）

　　第三節　現場質量管理工具 …………………………………（205）

　　案例分析 ……………………………………………………（212）

　　本章習題 ……………………………………………………（213）

第十章　卓越績效模式 ……………………………………………（214）

　　第一節　卓越績效模式產生的背景 …………………………（214）

　　第二節　卓越績效模式概論 …………………………………（215）

　　第三節　卓越績效評價準則 …………………………………（220）

　　第四節　三大著名質量獎 ……………………………………（225）

　　第五節　中國全國質量獎 ……………………………………（231）

　　案例分析 ……………………………………………………（233）

　　本章習題 ……………………………………………………（234）

第十一章　環境質量管理 …………………………………………（235）

　　第一節　環境與環境管理 ……………………………………（235）

　　第二節　可持續發展與中國環境保護管理體制 ……………（238）

　　第三節　環境質量管理 ………………………………………（242）

　　本章習題 ……………………………………………………（252）

第一章　質量管理概論

第一節　質量管理的發展歷程

一、質量管理產生及發展

質量管理這個概念是隨著現代工業生產的發展逐步形成、發展和完善起來的。當然，在質量管理成為具有一套科學的管理方法和理論體系的獨立學科之前，人類很早就有了這方面的實踐活動。對出土文物的考古證實，早在一萬年前的石器時代，人類就有了「質量」意識，並開始對所製作的石器進行簡單的檢驗。古代各國也曾有過為進行質量管理而頒布的法律條文。

中國唐朝有一條法律規定：「諸造器用之物及絹布之屬，有行濫短狹而賣者，各杖六十。」這就是一條懲罰製造出售偽劣產品者的法律。又如，古巴比倫《漢謨拉比法典》中有規定，如果營造商為他人建的房屋倒塌，致使房主身亡，那麼這個營造商將被處死。雖然人類追求質的歷史可謂源遠流長，但可以看出，中外古代的原始質量管理，基本上都是屬於經驗式管理，而沒有什麼理論基礎作為依據。隨著科學技術的不斷發展和實踐經驗的不斷豐富，人們對生產活動客觀規律的認識逐步深化，質量管理這一學科正是在不斷總結實踐經驗的基礎上逐步發展而形成的，並經過了一個從實踐到理論的過程。

美國在 20 世紀初開始將質量管理作為一門學科來研究。日本從 20 世紀 50 年代開始逐步從美國引進了質量管理思想理論、技術和方法，並在推行質量管理的過程中，結合本國國情，有所創新、有所發展，最終自成體系，在不少管理方法和管理組織上超過了美國，有后來居上之勢。當前，質量管理已經發展成為一門獨立的學科，形成了一整套質量管理理論和方法。

回顧質量管理科學的發展史，可以看出，社會對質量的要求是質量管理學科發展的原動力，不同時期的質量管理理論、技術和方法為了適應社會對質量的要求都在不斷發展變化。從質量管理的產生、形成、發展和日益完善的過程，及在不同時期解決質量問題的理論、技術、方法的演變來看，質量管理大體經歷了四個發展階段，即質量檢驗階段、統計質量控制階段、全面質量管理階段和標準化質量管理階段。

二、質量管理的概念

（一）質量

質量是質量管理中的基本概念。因此，為了使質量有一個統一、標準的定義，國際標準化組織在 1994 年發布的 ISO 8402《質量管理和質量保證》標準中提出了具有權威性的定義：「反應實體滿足明確和隱含需要的能力的特徵總和。」在 2000 版和 2005 版 ISO 9000 族標準中，質量的概念被修改為「一組固有特性滿足要求的程度」，這裡的質量，不僅指產品的質量，還可以是過程或體系質量。

「固有」，是指在某事或某事物中本來就有的，尤其是那種永久性特性。

「特性」，是指可區分的特徵，如物理的（如機械的、電的、化學或生物學的特性）、感官的（如嗅覺、觸覺、味覺、視覺）、行為的（如禮貌、正直、誠實）、時間的（如準時性、可靠性）、人體功效（如生理的或有關人身安全等的特性）、功能的（如飛機的速度）。

「要求」，是指明示的、通常隱含的或必須履行（如法律法規、行規）的需求或期望（通常「隱含的」是指組織、顧客和其他相關方的慣例、習慣或一般做法，嗦考慮的需求或期望不言而喻）。

質量具有如下「四性質」：

經濟性。因為「要求」匯集了價值的表現，物美價廉是反應人們的價值取向，物有所值就是質量經濟性的表現。

廣義性。產品、過程、體系都具有固有特性。因此質量既指產品質量，也指過程質量和體系質量。

時效性。顧客和其他相關方對組織的產品、過程和體系的需求不斷變化，組織應不斷地調整對質量的要求。

相對性。顧客和其他相關方可能對同一產品的功能提出不同的要求，也可能對同一產品的同一功能提出不同的要求。需求不同，質量要求也就不同。

（二）質量管理

質量管理指在質量方面指揮和控制組織的協調活動。這些活動通常包括制定質量方針和質量目標的制定、質量策劃、質量控制、質量保證、質量改進與持續改進。

1. 質量方針的制定和質量目標的制定

質量方針是組織最高管理者正式發布的關於質量方面的全部意圖和方向。它是企業總的經營戰略方針的組成部分，是管理者對質量的指導思想和承諾，是組織質量行為的準則。

質量目標是在質量方面追求的目的。它是質量方針的具體體現，是企業經營目標的一部分。目標既要先進，又要可行，便於實施和檢查。

2. 質量策劃

質量策劃是質量管理的一部分，致力於制定質量目標並規定必要的運行過程和相關資源以實現質量目標。

3. 質量控制

質量控制致力於滿足質量要求，它作為質量管理的一部分，適用於對組織的任何質量控制，包括生產領域、產品設計、原材料採購、服務的提供、市場銷售、人力資源配置等，幾乎涉及組織內所有活動。

質量控制是一個設定標準、測量結果、判斷是否達到預期要求，對質量問題採取措施進行補救或防止再發生的過程。總之是一個確保生產出來的產品滿足要求的過程。

4. 質量保證

質量保證致力於提供質量要求會得到滿足的信任。它的關鍵是「信任」，不是當買到不合格產品后的包修、包換、包退。質量保證的前提和基礎是保證質量和滿足要求，質量管理體系的建立和有效運行是提供信任的重要手段。

組織規定的質量要求，包括產品、過程、體系的要求，必須完全反應顧客的需求，才能給顧客足夠的信任。因此，顧客對供方質量管理體系要求方面的質量保證往往需要證實。證實的方法有：供方的合格證明；提供形成文件的基本證據、其他顧客認定的證據；顧客親自審核；第三方審核出具的認證證據等。

質量保證分為內部保證和外部保證兩種，內部質量保證是向自己組織管理者提供信任，外部保證是向顧客和其他相關方提供信任。

5. 質量改進與持續改進

質量改進是致力於增強滿足適量要求的能力。因要求是各方面的，故改進也是各方面的，主要包括體系、過程、產品等。持續改進是增強滿足要求的能力的循環活動。

持續改進是對「沒有最好，只有更好」的最好詮釋。任何組織或任何組織內的任何一個業務，不管其如何完善，總存在進一步改進的空間。這就是要求不斷制定改進目標並尋找改進機會。持續改進體現了質量管理的核心理念：「顧客滿意，持續改進。」

(三) 過程與程序

一般意義上講，過程是指事物發展所經過的程序、階段；從物理意義上講，過程是系統從一個狀態（始態）到另一個狀態（終態）的發展經過；從哲學意義上講，過程是指物質運動在時間上的持續性和空間上的廣延性，是事物及其事物矛盾存在和發展的形式。

質量管理中，過程的定義為：一組將輸入轉化為輸出的相互關聯或相互作用的活動。其中，凡是過程輸出的產品不易或不能經濟地驗證其合格與否，而在后續過程或使用時才能顯現的過程，稱為「特殊過程」。

過程含有四個要素：輸入、輸出、控制和資源，以蒸汽生產過程為例（圖1-1）。任何一個過程都有輸入和輸出，輸入是實施過程的基礎、前提和條件，輸出是過程完成后的結果，輸出可能是有形產品，也可能是無形產品，如軟件或服務。

程序是指「為進行某項活動或過程所規定的途徑」。

程序是過程控制的依據，形成文件的程序通常包括某項活動的目的和範圍，明確做什麼（what）、誰來做（who）、何時做（when）、何地做（where）、為什麼做（why）和如何做（how）（簡稱5M1H），以及所需的資源和如何進行控制與記錄等。

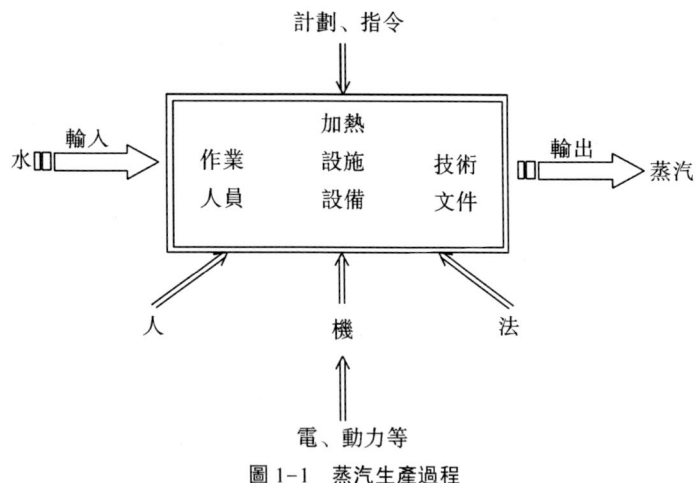

圖 1-1 蒸汽生產過程

程序是一種路徑。由一種程序可以找出另一種程序，程序有著客觀的、頑強的執行規律，具有動態因果。而程序的規範性功能使所控制的程序處於受控狀態，但程序維護既定的途徑有時而與時俱進的創新是相背離的。因此，只有既遵守程序又不斷改進程序，才能對過程實施有效的控制。

（四）產品

產品是「過程的結果」。

服務、軟件、硬件和流程材料是四種通用的產品類別。服務通常是無形的，並且在供方和顧客接觸面上至少需要完成一項活動結果。軟件由信息組成，通常是無形產品並可以方法、論文、程序的形式存在。硬件通常是有型產品，其度量具有計數或計量的特性。流程材料通常是有形產品，其度量具有連續特性，如潤滑油硬件和流程性材料經常被稱為貨物。

三、質量管理發展階段

質量管理的產生和發展過程走過了漫長的道路，可以說源遠流長。從人類歷史上自有商品產生以來，就有了以商品成品為主的質量檢驗方法。根據歷史文獻記載，中國早在2,400年前，就產生了青銅制刀槍的質量檢驗制度。

隨著生產力的發展，科學技術和社會文明的進步，質量的含義也不斷的豐富和擴展。從開始的實物產品質量發展為產品或服務滿足規定和潛在需要的特徵和特性之總和，再發展到今天的實體，即可以單獨描述研究和事物的質量。

按照質量管理所依據的手段和方式，我們可以將質量管理發展歷史大致劃分為操作者的質量管理、質量檢驗階段、統計質量控制階段、全面質量管理四個階段。

（一）操作者的質量管理階段

這個階段是指從開始出現質量檢驗一直到19世紀末資本主義的工廠逐步取代分散

經營的家庭手工作坊為主的一段時間。在這段期間，受小生產經營方式或手工作坊式生產經營方式的影響，產品質量主要依靠工人的實際操作經驗，靠手摸、眼看等感官估計和簡單的度量衡器測量而定。工人既是操作者又是質量檢驗者，且經驗就是「標準」。質量標準的實施是靠「師傅帶徒弟」的方式言傳身教進行的，因此，有人稱之為「操作者的質量管理」。

據歷史記載，早在 2,400 多年前的周禮《考工記》就有相關的對產品設計標準、對產品進行質量檢驗合格才能使用的記載。先秦時期的《禮記·月令》，就有「物勒工名，以考其誠，工有不當，必行其罪，以究其情」的記載。其內容是在生產的產品上刻上工匠或工廠的名字，並設置了政府中負責質量的官員職位「大工尹」，其目的是考察質量，如果質量不好就要處罰和治罪。當時的手工業產品主要是兵器、車輛、量器、鐘、鼓等。由於兵器的質量是決定當時戰爭勝負的關鍵，是生死攸關的大事，因此，質量檢驗就更加詳細和嚴格。

北宋時期，為了加強對兵器的質量檢驗，專設了軍器監。當時軍器監總管沈括所著《夢溪筆談》中就談到了當時兵器生產的質量管理情況。當時兵器生產批量劇增，質量標準也更加具體。對弓的標準就有下列六條：弓體輕巧而強度高；開弓容易且彈力大；多次使用弓力不減弱；天氣變化，無論冷熱，弓力保持一致；射箭時弦聲清脆，堅實；開弓時，弓體正，不偏斜。

這些質量標準基本上是實踐經驗的總結。該階段的質量管理主要依靠工匠的實際操作技術，靠手摸、眼睛看等感官估計和監督的度量衡器測量而定，靠師傅傳授技術經驗來達到質量標準。

(二) 質量檢驗階段

資產階級工業革命之後，機器工業生產取代了手工作坊式生產，勞動者集中到一個工廠內共同進行批量生產勞動，於是產生了企業管理和質量檢驗管理。

1918 年前後，美國出現了以泰勒為代表的「科學管理運動」，強調工長在質量保證方面的作用，於是執行質量管理的責任就由操作者轉移給工長。有人稱它為「工長的質量管理」。1940 年以前，由於企業規模的擴大，這一職能又由工長轉移給專職的檢驗人員，大多數企業都設置了專門的職位，有人稱它為「檢驗員的質量管理」。專職檢驗的特點是「三權分立」，即有人專職制定標準（立法），有人負責生產製造（執法），有人專職按照標準檢驗產品質量（司法）。

但是我們又看到了這種檢驗的不足。其一，是出現質量問題容易推諉，缺乏系統優化觀念；其二，它屬於「事後檢驗」，無法在生產過程中完全起到預防、控制的作用；其三，它要求對產品進行百分之百的檢驗，這樣做有時在經濟上並不合理，有時從技術上考慮也不可能，在生產規模擴大和大批量生產的情況下，這個弱點尤為突出。后來又改為百分比抽樣，以減少檢驗損失費用。但這種方法片面的認為樣本和總體是成比例的，因此，抽樣的樣本總數是和檢驗批量數保持一個規定的比值，如百分之幾。但這就導致了大批嚴、小批寬，以致產品批量增大后，抽樣檢驗越來越嚴格的情況，使相同質量的產品因批量的大小而受到不同的處理。

（三）統計質量控制階段

由於「事後檢驗」為主的質量管理不斷地暴露出弊端，一些著名的統計學家和質量管理專家開始研究運用數理統計學的原理來解決這些問題。美國貝爾電話實驗室的工程師休哈特提出了統計過程控制理論——應用統計技術對產生過程進行監控，以減少對檢驗的依賴。這種新方法解決了質量檢驗事後把關的不足。1924年5月16日，休哈特設計了世界第一張控制圖。1930年貝爾電話實驗室的另外兩名成員道奇和羅米格又提出了統計抽樣方法，並設計了實際使用的「抽樣檢驗表」，解決了全數抽樣和破壞性檢驗在應用中的困難。20世紀40年代，美國貝爾電話公司應用統計質量控制技術取得成效；美國軍方在軍需物資供應商中推進統計質量控制技術；美國軍方制定了展示標準Z1.1、Z1.2、Z1.3——最初的質量管理標準。三個標準均以休哈特、道奇和羅米格的理論為基礎。

由於採用質量控制的統計方法在實際中取得了顯著效果，第二次世界大戰後，日本、英國等很多國家開始積極採用、開展統計質量控制活動，並取得成效。利用數理統計原理，將事後檢驗變為事前控制的方法，使質量管理的職能由專職檢驗人員轉移到專業的質量控制工程師來承擔。這標誌著將事後檢驗的觀念改變為預測質量事故的發生並事先加以預防的觀念的形成。

（四）全面質量管理階段

從20世紀50年代開始，由於出現了一大批高安全性、技術密集型和大型複雜產品，僅在製造過程實施質量控制，以保證產品質量，質量管理發展到了質量保證階段，質量管理的重點從早期集中於生產過程擴展到了產品設計和原材料的採購。質量保證要求高層領導更多地參與到質量管理中來。

美國通用電氣公司質量控制經理費根堡姆於1961年在其寫作的《全面質量管理》(Total Quality Control) 一書中，首次提出全面質量管理的概念，並指出：為了生產具有合理成本和較高的質量品質，以適應市場的要求，只注重個別部門的活動是不夠的，需要對覆蓋所有職能部門的質量活動進行策劃。該書強調執行質量智能是公司全體人員的責任，應該使企業全體人員都具有質量意識並承擔質量責任。

20世紀60年代以後，費根堡姆的全面質量管理概念逐步被世界各國所接受。全面質量管理可概括為「三全一多樣」，即全員質量管理、全過程質量管理、全方位質量管理、多種多樣的質量管理方法或工具。從統計質量控制發展到全面質量管理，是質量管理工作的一個飛躍，全面質量管理活動的興起標誌著質量管理進入了一個新階段，它使質量管理更加的完善，成為一種新的科學化管理技術。隨著對全面質量管理認識的不斷深化，人們認識到全面質量管理實質上是一種以質量為核心的經營管理，可以稱之為質量經營。

第二節　質量管理的基本原理

一、戴明「PDCA 循環」

戴明博士是世界著名的質量管理專家，他對世界質量管理發展做出的卓越貢獻享譽全球。戴明博士最早提出 PDCA 循環的概念，又稱為「戴明環」。PDCA 環不但在質量管理中得到了廣泛的應用，更重要的是為了現代管理理論和方法開拓了新思路。P、D、C、A 四個英文字母所代表的意義如下：

P（Plan）——計劃，包括方針和目標的確定以及活動計劃的制訂；

D（Do）——執行，執行就是具體運作，實現計劃中的內容；

C（Check）——檢查，就是要總結執行計劃的結果，分清哪兒對了、哪兒錯了，明確效果，找出問題；

A（Action）——行動（或處理），對總結檢查的結果進行處理，成功的經驗加以肯定，並予以標準化，或指定作業指導書，便於以後工作是遵守；對於失敗的教訓也要總結，以免重現。

PDCA 循環具有以下幾個顯著的特點：

1. 周而復始

PDCA 循環的四個過程不是運行一次就完結，而是周而復始的進行。一個循環結束，解決了一部分問題，可能還有問題沒有解決，或者又出現新的問題，再進行下一個 PDCA 循環，依此類推。PDCA 循環原理如圖 1-2 所示。

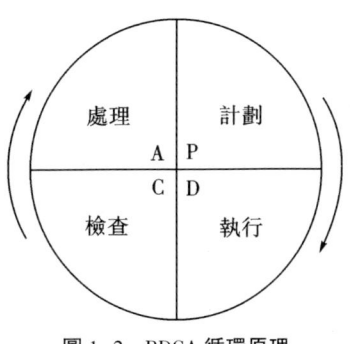

圖 1-2　PDCA 循環原理

2. 大環帶小環

PDCA 循環結構如圖 1-3 所示，類似行星輪系，一個公司或組織整體運行體系與其內部各子體系的關係，是大環帶小環的有機邏輯組合體。

3. 階梯式上升

PDCA 循環不是停留在一個水平上的循環，不斷解決問題的過程就是水平逐步上升的過程，如圖 1-4 所示。

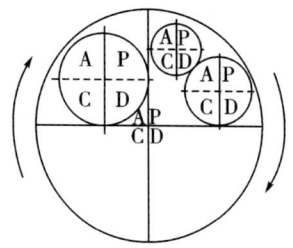
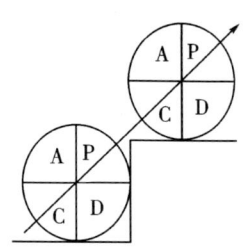

圖 1-3　PDCA 循環結構　　　　　　圖 1-4　PDCA 循環的功能

4. 統計的工具

PDCA 循環應用了科學的統計概念和處理方法。作為推動工作、發現問題和解決問題的有效工具，典型的模式被稱為「四個階段」「八個步驟」。「四階段」是 P、D、C、A，八個步驟是：

（1）分析現狀，找出問題。

（2）根據存在的問題，分析產生質量問題的各種影響因素。

（3）找出影響質量問題的主要因素，並從主要因素中著手解決質量問題。

（4）針對影響質量的主要原因，制定技術、組織的改進措施和方案，執行計劃和預計效果。改進措施包括 5W1H 內容和要求。

①Why：為什麼要制訂這個計劃；

②What：達到什麼目標；

③Where：在哪裡執行；

④Who：由誰來執行；

⑤When：什麼時間完成；

⑦How：如何實施。

以上 4 個步驟就是 P 階段的具體化。

（5）執行，按照既定計劃執行，即 D 階段。

（6）檢查，根據計劃的要求，檢查實際執行結果，即 C 階段。

（7）鞏固成果，根據檢查結果進行總結，把成功的經驗和失敗的教訓總結出來，對原有的制度、標準進行修正，也要把成功的經驗肯定下來制定成為標準和規則，以指導實踐。鞏固已取得的成績，同時防止重蹈覆轍。

（8）提出這一次循環尚未解決的遺留問題，並將其轉到下一次 PDCA 循環中，作為下一階段的計劃目標。

除了 PDCA 循環以外，戴明博士還提出了著名的「十四點」。

（1）樹立改進產品和服務的恆久目標，目的是成為有競爭力的、可持續發展的企業。

（2）採納新的哲學，我們處在新的經濟時代，西方管理界應當在挑戰面前覺醒，必須意識到他們的責任和承擔起領導變革的任務。

（3）停止依靠檢驗來達到質量標準的做法。消除對大量檢驗的依賴，從一開始就

把產品質量做好。

（4）不要僅以價格作為業務（採購）的考核標準，而應當盡量降低總成本。朝著每個品種一家供應商方向努力，建立長期忠誠和信任關係。

（5）通過持續不斷地改進生產系統提高質量和生產率，從而降低成本。

（6）實施在崗培訓。

（7）發揮領導力。監督的目的應當是使工人、設備和裝置更好地完成工作。應當終止由管理當局實施的監督，而是讓生產工人自我監督。

（8）消除恐懼，使每個人為公司卓有成效地工作。

（9）拆除部門之間的圍牆。研究、設計、銷售和生產部門的員工必須像一個團隊一樣工作，以預見產品和服務在生產和使用中的問題。

（10）摒棄用來號召工人達到零缺陷和更高生產率的口號、勸導和目標。這種方式只能停留在表面上，因為造成低質量和低生產率的主要原因是系統性的，不是工人所能控制的。

（11）不應當剝奪工人為自己擁有高超技藝而自豪的權利和尊嚴，監督者的責任應當從關注數字轉向關注質量。

（12）管理者和工程師享有的以工作為榮的權利和尊嚴，這意味著，取消年度的和業績的評級以及目標管理。

（13）實施生機蓬勃的教育和自我改進計劃。

（14）使每個員工都參與變革，變革是每個人的職責。

二、朱蘭「螺旋曲線」

產品的質量有產生、形成和實現的過程。美國質量管理專家朱蘭於20世紀60年代用一條螺旋上升的曲線向人們揭示了產品質量有一個產生、形成和實現的過程，人們稱之為「朱蘭質量螺旋曲線」（圖1-5）。

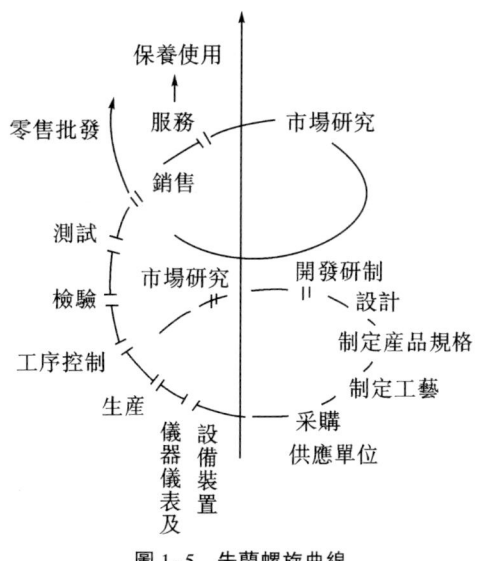

圖1-5　朱蘭螺旋曲線

「朱蘭螺旋曲線」描述的過程包括一系列活動或工作：市場研究、開發、制定工藝、採購、生產、過程控制、檢驗、銷售、售後服務等環節，也闡述了5個重要理念：

產品質量的形成由市場研究到銷售、服務等多個環節組成，共處於一個系統，相互依賴、相互聯繫、相互促進，要用系統的觀點來進行質量管理；

產品質量形成的這些環節一個循環接一個循環，周而復始，不是簡單重複，而是不斷上升、不斷提高的過程，所以，質量要不斷改進；

產品質量形成是全過程的，對質量要進行全過程管理；

產品質量形成的全過程中存在供方、銷售商和顧客的影響，涉及企業之外的因素，所以，質量管理是一個社會系統工程；

所有的質量活動都是由人來完成的，質量管理應該以人為主體。這些環節環環相扣，相互制約和作用，不斷循環，周而復始，每經過一次循環，就意味著產品質量的一次提高。

「朱蘭螺旋曲線」的提出，推動了人們對質量概念的認識逐漸從狹義的產品質量向廣義的企業整體質量發展。人們相信，只有整體質量水平高的企業，才可能可靠地持續開發、製造和提供高質量的產品。

三、桑德霍姆「質量循環」

與朱蘭螺旋曲線類似的另一種提法是桑德霍姆質量環（圖1-6）。它是瑞典的質量管理學家 L. 桑德霍姆（L. Sandholm）首先提出的。

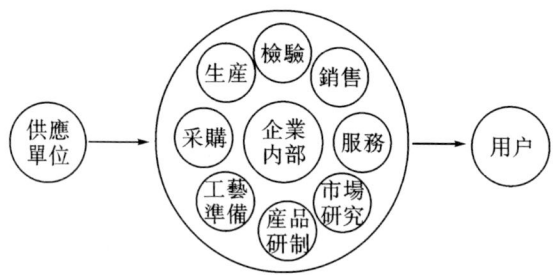

圖1-6　桑德霍姆質量循環

桑德霍姆「質量循環」和朱蘭的「螺旋曲線」異曲同工，都是用來說明產品質量形成過程的。可以把質量循環看成是螺旋曲線的俯視圖，只是它從13個環節選擇8個主要的環節來構圖，也稱八大質量職能。「質量循環」的內涵在於：質量水平的提高有依賴於組織內部各個過程的密切配合。

四、克勞斯比「零缺陷」

菲利浦·克勞斯比（Philip B. Crosby）被譽為「零缺陷之父」「世界質量先生」，致力於「質量管理」哲學的發展和應用。

克勞斯比的主要觀點是：質量即複合要求，而不是最好；預防生產質量，檢驗不能產生質量；產品和工作標準是「零缺陷」，而不是差不多就好；不符合要求的代價是

金錢，而不是其他。

克勞斯比認為追求品質並不難，以下是克勞斯比強調的「三要」：

第一，要痛下決心。從最高層到基層員工都要痛下決心，提升品質——意識改革，達成共識。

第二，要教育訓練。光有決心還是不夠，還要具備能力，能力來源於堅持不斷的培訓——方法改革，提升人的品質。

第三，要貫徹執行。全體動員，全面品管，全員參與進行提升品質的具體活動——不停留在文件或口號上，重視執行力。

我們可以從以下幾個方面來理解「零缺陷」：

質量。這裡的質量是指正確的質量，滿足要求的質量。20世紀美國一些汽車公司把汽車做得很大就是不正確的。

免費。在正確的質量上投入得到的回報比投入多，即使這種回報不是立竿見影。

追求。追求是一種願望，未必已經達到，或非達到不可。

零缺陷。正是因為質量是免費的，所以要追求零缺陷，但並不意味著在一定時期內不計代價的投入，而是應該有一個最適宜的水平區域。隨著時間的推移，這個區域一定會向更高水平變化。

第三節　產生質量問題的原因與提高質量的途徑

一、產品質量問題

（一）影響產品質量的因素

產品生產出現質量瑕疵的原因很多，我們主要從生產過程中影響產品質量的主要因素來分析：員工（Man）、設備（Machine）、物料（Material）、工藝方法（Method）、檢測手段（Measure）、工作環境（Environment），簡稱「5M1E」。

1. 操作人員因素

凡是操作人員起主導作用的過程所產生的缺陷，一般可以由操作人員控制。造成操作誤差的主要原因有：質量意識差；操作時粗心大意；不遵守操作規程；操作技能低、技術不熟練，以及由於工作簡單重複而產生厭煩情緒等。防誤和控制措施如下：

（1）加強「質量第一、用戶第一、下道工序是用戶」的質量意識教育，建立健全質量責任制；

（2）編寫明確詳細的操作規程，加強過程專業培訓，頒發操作合格證；

（3）加強檢驗工作，適當增加檢驗的頻次；

（4）通過工種間的人員調整、工作經驗豐富化等方法，消除操作人員的厭煩情緒；

（5）廣泛開展品管（QC）圈活動，促進自我提高和自我改進能力。

2. 機器設備因素

機器設備方面主要控制措施有：

（1）加強設備維護和保養，定期檢測機器設備的關鍵精度和性能項目，並建立設備關鍵部位日點檢制度，對過程質量控制點的設備進行重點控制；

（2）採用首件檢驗，核實定位或定量裝置的調整量；

（3）盡可能配置定位數據的自動顯示和自動記錄裝置，以減少對工人調整工作可靠性的依賴。

3. 材料因素

材料因素主要控制措施有：

（1）在原材料採購合同中明確規定質量要求；

（2）加強原材料的進廠檢驗和廠內自制零部件過程和成品的檢驗；

（3）合理選擇供應商（包括「外協廠」）；

（4）搞好協作廠間的協作關係，督促、幫助供應商做好質量控制和質量保證。

4. 工藝方法的因素

工藝方法包括工藝流程的安排、工藝之間的銜接、過程加工手段的選擇（加工環境條件的選擇、工藝裝備配置的選擇、工藝參數的選擇）和過程加工指導文件的編製（如工藝卡、操作規程、作業指導書、過程質量分析表等）。

工藝方法對過程質量的影響，主要來自兩個方面：一是制定的加工方法，選擇的工藝參數和工藝裝備等的正確性和合理性；二是貫徹、執行工藝方法的嚴肅性。

工藝方法的防誤和控制措施：

（1）保證定位裝置的準確性，嚴格首件檢驗，並保證定位中心準確，防止加工特性值數據分佈中心偏離規格中心；

（2）加強技術業務培訓，使操作人員熟悉定位裝置的安裝和調整方法，盡可能配置顯示定位數據的裝置；

（3）加強定型刀具或刃具的刃磨和管理，實行強制更換制度；

（4）積極推行控制圖管理，以便及時採取措施調整；

（5）嚴肅工藝紀律，對貫徹執行操作規程進行檢查和監督。

（6）加強工具工裝和計量器具管理，切實做好工裝模具的週期檢查和計量器具的週期校準工作。

5. 測量因素

測量因素主要控制措施包括：

（1）確定測量任務及所要求的準確度，選擇適用的、具有所需準確度和精密度能力的測試設備；

（2）定期對所有測量和試驗設備進行確認、校準和調整；

（3）規定必要的校準規程。其內容設備包括設備類型、編號、地點、校驗週期、校驗方法、驗收標準，以及發生問題時應採取的措施；

（4）保存校準記錄；

（5）發現測量和試驗設備未處於校準狀態時，立即評定以前的測量和試驗結果的有效性，並記入有關文件。

6. 環境的因素

所謂環境，一般指生產現場的溫度、濕度、噪音干擾、振動、照明、室內淨化和現場污染程度等。

在確保產品對環境條件的特殊要求外，還要做好現場的管理、整頓和清掃工作，大力搞好文明生產，為持久地生產優質產品創造條件。

（二）解決質量問題的流程

質量計劃應當包括一套解決問題和糾正瑕疵的程序，以應付出現的問題或瑕疵。這需要始終如一的方法和嚴密的流程，確保以有效的方式解決問題和糾正瑕疵。一種有效的方法由以下六個步驟組成：

（1）界定問題範圍。找出問題以及分析它或它們所產生的影響；

（2）糾正問題。糾正在第一步驟中發現的問題；

（3）確定問題根源。確定問題或瑕疵產生的原因，而不僅僅是問題或瑕疵的表面現象；

（4）糾正流程的缺陷。確認流程中的弱點，改變流程以消除產生問題的根源；

（5）評價糾正行為。檢驗流程，以確保糾正行為是有效的，而且能夠消除問題或瑕疵的根源；

（6）后續工作。評價糾正行為，確保不會由於改變流程而產生新的問題或瑕疵。

二、提高產品質量的方法

產品質量對社會來說，綜合體現了經濟、技術和科學文化的水平。對企業來說，綜合反應了管理、技術和思想政治工作的水平。所以產品質量的高低是社會生產力水平的反應，是技術經濟發展的標誌，而且與人們的生活息息相關。從最初人們認識到質的重要性之後，就在提高質量的道路上不斷的探索，經過不斷的實踐，主要總結出如下切實可行的方法。

（一）全面質量管理

全面質量管理（Total Quality Managment，簡稱 TQM）是以組織全員參與為基礎的質量管理形式，是一種以顧客的要求和期望為驅動的管理方法，旨在對產品全過程質量問題進行管理和控制。其主要方法有 PDCA 循環、質量管理新老七種工具、標杆法、QC 小組、頭腦風爆法等，這些方法的應用，能有效地發現產生質量問題的原因，由此找出解決方法，提高產品質量。詳見第二章。

（二）過程能力分析

過程能力分析是通過檢查過程的固有變異和分佈來估計生產符合規範所允許的公差範圍的產品的能力。由於過程能力分析能評價過程的固有變異，估計預期的不合格品率，因此，它使組織能估計出不合格產品所發生的費用，並做出有助於指導過程改進的決策。確定過程能力的最低標準可指導組織選擇能用於生產可接收產品的過程和設備。此外，過程能力分析還可用於評價過程任一部分（如某一特定機器）的能力，

13

如「機器能力」的分析可用來評價特定設備或估算其對整個過程能力的貢獻。

過程能力分析可用在下述場合：

通過確保零件的變異與組裝產品中允許的總容差相一致，過程能力可用來建立製造產品的合理加工規範。相反，當需要嚴格的容差時，零件的製造商需要達到規定的過程能力水平，以確保高產低耗，較高的過程能力指標有時用在零件和分系統級，以達到所期望的複雜系統的累積質量和可靠性；汽車、航空航天、電子學、食品、醫藥以及醫療設備的製造商通常將過程能力作為評價分承包方和產品的主要準則。這使這些製造商可將對採購產品和材料的直接檢驗減至最少；一些製造業和服務業的公司通過跟蹤過程能力指數，以識別過程改進的需求，或驗證這些改進的有效性；機器能力的分析用來評價機器按規定要求生產或運行的能力，這有助於組織做出採購或修理機器的決定。詳見第四章。

（三）抽樣檢驗

抽樣檢驗是質量管理工作的重要技術基礎，是產品質量控制技術體系的重要組成部分。其特點是「不對所有的產品進行檢驗，而僅從產品總體中抽取一定量的樣本進行檢驗，根據對樣本檢驗的結果來判定批或過程的總體質量水平是否達到了預期要求」。

在現代質量管理的各項活動中，經常要用到的「抽樣檢驗」事實上是指「統計抽樣檢驗」。統計抽樣檢驗的含義是指以概率論與數理統計科學為依據，利用統計檢驗原理設計出抽樣檢驗方案，對生產方和使用方都給予適當保護的一整套檢驗技術體系。

使用抽樣檢驗程序的優點在於：一方面能在較大置信度下判定產品總體是否達到預期的質量要求；另一方面可以通過降低檢驗的產品數量，大大節省檢驗工作量，提高檢驗效率。抽樣檢驗技術研究的目標是要追求經濟性、科學性和可靠性。一個「好」的抽樣檢驗系統，應是用盡可能低的費用（經濟性，包括人力和財力的節約），有效地利用統計檢驗技術，控制隨機抽樣造成的兩類風險（科學性），且對產品質量檢驗或（和）評估給出可靠的結論（可靠性）。詳見第六章。

（四）質量經濟性分析

質量經濟性是指產品壽命週期全過程的經濟性。質量經濟性強調產品不僅要滿足適用性的要求，還應重視經濟性。質量經濟性分析是分析產品質量與投入、產出之間的關係，是研究產品質量與成本變化、效益產生之間的關係，爭取以最小的勞動耗費，提供符合需求的商品和服務，獲得最佳的企業經濟效益和社會效益。質量經濟性分析是質量經濟性管理的基礎。質量經濟性管理就是通過質量經濟性分析和經濟效益評價，通過對不同的質量水平和不同的質量管理改進措施進行分析和評價，確定既能滿足顧客需求又能投入較小成本的質量管理方案，以獲取產品的質量經濟性。

（五）質量成本效益分析

質量成本分析就是通過分析產品（或服務）質量與成本升降因素及其對經濟效益影響程度的分析。在實際工作中，質量過高或過低都會造成浪費，不能使企業獲得好

的經濟效益。因此，必然要求實現最佳質量水平和最佳成本水平。為了使企業產品（或服務）質量和成本達到最佳質量水平，就應圍繞企業經營目標分析企業內外各種影響因素。外部的影響因素主要是購買者考慮產品（或服務）性能、可靠性、維修性與產品（或服務）價格之間的關係。內部影響因素就是考慮提高質量與為此所消耗的費用之間的關係。從原則上講，最佳質量水平是要達到必要功能與成本耗費的最佳結合。從這個意義上說，計算質量成本不是目的，其目的在於進行質量成本分析及其效果。詳見第七章。

（六）六西格瑪

六西格瑪是一項以數據為基礎，追求幾乎完美的質量管理方法。δ 是一個希臘字母，中文譯音是西格瑪，統計學用來表示標準偏差，即數據的分散程度。對於連續可計量的質量特性，「δ」可表於質量特性總體上對目標值的偏離程度。幾個 δ 是一種表示品質的統計尺度。任何一個工作程序或工藝過程都可用幾個 δ 表示。6 個 δ 可解釋為每一百萬個機會中有 3.4 個出錯的機會，即合格率是 99.999,66%。而 3 個 δ 的合格率只有 93.32%。六西格瑪的管理方法重點是將所有的工作作為一種流程，採用量化的方法分析流程中影響質量的因素，找出最關鍵的因素加以改進從而達到更高的客戶滿意度。詳見第八章。

（七）現場質量管理

現場質量管理是針對生產現場和服務現場的質量管理。全面質量管理的思想和活動需要通過現場質量管理在企業的基層中得以貫徹和實施，尤其是全面質量管理的各項基礎工作更需要在現場質量管理中得到落實。因此，現場質量管理是全面質量管理的重要組成部分，它在全面質量管理中具有重要的作用。

現場質量管理的內容十分豐富，主要方法有製造過程的質量控制、服務過程的質量控制、產品質量檢驗、質量改進、5s 活動、質量管理小組等。詳見第九章。

案例分析

南京冠生園月餅陳餡事件

2001 年 9 月 3 日中央電視臺「新聞 30 分」播出了南京冠生園舊月餅翻新「再利用」的新聞。

2000 年中秋節過後，冠生園食品廠沒有賣完的月餅被陸續從各地回收，運進了蒙著窗戶紙的車間。據知情人士透露，被回收的月餅主要有豆沙、鳳梨和蓮蓉三大類。它們首先要被工人去皮取餡，這是加工這些月餅的第一道工序，一些人負責剝去月餅的塑料外包裝，另外一些人用小鏟刮掉月餅皮剝出裡邊的餡料，被剝出來的月餅餡接著被送到半成品車間重新攪拌炒制，它們由一個個獨立的月餅餡融成了一個整體。當這一切都完成后，近百箱熬好的餡料被入庫冷藏。記者拍攝了這個場景的全過程，拍攝時間是 2000 年 10 月 24 日。

2001 年 7 月 2 日，距離中秋節還有整整三個月，南京冠生園食品廠正式開工趕制

月餅了。記者發現，冷庫門被打開了，那些保存了近一年的餡料被悄悄地派上了用場。在接下來的幾天裡，記者陸續拍到月餅餡出庫並投入生產的鏡頭。據保守估計，總共有幾十頓的陳年月餅餡被冷藏在這個冷庫裡，有時拖出來的月餅餡料因為凍得太硬無法直接使用，就會被放在隔壁的一間小屋子裡存放一夜以便化凍回軟，然後再利用，有些餡料上甚至已長滿了霉菌。

被央視曝光后，用陳餡做新月餅的南京冠生園食品廠全面停工整頓。江蘇省和南京市有關衛生防疫部門、技術監督部門已經組成調查組進駐該廠。當地商家從2001年9月4日清晨開始將冠生園的各類月餅產品撤下櫃臺。南京冠生園「黑心月餅」事件被曝光后，備受商家「寵愛」的冠生園月餅被打入了冷宮。更為嚴重的后果是，儘管沒有血緣關係，但全國以「冠生園」命名的企業近30家全部受到了株連。

此次南京冠生園黑心月餅事件，給全國的「冠生園」系造成的打擊是災難性的，因為月餅銷售期極短，轉眼即逝，通常高峰期就在中秋節前。而央視的報導距離中秋節不過短短20天，以「冠生園」命名的企業想要力挽狂瀾，幾乎是不可能的。全國各地以「冠生園」命名的企業唯一能做的事情就是拼命地和南京冠生園劃清楚界線，走出其陰影，盡量減少損失，至於在月餅市場上割據爭雄，估計只有等待來年了。

資料來源：程國平. 質量管理學 [M]. 武漢：武漢理工大學出版社，2003.

思考題：

你如何看南京冠生園舊月餅翻新「再利用」事件？從中我們能得到哪些啟示？

本章習題

1. 理解質量管理的起源。
2. 試解釋以下概念：質量、要求、質量管理、過程、產品。
3. 闡述質量的「四性質」。
4. 闡述質量管理包含的內容。
5. 簡述質量管理發展階段。
6. 簡述質量檢驗階段的主要特徵和局限性。
7. 簡述 PDCA 循環。
8. 簡述 PDCA 循環的特點。
9. 簡述 PDCA 循環每一階段的好壞是如何影響下一階段工作的。
10. 談談你對朱蘭「螺旋曲線」的理解。
11. 談談你對克勞斯比提出的「零缺陷」的理解。
12. 試比較朱蘭「螺旋曲線」與桑德霍姆「質量環」的異同。
13. 簡述產生質量問題的原因。
14. 闡述提高產品質量的方法。

第二章　全面質量管理

第一節　全面質量管理概述

一、全面質量管理的概念

(一) 全面質量管理的定義

20 世紀 60 年代初，全面質量管理理論形成，首創者是美國質量管理專家費根堡姆博士。他指出：「全面質量管理是為了能夠在最經濟的水平上、在充分滿足用戶要求的條件下，進行市場研究、設計、生產和服務，把質量各部門的研製質量、維護質量和提高質量的活動結合在一起、成為一個有效體系。」

全面質量管理即全員管理、全過程管理、全方位管理、多種多樣的質量管理方法或工具，即「三全一多樣」。

(二) 全面質量管理的基本觀點

近年來全面質量管理日益成為各國和各企業所重視的一門科學管理體系。概括起來有如下基本觀點：

1. 用戶至上

全面質量管理的核心是滿足用戶的需求，因此，「用戶至上」是全面質量管理中一個十分重要的指導思想。「用戶至上」就是要樹立以用戶為中心，為用戶服務的思想，使產品質量與服務質量最大程度地滿足用戶的要求。產品質量的好壞最終應以用戶的滿意程度為標準。

全面質量管理所指的用戶包括企業內用戶和企業外用戶兩大類。企業內用戶是指「下一道工序」。在企業的生產流程中，前道工序是保證后道工序質量的前提，如果某一道工序出現質量問題，就會影響到后續工序的質量。用戶是企業的生命線，因為沒有用戶，企業就無法獲利，就會面臨破產的命運。所以滿足用戶的需求，其主要目的就是贏得用戶。

2. 全面管理

所謂全面管理，就是進行全過程的管理、全企業的管理和全員的管理。全過程的管理就是要求對產品生產過程進行全面控制。全企業管理強調質量管理工作不局限於質量管理部門，要求企業所屬各單位、各部門都要參與質量管理工作，共同對產品質量負責。全員管理主要是要求把質量控制工作落實到每一名員工，讓每一名員工都關

心產品的質量。

3. 以預防為主

在企業質量管理中，要認真貫徹預防為主的原則，凡事要防患於未然，要把質量管理工作的重點從「事后把關」轉移到「事先預防」上來，從管「結果」變為管「因素」「管過程」，強調將產品的質量問題消滅在產品形成的過程之中。例如，在產品設計階段，就應該採用失效模式、影響和后果分析與失效樹分析等方法，找出產品的薄弱環節，在設計上加以改進，消除隱患；還可以直接採用穩健性設計方法進行設計。在產品製造階段應該採用統計質量控制等科學方法對生產進行控制。在產品檢驗階段，不論是對最終產品還是過程產品，都要把質量信息及時反饋並認真處理。

4. 用數據說話

憑數據說話就是憑事實說話，因為數據是對客觀事物的定量化反應，數據的可比性強、一目了然，因此，用數據判斷問題最真實、最可靠。憑數據說話要求具有科學的工作作風，在研究問題時不能滿足於一知半解和表面現象，對問題除了進行定性分析，還應進行定量分析，做到心中有「數」，這樣就可以避免主觀盲目性。在企業的生產現場，往往存在許多技術問題和管理問題，影響著產品的質量、成本和交貨期。要解決這些問題，需要收集生產過程中的各種數據，應用數理統計的方法對它們進行加工整理。全面質量管理強調用數理統計的方法和系統工程的思想將反應事實的數據和改善活動聯繫起來，及時發現、分析和解決問題。

二、全面質量管理的特點

全面質量管理的內涵決定了它的特點，概括起來就是「三全一多樣」或是「四全」：全員參加的質量管理，全過程的質量管理、全方位的質量管理和多方法的質量管理。

(一) 全員參加的質量管理

質量管理的全員性、群眾性，是學科質量管理的客觀要求。產品質量的好壞是許多生產環節和各項管理工作的綜合反應，在企業中任何一個環節、任何一個人的工作質量，都會不同程度地直接或間接影響產品質量。因此，質量管理不是少數專職人員的事情，而是企業各部門、各階層全體人員共同參加的活動。同時，為了發揮全面質量管理的最大效用，除了要加強企業內部各職能和業務部門之間的橫向合作，還要將這種合作參與延伸到企業外的用戶和供應商。實施全員參與質量管理的幾點措施如下：

(1) 搞好質量教育。質量要「始於教育，終於教育」，使全員牢固樹立「質量第一」的思想，提高質量意識，能自覺參與質量保證和管理活動。

(2) 明確職責和職權。各單位和部門要為有關人員制定明確的職責和職權，並注意銜接和合作，使全員密切配合，協調、高效地參與質量管理工作。

(3) 開展多種質量管理活動。全員參加質量活動是保證質量的重要圖形，特別是群眾性的質量管理小組（QC）活動，可以充分調動員工的積極性，發揮他們的聰明才智。

（4）獎罰分明。這可以引起大家對質量的重視，形成「唯質量最重要」的價值觀，造就質量文化氛圍。

（二）全過程質量管理

產品質量首先在設計過程中形成，然后通過生產工序製造出來，最后通過銷售和服務傳遞到用戶手中。因此，產品質量產生、形成和實現的全過程，已經從原來的製造和檢驗向前延伸到市場調查、設計、採購、生產準備等過程，向后延伸到包裝、發運、使用、用后處理、售前售后服務等環節。因此，全過程質量管理就是對產品質量形成的全過程的各個環節加以管理，形成一個綜合性的質量管理工作體系。為了實現全過程的質量管理，必須建立企業的質量管理體系，將企業的所有員工和各個部門的質量管理活動有機地組織起來，將產品質量的產生、形成和實現的全過程的各種因素和環節都納入到質量管理的範疇。

全過程質量管理的手段或方法有以下四種：

（1）編製程序文件。任何過程都是通過程序運作來完成的，因此編製科學的、有效的程序文件是保證過程控制的基礎。

（2）有效的執行程序文件。程序文件反應過程和運作指南，若只編程序文件而不執行或錯誤的執行，都不會發揮程序文件的作用，也不會保證過程處於受控狀態。

（3）質量策劃。質量策劃是為了更好地分析、掌握過程的特點和要求，並為此而制定相應的辦法。

（4）對過程接口的有效控制。有些質量活動是由很多小規模的過程作業連續完成的，還有些質量活動同時涉及不同類型的過程，在這種情況下都需要協調和銜接。如果不能密切配合，就無法做到全過程的有效控制。

（三）全方位的質量管理

全面質量管理這一特點指的是質量管理的對象不限於狹義的產品質量，而是廣義的質量，即不僅包括產品的質量，而且還包括工作質量，甚至工作質量還是全面質量管理的重點對象。只有將工作質量提高，才能最終提高產品和服務質量。此外，管理對象的全面性的另一個含義是，對影響產品和服務環境的因素要加以全面控制，如人員、機器設備、材料、工藝、檢測手段和環境等方面。只有對這些因素進行全面控制，才能提高產品和工作質量。

全方位的質量管理應注意以下幾點：

（1）明確管理職責，明確職責和權限。一個單位或組織是否能協調並有機運轉，主要在於是否明確管理職責並各盡其責。

（2）建立有效的質量體系。費根堡姆博士把他最先定義的全面質量稱之為一種有效的體系，這就是從全範圍考慮如何通過系統工程對質量進行全方位控制，而建立質量體系是全企業範圍質量管理的根本保證。

（3）配備必要的資源。資源包括人力資源和物資資源及信息等，一個組織如果只有組織結構、過程和程序，而沒有必要的資源就無法運轉。因此，必要的資源是全企業範圍質量管理的基礎。

(4) 領導重視。實踐證明，必須領導重視並起帶頭作用才能搞好全面質量管理，沒有領導的重視和協調是無法進行全面質量管理的。

(四) 管理方法的多樣性

全面、綜合地運用多種多樣的方法進行質量管理，是科學質量管理的客觀要求。隨著時代化大生產和科學技術的發展，以及生產規模的擴大和生產效率的提高，對產品質量提出了越來越高的要求。同時，由於影響產品質量的因素的複雜性，既有物質的因素，又有人的因素；既有生產技術的因素，又有管理的因素；既有企業內部的因素，又有企業外部的因素。要把如此眾多的影響因素系統地控制起來，就不能單靠數理統計技術，而是應該根據不同的情況、針對不同的因素，靈活運用各種現代化管理方法和手段，實行統籌管理，辯證施治。在全面質量管理中，除了統計方法外，還經常用到各種質量設計技術、工藝過程的反饋控制技術、最優化技術、網路計劃技術、預測和決策技術以及計算機質量管理技術等。

在應用和發展全面質量管理科學方法時，應注意以下幾點：

(1) 尊重客觀事實和數據。已經成為真實的數據既可以定性反應客觀事實，又能定量描述客觀事實，因此必須用事實說話，才能解決有關質量的實質問題。

(2) 廣泛採用科學技術新成果。全面質量管理本身必須要求採用科學技術的最新成果，才能滿足大規模生產發展的需要，目前，全面質量管理已廣泛採用系統工程、價值工程和網路計劃及運籌學等先進科學管理技術和方法，今後，全面質量管理技術應和各種先進科學技術同步。

(3) 注重實效，靈活運用。有些技術很適用於全面質量管理，但必須結合實際，不能過於追求形式，否則將適得其反。特別是採用各種統計技術是，更得注重實效，靈活運用。

三、全面質量管理的內容

產品質量有個產生、形成和完善的過程，美國著名質量管理大師朱蘭運用「螺旋曲線」反應了產品質量產生、形成和發展的客觀規律，將產品質量形成的全過程分為：市場研究、開發、設計、制定產品規格、制定工藝、採購、儀器儀表及設施布置、生產、工序控制、檢驗、測試、銷售、服務共13個環節，根據朱蘭的研究，我們將全面質量管理的內容分為設計試製過程的質量管理、製造過程的質量管理、輔助生產過程的質量管理和使用過程的質量管理。

(一) 設計試製過程的質量管理

設計試製過程是指產品（包括開發新產品和改進老產品）正式投產簽的全部開發研製過程，包括調查研究、制訂方案、產品設計、工藝設計、試製、試驗、鑒定以及標準化工作等內容。

設計試製過程，是產品質量最早孕育過程。搞好開發、研究、試驗、設計、試製，是提高產品質量的前提。產品設計質量「先天」地決定著產品質量，在整個產品質量產生、形成過程中居於首位。設計質量是以後製造質量必須遵循的標準和依據，而製

造質量則要完全符合設計質量要求；設計質量又是最后使用質量必須達到的目標，而使用質量則是設計質量、製造質量完善程度的綜合反應。如果開發設計過程的質量管理薄弱、設計不周造成錯誤，這種「先天不足」必然帶來后患無窮，不僅嚴重影響產品質量，還會影響投產后的一系列工作，造成惡性循環。因此，設計試製過程的質量管理，是全面質量管理的起點，是企業質量體系中帶動其他各環節的首要一環。

為了保證設計質量，設計試製過程的質量管理一般要著重做好如下九項工作：

(1) 通過市場、客戶需求調查，根據客戶「明示的」或「隱含的」需求、科技信息與企業經營目標，制定產品質量目標。產品質量的設計目標，應來自於客戶的需要，同客戶的需求保持同步或超前半步。

(2) 保證先行開發研究工作的質量。先行開發研究是屬於產品前期開發階段的工作。這階段的基本任務是選擇新產品開發的最佳方案，編製設計任務書，闡明開發該產品的結構、特徵、技術規格等，並作出新產品的開發決策。保證先行開發研究的質量就是把握上述各環節的質量工作，特別在選擇新產品開發方案時，要進行科學的技術經濟分析，在權衡利弊得失基礎上做出最理想的選擇。

(3) 根據方案，驗證試驗資料，鑒定方案論證質量。

(4) 審查產品設計質量，包括性能審查、一般審查、計算審查、可檢驗性審查、可維修性審查、互換性審查、設計更改審查等。

(5) 審查工藝設計質量。

(6) 檢查產品試製、鑒定質量。

(7) 監督產品試驗質量。

(8) 保證產品最后定型質量。

(9) 保證設計圖樣、工藝等技術文件的質量等。

企業應組織質量管理部門專職或兼職人員參與上述方面的質量保證活動，落實各環節的質量管理職能，以保證最終的設計質量。

(二) 生產製造過程的質量管理

製造過程，是指對產品直接進行加工的過程。它是產品質量形成的基礎，是企業質量管理的基本環節。它的基本任務是保證產品的製造質量，建立一個能夠穩定生產合格品的生產製造系統。主要工作內容包括組織生產計劃、組織生產、生產現場管理、質量檢驗工作；組織和促進安全文明生產；組織質量分析，掌握質量動態；組織工序的質量控制，建立管理點，進行工序能力確認，開展 QC 活動等。

生產製造過程是指對產品直接進行加工的過程，產品質量在很大程度上取決於生產製造過程的質量管理水平，以及工序的加工技術能力。它是產品質量形成的基礎和保證產品質量的關鍵，是質量管理的「中心環節」。它的基本任務是保證產品的製造質量，建立一個能夠穩定生產合格品和優質品的生產製造系統。生產製造過程的質量管理，重點要抓好以下四項工作：

(1) 加強工藝管理。嚴格工藝紀律，全面掌握生產製造過程的質量保證能力，使生產製造過程經常處於穩定的控制狀態，並不斷進行技術革新，改進工藝。為了保證

工藝加工質量，還必須認真搞好文明生產，合理配置工位器具，保證工藝過程有一個良好的工作環境。

（2）組織好技術檢驗工作。為了保證產品質量，必須根據技術標準，對原材料、半成品、產成品以致工藝過程質量都要進行檢驗，嚴格把關，保證做到不合格的原材料不投產，不合格的製品不轉序，不合格的半成品不使用，不合格的零件不裝配，不合格的產成品不出產也不計算產值、產量。質量檢驗的目的不僅要挑出廢品，還要收集和累積大量反應質量狀況的數據資料，為改進質量、加強質量管理提供信息。

（3）掌握好質量動態。為了充分發揮生產製造過程質量管理的預防作用，就必須系統地掌握企業、車間、班組在一定時間內質量的現狀及發展動態。掌握質量動態的有效工具是對質量狀況的綜合統計與分析。一般是按規定的某些質量指標來進行。這種指標有兩類：產品質量指標和工作質量指標。產品質量指標包括產品等級率、壽命等；工作質量指標如廢品率、返修率。

（4）加強不合格品的管理。產品質量是否合格，一般是根據技術標準來判斷的，符合標準的為合格品，否則為不合格品。在不合格品中，又分為兩類：一類屬於不可修復；另一類屬於可以修復。不可修復的不合格品就是廢品，可修復的不合格品中包括返修品、回用品、代用品等，它會造成工時、設備等浪費。從質量管理的觀點來看，不僅要降低明顯廢品的數量，而且更要降低整個不合格品的數量。

加強不合格品管理，要重點抓好以下工作：

①按不合格品的不同情況分別妥善處理，要建立健全原始記錄。

②定期召開不合格分析會議。通過分析研究、找出造成不合格品的原因，從中吸取教訓，並採取措施，以防再度發生。

③做好不合格品的統計分析工作。要根據有關質量的原始記錄，對不合格品的廢品、返修品、回用品等進行統計分析，並對廢品種類、數量、產生廢品的所消耗的人工和原材料，以及產生廢品的責任者等，作分門類的統計，並將各類數據資料匯總編製成表，以便為進行單項分析和綜合分析提供依據。

④建立包括廢品在內的不合格品技術檔案，以便發現和掌握廢品產生變化的規律性，從而為有計劃地採取防範措施提供依據，還可成為企業進行質量管理教育、技術培訓的反面教材。

⑤實行工序質量控制。全面質量管理，要求在不合格品產生之前發現問題，及時處理，防止不合格品產生，為此必須進行工序質量控制。工序質量控制主要手段有兩個：一是建立管理點。所謂管理點，就是把在一定時期內和一定條件下，特別需要加強監督管理和控制的重點工序明確列為質量管理的重點對象，並採用必要手段、方法和工具，對他加強管理。另一個手段是運用控制圖，它是進行質量控制的一種重要而有效的工具，本書第五章有詳細介紹。

（三）輔助生產過程的質量管理

在全面質量管理中，輔助過程的質量管理也相當重要。它是指為保證製造過程正常進行而提供各種物資技術條件的過程。輔助過程質量管理的基本任務就是提供優質

服務和良好的物資技術條件，以保證和提高產品質量。它包括物資採購供應、動力生產、設備維修、工具製造、倉庫保管、運輸服務等。主要內容有：做好物資採購供應的質量管理，保證採購質量，入庫物資要嚴格檢查驗收，按質、按量、按期提供生產所需的各種物資；組織好設備維修保養工作，保持設備的良好狀態；做好工具製造和供應的質量管理工作等。同時，企業物資採購的質量管理也將日益顯得重要，因為，原材料、外購件的質量狀況，明顯地影響本企業的產品質量。在工業企業的產品成本中，一般原材料、零配件所占的比重很大，機械產品一般占 50%，化工產品一般占 60%，鋼鐵產品占 70%。因此，外購原材料、零部件的價格高低，以及能否按時交貨，也都會直接影響本企業的經濟效益。

所以企業應當重視這一輔助過程的質量管理，物質採購質量管理的主要工作包括：①制定採購策略。②規定貨源，貨比三家，擇優選購。③進行供應廠商的資格鑒定。④與供應廠商協調規格要求。⑤制訂檢驗計劃，選定抽樣方案，進行入廠檢驗。⑥建立與供應廠商的溝通聯絡制度。⑦制定不合格品處理程序。⑧對供應商進行質量評級等。

(四) 使用過程的質量管理

產品使用過程是考驗產品實際質量的過程，它既是企業質量管理的歸宿點，又是企業質量管理的出發點。產品的質量特性是根據客戶使用要求而設計的，產品實際質量的好壞，主要看客戶的評價。因此，企業的質量管理工作必須從生產過程延伸到使用過程。

產品使用過程的質量管理，主要應抓好以下三個方面的工作：

(1) 積極開展技術服務工作。對客戶的技術服務工作，通常採用以下幾種形式：①編製產品使用說明；②採取多種形式傳授安裝、使用和維修技術，幫助培訓技術骨幹，解決實用技術上的疑難問題；③提供易損件製造圖樣，按客戶要求，供應客戶修理所需的設備、配件；④設立維修網點，做到服務上門；⑤對複雜的產品，應協助客戶安裝、負責技術指導。

(2) 進行使用效果與使用要求的調查。為了充分瞭解產品質量在使用過程中的實際效果，企業必須經常進行客戶訪問或定期召開客戶座談會。加強工商銜接、產銷掛勾。通過各種渠道，對出廠產品使用情況進行調查，瞭解本企業產品存在的缺陷和問題，及時反饋信息，並和其他企業、其他國家的同類產品進行比較，為進一步改進質量提供依據。

(3) 認真處理出廠產品的質量問題。對客戶反應的質量問題、意見和要求，要及時處理。即使是屬於使用不當的問題也要熱情幫助客戶掌握使用技術。屬於製造的問題，不論外購件或自制件，統一由客戶服務部門負責包修、包換、包退。由於質量不好，保用期內造成事故的，企業還要賠償經濟損失。

第二節　全面質量管理的工具

一、質量管理的常用工具

（一）排列圖

排列圖又叫帕累托因或主次因素分析圖，是建立在帕累托原理的基礎上。所謂帕累托原理，是指義大利經濟學家帕累托在分析義大利社會財富分佈狀況時得到的「關鍵的少數和次要的多數」的結論。應用這一原理，就意味著在質量改進的項目中，少數的項目往往產生主要的、決定性的影響。通過區分最重要和最次要的項目，就可以用最少的努力獲得最大的改進。在工廠裡，要解決的問題很多，但往往不知從哪裡著手。事實上大部分的問題，只要能找出幾個影響較大的原因，並加以處置和控制，就可以解決 80% 以上的問題。排列圖是根據整理的數據，以不良原因、不良狀況發生的現象，有系統地加以（層別）分類，計算出各項目所產生的數據（如不良率、損失金額）以及所占的比例，再依照大小順序排列，再加上累積值的圖形。

排列圖分析的步驟：

（1）選擇要進行質量分析的項目，即將要處置的事，以狀況（現象）或原因加以層別。

（2）選擇用於質量分析的量度單位，如出現的次數（頻數）、成本、金額或其他量度單位。

（3）選擇進行質量分析的數據的時間間隔。

（4）畫橫坐標。按項目頻數遞減的順序自左至右在橫坐標上列出項目。

（5）畫縱坐標。在橫坐標的兩端畫兩個縱坐標，左邊的縱坐標按量度單位規定，其高度必須與所有項目的量值和相等，右邊的縱坐標應與左邊縱坐標等高，並從 0% 至 100% 進行標定。

（6）在每個項目上畫長方形，其高度表示該項目量度單位的量值，長方形顯示出每個項目的作用大小。

（7）由左到右累加每一項目的量位，並畫出累計頻數曲線（帕累托曲線），用來表示各項目的累計作用。

（8）利用排列圖確定對質量改進最為重要的項目。

【例2-1】某產品的不合格統計資料，如表 2-1 所示。根據該表可畫出如圖 2-1 所示的排列圖，從圖中可以判斷，A、B 項缺陷是產生不合格的主要原因，如果解決了這兩個原因，將使產品的不合格率極大降低。

表 2-1　　　　　　　　　　某產品的不合格統計資料

項目 批號	缺陷項目	頻數	累計	累計率（%）
1	A	3,367	3,367	69.14
2	B	521	3,888	79.84
3	C	382	4,270	87.68
4	D	201	4,471	91.81
5	E	156	4,627	95.01
6	F	120	4,747	97.47
7	其他	123	4,870	100

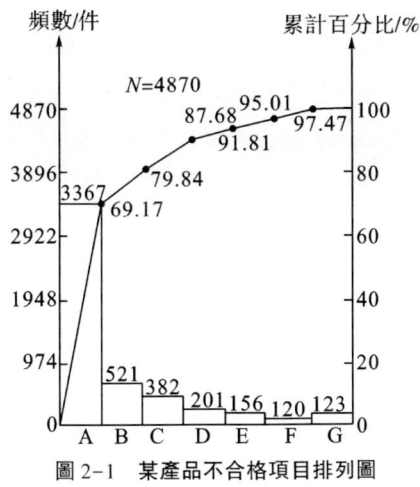

圖 2-1　某產品不合格項目排列圖

（二）因果圖

所謂因果圖，又叫石川圖、特性要因圖、樹枝圖、魚刺圖，表示質的特性波動與其潛在原因關係，亦即以圖來表達結果（特性）與原因（要因）之間的關係。因果圖如能做得完整的話，就容易找出問題之癥結，採取相應的對策措施，解決質量問題。

因果圖的應用程序如下：

（1）簡明扼要地規定結果，即規定需要解決的質量問題。

（2）規定可能發生的原因的主要類別。這時要考慮的類別因素主要有：人員（Man）、機器設備（Machine）、材料（Material）、方法（Method）、測量（Measure）

和環境（Environment），稱之為「5M1E」。

（3）開始畫圖，把「結果」畫在右邊的矩形框中，然后把各類主要原因放在它的左邊，作為「結果」框的輸入。

（4）尋找所有下一個層次的原因，畫在相應的主（因）枝上，並繼續一層層地展開下去。一張完整的因果圖展開的層次至少應有 2 層，許多情況下還可以有 3 層、4 層或更多層。

（5）從最高層次（即最末一層）的原因（末端因素）中選取和識別少量（一般為 3~5 個）看起來對結果有最大影響的原因（一般稱為重要因素，簡稱要因），並對它們作進一步的研究，如收集資料、論證、試驗、控制等。

因果圖展開示意圖如圖 2-2 所示。

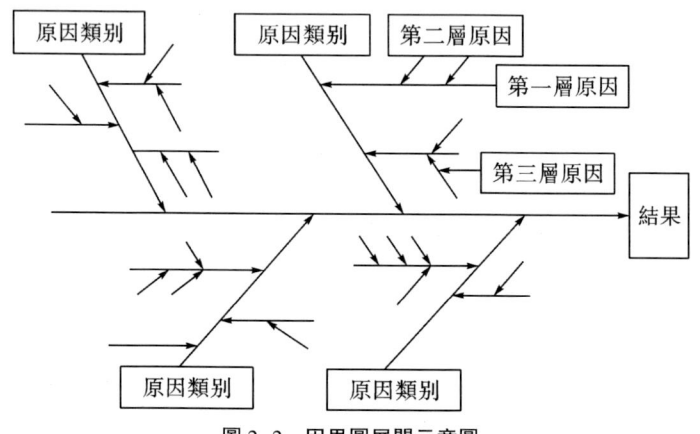

圖 2-2　因果圖展開示意圖

（三）控制圖

控制圖是一個簡單的過程控制系統，其作用是利用控制圖所提供的信息，把一個過程維持在受控狀態。一旦發現異常波動，分析對質量不利的原因，採取措施加以消除，使質量不斷提高，並把一個過程從失控狀態變為受控狀態，以保持質量穩定。具體原理和方法見第五章統計過程控制。

（四）調查表

調查表也稱為查校表、核對表等，它是用來系統地收集和整理質量原始數據，確認事實並對質量數據進行粗略整理和分析的統計圖表。因產品對象、工藝特點、調查和分析目的的不同，其調查表的表式也有不同。常用的調查表有不合格品項目調查表、不合格原因調查表、廢品分類統計表、產品故障調查表、工序質量調查表、產品缺陷調查表等。

1. 調查表的應用程序

（1）明確收集資料的目的。

（2）確定為達到目的所需搜集的資料（這裡強調問題）。

(3) 確定對資料的分析方法（如運用哪種統計方法）和負責人。

(4) 根據目的不同，設計用於記錄資料的調查表格式，其內容應包括調查者及調查的時間、地點、方式等欄目。

(5) 對收集和記錄的部分資料進行預先檢查，目的是審查表格設計的合理性。

(6) 如有必要，應評審和修改該調查表格式。

2. 調查表的形式

一般可分為點檢用調查表和記錄用調查表。

(1) 點檢用調查表

此類表在記錄時只做「有、沒有」「好、不好」的註記。

製作程序：製作表格，決定記錄形式；將調查項目列出；查核；異常事故處理。

【例 2-2】管理人員日常調查表，見表 2-2。

表 2-2　　　　　　　　　　管理人員日常點檢調查表

項目＼日期								
人員服裝								
工作場地								
機器保養								
機器操作								
工具使用								
……								
查核者								
異常處理								

記錄用查檢表用來收集計量或計數資料，通常使用劃記法。其格式如表 2-3 所示。

表 2-3　　　　　　　　　　產品缺陷項目頻數調查表

檢驗項目＼產品	產品 A	產品 B	產品 C	產品 D	產品 E	產品 F	產品 G	產品 H
尺寸不良								
表面斑點								
裝配不良								
電鍍不良								
其他								

(2) 缺陷位置調查表

許多產品或零件常存在氣孔、疵點、碰傷、臟污等外觀質量缺陷。缺陷位置調查表可用來記錄、統計、分析不同類型的外觀質量缺陷所發生的部位和密集程度，進而

從中找出規律性，為進一步調查或找出解決問題的辦法提供事實依據。

這種調查分析的做法是：畫出產品示意圖或展開圖，並規定不同外觀質量缺陷的表示符號，然後逐一檢查樣本，把發現的缺陷按規定的符號在示意圖中的相應位置上表示出來。這樣，這種缺陷位置調查表就記錄了這一階段（這一批）樣本所有缺陷的分佈位置、數量和集中部位，便於進一步發現問題、分析原因、採取改進措施。

（五）分層法

分層法也稱分類法或分組法，把「類」或「組」稱為「層」。所謂分層法就是把收集來的數據，根據一定的使用目的和要求，按其性質、來源、影響因素等進行分類整理，以便分析質量問題及其影響因素的一種方法。

分層的目的是將雜亂無章的數據和錯綜複雜的因素系統化和條理化，以便進行比較分析，找出主要的質量原因，並採取相應的技術措施。分層的依據和方法是根據問題的需要自由選擇確定的，但應掌握其基本要領。在進行分層時，常常按層把數據進行重新統計，做出頻數頻率分表。在分層時，要求同一層的數據波動較小，而不同層的數據的波動較大，這樣便於找出原因，改進質量。一般情況下分層原則如下：

(1) 按時間分：例如按日期、季節、班次等；
(2) 操作者者分：例如按性別、年齡、技術等級等；
(3) 按使用的設備分：例如按機床的型號、新舊程度等；
(4) 按原材料分：例如按原材料的成分、規格、生產廠家、批號等；
(5) 按操作方法分：例如按工藝規程、生產過程中所採用的溫度等；
(6) 按檢測手段分：例如按測量方法、測量儀器等；
(7) 按其他分：例如按使用單位、使用條件等。

【例 2-3】表 2-4 列出了某軋鋼廠某月份的生產情況數字。如果只知道甲、乙、丙班共軋鋼 6,000 噸，其中軋廢鋼為 169 噸，僅這個數據，則無法對質量問題進行分析。如果對廢品產生的原因等進行分類，則可看出甲班產生廢品的主要原因是「尺寸超差」，乙班的主要原因是「軋廢」，丙班的主要原因是「耳子」。這樣就可以針對各自產生廢品的原因採取相應的措施。

表 2-4　　　　　　　　　某軋鋼廠某月廢品分類

廢品項目 \ 廢品數量	甲	乙	丙	合計
尺寸超差	30	20	15	65
軋廢	10	23	10	43
耳子	5	10	20	35
壓痕	8	4	8	20
其他	3	1	2	6
合計	56	58	55	169

(六) 直方圖

直方圖又稱柱狀團，可將雜亂無章的資料，解析出其規律性。借助直方圖，可以對資料中心值或分佈狀況一目了然。

1. 繪製步驟

（1）收集數據，並記錄於紙上。統計表上的資料很多，都要一一記錄下來，其總數以 N 表示。

（2）確定數據的極差。找出最大值（L）及最小值（S），並計算極差（R），R＝L-S。

（3）定組數。數據為 50~100 時，選 5~10 組；數據為 100~250 時，選 7~12 組；數據為 250 以上時，選 10~20 組，一般情況下選用 10 組。

（4）定組距（C）。C＝R/組數。

（5）定組界。最小一組的下組界＝S-測量值的最小位數（一般是 1 或 0.5）×0.5

最小一組的上組界＝最小一組的下組界+組距

第二組的下組界＝最小的上組界

依此類推。

（6）決定組的中心點。（上組界+下組界）/2＝組的中心點

（7）製作次數分佈表。依照數值大小記入各組的組界內，然後計算各組出現的次數。

（8）製作直方圖。橫軸表示測量值的變化，縱軸表示次數。將各組的組界標示在橫軸各組的次數多少，則用柱形畫在各組距上。

【例2-4】某廠測量鋼板厚度，尺寸按標準要求為 6 毫米，現從生產批量中抽取 100 個樣品的尺寸如表 2-5 所示，試畫出直方圖。

表 2-5　　　　　　鋼板厚度尺寸數據　　　　　　單位：毫米

組號	尺寸					組號	尺寸				
1	5.77	6.27	5.93	6.08	6.03	11	6.12	6.18	6.10	5.95	5.95
2	6.01	6.04	5.88	5.92	6.15	12	5.95	5.94	6.07	6.00	5.75
3	5.71	5.75	5.96	6.19	5.70	13	5.86	5.84	6.08	6.24	5.61
4	6.19	6.11	5.74	5.96	6.17	14	6.13	5.80	5.90	5.93	5.78
5	6.42	6.13	5.71	5.96	5.78	15	5.80	6.14	5.56	6.17	5.97
6	5.92	5.92	5.75	6.05	5.94	16	6.13	5.80	5.90	5.93	5.78
7	5.87	5.63	5.80	6.12	6.32	17	5.86	5.84	6.08	6.24	5.97
8	5.89	5.91	6.00	6.21	6.08	18	5.95	5.94	6.07	6.00	5.85
9	5.96	6.05	6.25	5.89	5.83	19	6.12	6.18	6.10	5.95	5.95
10	5.95	5.94	6.07	6.02	5.75	20	6.03	5.89	5.97	6.05	6.45

（1）收集數據。本例取 100 個數據，即 n＝100。

（2）求極差值，找出數據的最大值與最小值，計算極差 R。本例中最大值 X_L＝6.45，最小值 X_S＝5.56，極差 R＝X_L-X_S＝6.45-5.56＝0.89。

（3）確定分組的組數 k 和組距 h。本例 k＝10，組距 h＝R/k＝0.89/10≈0.09。

(4) 確定各組的界限值。本例中測量單位為0.01，所以第一組的下界值為：

X_s-測量單位/2＝5.56－0.01/2＝5.56－0.005＝5.555

第一組的上界值為：5.555+0.09＝5.645

第二組的上界值為：5.645+0.09＝5.735

……

(5) 記錄數據。記錄各組中的數據，整理成頻數表（見表2-6），並記入：①組界值；②頻數標誌；③各組頻數（f_i）。

(6) 畫直方圖。在方格紙上，橫坐標取分組的組界值，縱坐標各組的頻數，用直線連成直方塊，即成直方圖，如圖2-3所示。

表2-6　　　　　　　　　　　頻數表

組號	組界值	組中值 xi	頻數標誌	頻數 f_i	變換后組中值 ui	$x_i u_i$	$x_i u_i^2$
1	5.555–5.645	5.60	丅	2	−4	−8	32
2	5.645–5.735	5.69	下	3	−3	−9	27
3	5.735–5.825	5.87	正正下	13	−2	−26	52
4	5.825–5.915	5.78	正正正	15	−1	−15	15
5	5.915–6.005	5.96	正正正正正一	26	0	15	0
6	6.005–6.095	6.05	正正正	15	1	0	15
7	6.095–6.185	6.14	正正正	15	2	30	60
8	6.185–6.275	6.23	正丅	7	3	21	63
9	6.275–6.365	6.32	丅	2	4	8	32
10	6.365–6.455	6.41	丅	2	5	10	50
合計				100		26	346
平均						0.26	3.46

(7) 標註。在直方圖上，要註明數據 N 以及平均值 $\bar{X}$ 和標準偏差 s，要畫出規格或公差標準（公差上限用 T_u、下限用 T_l 表示），採取數據的日期和繪圖者等供參考的項目也要標註。

图 2-3　钢板厚度直方图

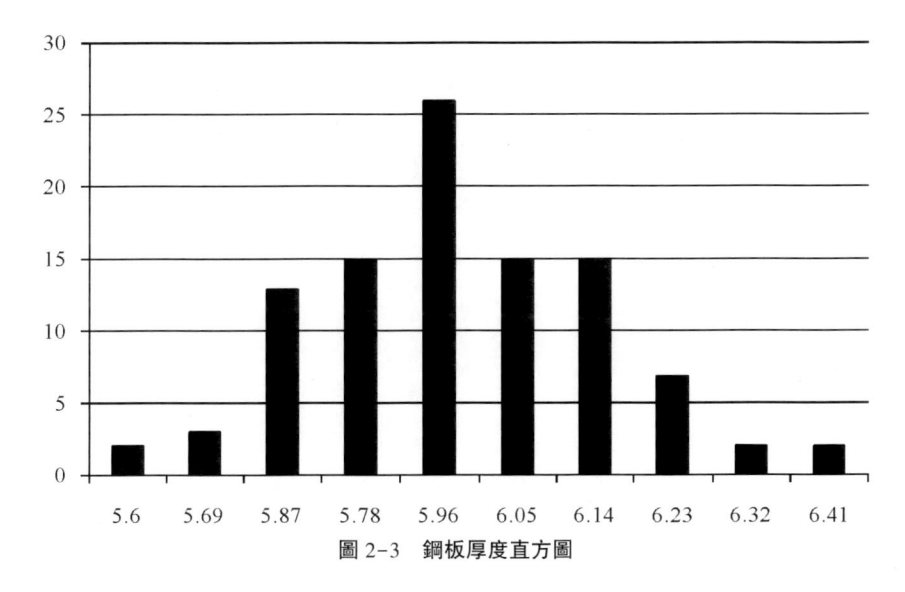

2. 直方图的分佈

正常生產條件下計量的質量特性值的分佈大多為正態分佈，從中獲得的數據的直方因為中間高、兩邊低，所以得到左右基本對稱的正態型直方圖。但在實際問題中還會出現另一些形狀的直方圖，分析出現這些圖形的原因，便於採取對策，改進質量。

（1）正態型。這是生產正常情況下常常呈現的圖形，如圖 2-4（a）所示。

（2）偏態型。這裡有兩種常見的形狀，一種是峰值在左邊，而右面的尾巴較長；另一種是峰偏在右邊，而左邊的尾巴較長。造成這種形狀的原因是多方面的，有時是剔除了不合格品后作的圖形，也有的是質量特性值的單側控製造成的，譬如加工孔的時候習慣於孔徑「寧小勿大」，而加工軸的時候習慣於「寧大勿小」等，如圖 2-4（b）所示。

（3）雙峰型。這種情況的出現往往是將兩批不同的原材料生產的產品混在一起，或將兩個不同操作水平的工人生產的產品混在一起等造成的，如圖 2-4（c）所示。

（4）孤島型。這種圖形往往表示出現產品異常，譬如原材料發生了某種變化，生產過程發生了某種變化，有不熟練的工人替班等，如圖 2-4（d）所示。

（5）平頂型。這種情況往往是由於生產過程中有某種緩慢變化的因素造成的，譬如刀具的磨損等，如圖 2-4（e）所示。

（6）鋸齒型。這個圖形的出現可能是出於測量方法不當，或者是量具的精度較差引起的，也可能是分組不當引起的，如圖 2-4（f）所示。

當觀察到的直方圖不是正態型的形狀時，需要及時加以研究，譬如出現平頂型時可以檢查一下有無緩慢變化的因素，又譬如出現孤島型時可以檢查一下原材料有無變化等，這樣便於及時發現問題，採取措施，改進質量。

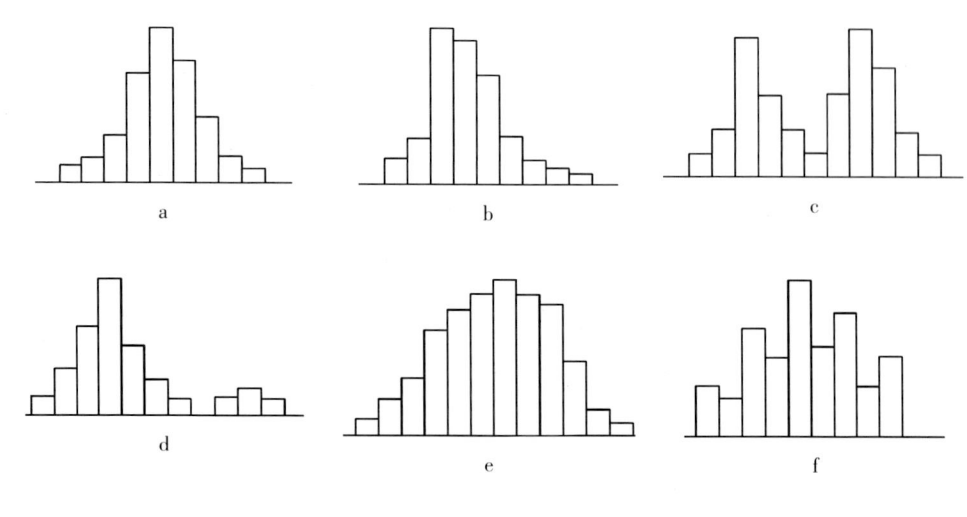

圖 2-4　直方圖

（七）散布圖

在質量管理活動中，經常需要繪製散布圖。將具有相關關係的兩個變量的對應觀察值作為平面直角坐標系中點的坐標，並把這些點描繪在平面上，於是就能得到具有相關關係的分佈圖，通常稱這種反應兩個變量之間關係的分佈圖稱為散布圖或相關圖。

1. 散布圖繪製

在做散布圖時，一般以坐標橫軸表示原因 X，坐標縱軸表示結果 Y。如果所研究的是兩種原因或兩種結果之間的相關關係，那麼在做散布圖時，對坐標軸可以不加區別。此外，應當使數據 x 的極差在坐標上的距離大致等於數據 Y 的極差在坐標軸上的距離。

2. 散布圖類型

根據兩個變量 X、Y 之間的不同關係所繪製成的散布圖的形狀有多種多樣，但歸納起來，主要有下面幾種形式，見圖 2-5。

研究散布圖的類型時，還需注意下面幾種情況：

第一，觀察有無異常點，即偏離集體很遠的點。如有異常點，必須查明原因。如果經分析得知是由於不正常的條件或測試錯誤所造成，就應將他們剔除。對於那些找不出原因的異常點，應慎重對待。

第二，觀察是否有分層的必要。如果用受到兩種或兩種以上因素影響的數據繪製散布圖，那麼有可能出現下面這種情況：就散布圖的整體來看似乎彼此不相關，但是，如作分層觀察，發現彼此又存在相關關係；反之，就散布圖整體來看似乎彼此存在相關關係。因此，繪製散布圖時，要區分不同條件下的數據，並且要用不同記號或顏色來表示分層數據所代表的點。

第三，假相關。在質量管理中，有時會遇到這樣的情況：從技術上看，兩個變量之間不存在相關關係，但根據所收集到的對應數據繪製成的散布圖，却明顯地呈現相關狀態，這種現象稱為假相關。假相關現象可能是結果（或特性）與所列的原因（或

特性）之外的因素相關而引起的。因此，在進行相關分析時，除觀察散布圖之外，還要進行技術探討，以免把假相關當作真相關。

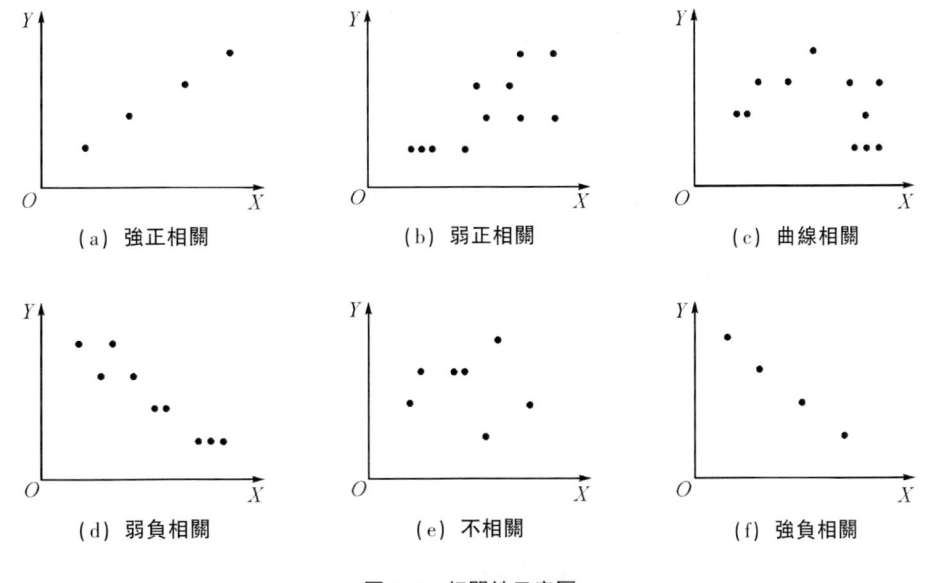

(a) 強正相關　　(b) 弱正相關　　(c) 曲線相關

(d) 弱負相關　　(e) 不相關　　(f) 強負相關

圖 2-5　相關性示意圖

二、質量管理新七種工具

(一) 關聯圖法

關聯圖，是表示事物依存或因果關係的連線圖，如圖 2-6 所示。

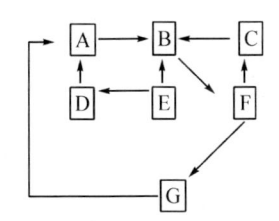

圖 2-6　關聯圖示意圖

把與事物有關的各環節按相互制約的關係連成整體，從中找出解決問題應從何處入手。用於搞清各種複雜因素相互纏繞的、相互牽連等問題，尋找、發現內在的因果關係，用箭頭邏輯性連接起來，綜合地掌握全貌，找出解決問題的措施。關聯圖的箭頭，只反應邏輯關係，不是工作順序，一般是從原因指向結果、手段指向目的。

關聯圖可以用於以下方面：
(1) 制定質量管理的目標、方針和計劃；
(2) 產生不合格品的原因分析；
(3) 制定質量故障的對策；

（4）規劃質量管理小組活動的展開；

（5）用戶索賠對象的分析。

關聯圖的優點如下：

（1）從整體出發，從混雜、複雜中找出重點；

（2）明確相互關係，並加以協調；

（3）把個人的意見、看法照原樣記入團今；

（4）多次繪圖，瞭解過程、關鍵和根據；

（5）不斷繪圖，能起到一定預見作用；

（6）用關聯圖表達看法，他人易理解；

（7）整體和各因素之間的關係一目了然；

（8）可繪入措施及其結果。

關聯圖的缺點如下：

（1）同一問題，圖形、結論可能不一致；

（2）表達不同，箭頭有時與原意相反；

（3）比較費時間；

（4）開頭較難。

（二）親和圖法

親和圖（Affinity Diagram），又叫 A 型圖解、近似圖解，它是把收集到的大量有關某一特定主題的意見、觀點、想法和問題，按它們之間相互的親（接）近關係加以歸類、匯總的一種圖示技術。

親和圖常用於歸納整理由頭腦風暴法所產生的意見、觀點和想法等語言資料，因此在質量保證和質量改進活動中經常用到。

繪製親和圖的程序如下：

（1）確定活動小組的討論主題活動小組的成員最多不應超過 8 人。組織者應用通俗的語言（非專用術語）闡明將要研究的質量問題；

（2）收集語言資料並使之卡片化，用卡片盡量記錄客觀採集到的意見，盡量做到每張卡片只記錄一次採集到的一條意見、一個觀點和一種想法；

（3）把卡片集中起來隨機地放在一處；

（4）卡片歸類：①把有關聯的卡片歸在一組；②一組最多歸納 10 張卡片，單張的卡片不要勉強歸入某組；③找出一張能代表該組內容的主卡片；④把主要片放在最上面；⑤按類（組）登記、記錄、匯總卡片中的信息；⑥畫出親和圖。

（三）系統圖法

1. 基本原理

系統圖又叫樹圖。樹圖能將事物或現象分解成樹枝狀，樹圖就是把要實現的目的與需要採取的措施或手段，系統地展開，並繪製成圖，以明確問題的重點，尋找最佳手段或措施。

在決策過程中，為了達到某種目的，就需要選擇和考慮某一種手段；而為了採取

這一手段，又需要考慮它下一級的相應手段，參見圖2-7。這樣，上一級手段成為下一級手段的行動目的。如此把要達到的目的和所需的手段按順序層層展開，直到可以採取措施為止，並繪製成樹圖，就能對問題有一個全貌的認識，然後從圖形中找出問題的重點，提出實現預定目標的最理想途徑。

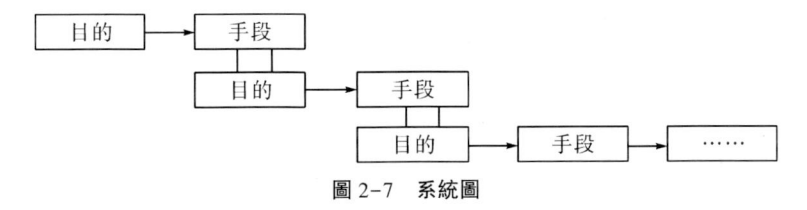

圖2-7 系統圖

2. 應用程序

（1）簡明扼要地闡述要研究的主題（如質量問題）。

（2）確定該主題的主要類別，即主要層次，如圖2-8所示。這時可以利用親和圖中的主卡片，亦可用頭腦風暴法確定主要層次。

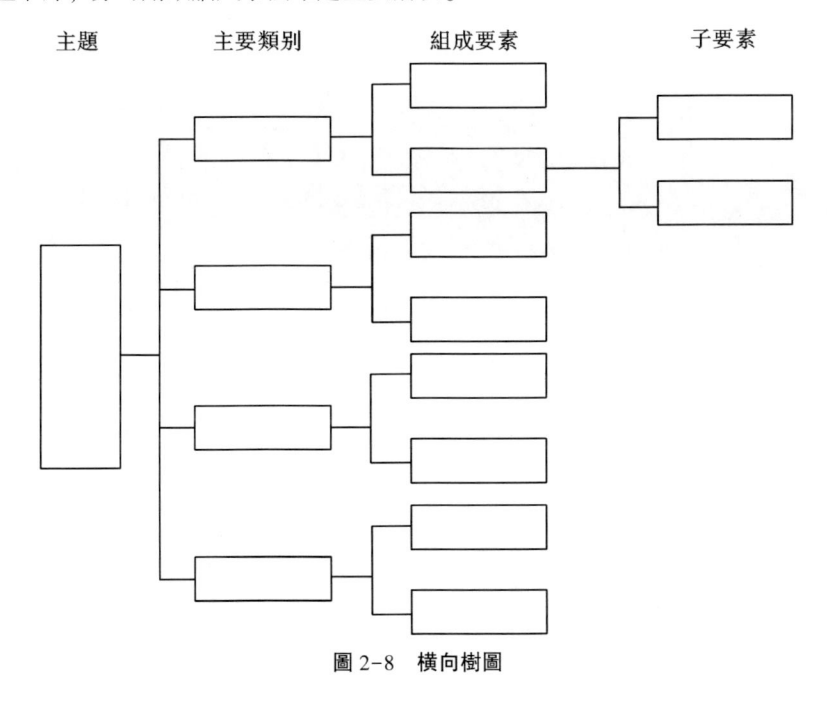

圖2-8 橫向樹圖

（3）構造樹圖。把主題放在左框內，把主要類別放在右邊矩形框內，如圖2-8所示。

（4）針對每個主要類別確定其組成要素和子要素。

（5）把針對每個主要類別的組成要素及其子要素放在主要類別的右邊相應的矩形框內，如圖2-8所示。

（6）評審畫出的樹圖，確保無論在順序上或邏輯上均無差錯和空欄。

3. 樹圖的主要用途

（1）目標、方針、實施事項的展開。

（2）明確部門職能、管理職能。

（3）制訂質量保證計劃，對質量保證活動進行展開。

（4）新產品研製過程中設計質量的展開。

（5）對解決企業有關質量、成本、交貨期等問題的創意進行展開。

（6）與因果圖結合使用。

（四）矩陣圖法

1. 矩陣圖法的含義

矩陣圖法是把與問題有關的各個成對因素排列成一個矩陣，然后根據矩陣圖進行分析，找到關鍵點。如把屬於因素組 L 的因素 L1, L2…, Ln 和屬於因素組 R 的因素 R1, R2…Rm 分別排成行和列，構成矩陣圖，找到關鍵點，如圖 2-9 所示。L 因素和 R 因素的交點可以起到以下作用：

（1）表示行因素和列因素的關係程度；

（2）從二元排列中找到關鍵性問題；

（3）從二元配置的聯繫中，可得到解決問題的啟示等。

		R_1	R_2	R_3	R_4	…	R_m
L	L_1		○				
	L_2	△					
	L_3			◎			
	L_4						
	…						
	L_n				◎		

◎密切關係　○有關係　△像有關係

圖 2-9　矩陣圖法示意圖

2. 矩陣圖法的主要用途

矩陣圖法的用途較廣，在企業質量管理方面主要有以下用途：

（1）把系列產品硬件的性能和軟件的性能對應起來，找出新產品和老產品改進的重點；

（2）將質量職能展開，分配落實質量職能；

（3）分析產品出現質量問題的原因；

（4）建立質量管理體系時，明確產品質量特性與負責部門的關係；

（5）在進行多因素分析時，尋找解決問題的方法；

（6）制定質量審核計劃表，對產品質量和質量管理體系評價；

（7）分析真正質量特性和代用質量特性的關係；

（8）可以以矩陣法的結果為依據，制定市場開發戰略等。

3. 矩陣圖的應用程序

（1）確定解決的問題。一般是涉及多方面、含多個因素的問題。

（2）確定因素組及有關因素。分析找出與問題有關的因素組，並明確每一組的具體因素。

（3）繪製矩陣圖，將各因素組的因素分別對應排列成行和列，繪製出相應的矩陣圖。

（4）分析因素間的相互關聯程度。通過分析，在矩陣圖對應因素的行和列的交叉點上，用符號表示它們的相互關係程度。

（5）寫出分析報告。對矩陣圖進行分析，研究解決問題的可行方案，寫出分析報告，並制訂措施計劃，加以實施。

（五）矩陣數據分析法

1. 矩陣數據分析的概念

矩陣數據分析法是新七大 Qc 手法中唯一以數據解析的方法，解析的結果仍然以圖形表示。數據解析的過程採取多變量分析方法，手法應用也稱為「主成分析法」，分析的對象為矩陣圖與要素之間的關聯性。

2. 矩陣數據分析法的用途

（1）市場調查數據分析，當我們進行顧客調查、產品設計開發或者其他各種方案選擇時，往往需要考慮多種影響因素，並確定各因素的重要性和優先考慮次序。矩陣數據分析法可以幫助我們通過對市場調查的數據分析計算，判斷出顧客對產品的要求、產品設計開發的關鍵影響因素、最適宜的方案等。

（2）多因素分析。在某工序影響因素複雜且各因素存在可量化的關係時，可以進行較準確的分析。

（3）複雜質量評價。通過對影響質量的大量數據進行分析，確定哪些因素是質量特性。

（4）矩陣數據分析法也可以和其他工具結合使用，進行深入分析。

①與親和圖聯合使用。可以利用親和圖（Affinity Diagram）把相關要求歸納成幾個主要的方面，然后用矩陣數據分析法進行比較，匯總統計，對各個方面進行重要性的定量排序。

②與過程決策程序圖法聯合使用。用過程決策程序圖找出幾個決策方案，通過矩陣數據分析法確定哪個決策更適合實施。

③與質量功能展開聯合使用。用矩陣數據分析法對各因素進行比較。

3. 矩陣數據分析法的使用

（1）確定需要分析的各個方面。

我們通過親和圖得到以下幾個方面，需要確定它們相對的重要程度：易於控制、易於使用、網路性能、和其他軟件可以兼容、便於維護。

(2) 組成數據矩陣。

用 excel 或者手工做，把這些因素分別輸入表格的行和列，如表 2-7 所示。

表 2-7　　　　　　　　　　　矩陣數據分析法

	A	B	C	D	E	F	G	H
1		易控制	易使用	網路性能	軟件兼容	便於維護	總分	權重
2	易於控制	0	4	1	3	1	9	26.2
3	易於使用	0.25	0	0.20	0.33	0.25	1.03	3.0
4	網路性能	1	5	0	3	3	12	34.9
5	軟件兼容	0.33	3	0.33	0	0.33	4	11.6
6	便於維護	1	4	0.33	3	0	8.33	24.2
	總分之和			34.37				

(3) 確定對比分數。

自己和自己對比的地方都打 0 分。以「行」為基礎，逐個和「列」對比，確定分數。「行」比「列」重要，給正分，分數範圍從 9 到 1 分，打 1 分表示兩個重要性相當。譬如，第 2 行「易於控制」分別和 C 列「易於使用」比較，重要一些，打 4 分；和 D 列「網路性能」比較，相當，打 1 分。如果「行」沒有「列」重要，給反過來重要分數的倒數。譬如，第 3 行的「易於使用」和 B 列的「易於控制」前面已經對比過了，前面是 4 分，現在取倒數，1/4＝0.25；和 D 列「網路性能」比，沒有網路性能重要，反過來，「網路性能」比「易於使用」重要，打 5 分，現在取倒數，就是 0.20。實際上，做的時候可以圍繞以 0 組成的對角線對稱填寫結果就可以了。

(4) 加總分。

按照「行」把分數加起來，在 G 列內得到各行的「總分」。

(5) 算權重分。

把各行的「總分」加起來得到「總分之和」，再把每行「總分」除以「總分之和」得到 H 列每個「行」的權重。權重越大，說明這個方面越重要。「網路性能」占 34.9%，其次是「易於控制」占 26.2%。

(六) 過程決策程序圖法

1. PDPC 法的概念

過程決策程序圖法（PDPC 法）是在制訂計劃階段或進行系統設計時，事先預測可能發生的障礙（不理想事態或結果），從而設計出一系列對策措施，以最大的可能引向最終目標（達到理想結果）。該法可用於防止重大事故的發生，因此也稱之為重大事故預測圖法。由於一些突發性的原因，可能會導致工作出現障礙和停頓，對此需要用過程決策程序圖法進行解決。

PDPC 法具有如下特徵：

(1) 從全局、整體掌握系統的狀態，因而可作出全局性判斷；

（2）可按時間先後順序掌握系統的進展情況；

（3）密切注意系統進程的動向，掌握系統輸入與輸出的關係；

（4）情報及時，計劃措施可被不斷補充、修訂。

2. PDPC 法的思路

（1）掌握系統的動態並依此判斷全局。有的象棋大師可以一個人同時和 20 個人下象棋，20 個人可能還勝不了他一個人。這就在於象棋大師胸有全局，因此能夠有條不紊，即使面對 20 個對手，也能有把握戰而勝之。

（2）動態管理 PDPC 法具有動態管理的特徵，它是在運動的，而不像系統圖是靜止的。

（3）實現可追蹤性。PDPC 法很靈活，它既可以從出發點追蹤到最后的結果，也可以從最后的結果追蹤中間發生的原因。

（4）預測重大事故，並在設計階段預先制定措施。PDPC 法可以預測那些通常很少發生的重大事故，並且在設計階段，預先就制定出應付事故的一系列措施和辦法。

3. PDPC 法的步驟

（1）確定要解決的課題。

（2）召集相關人員討論，提出達到理想狀態的途徑和措施。

（3）對提出的途徑和措施列舉出預測的結果，並提出方案行不通時的備選方案和措施。

（4）將各方案按緊迫程度、所需工時、實施的可能性和難易程度進行分類，特別是對目前要採取的方案和措施，應根據預測的結果，明確首先應該做什麼，並用箭頭將其與理想狀態方向連接。

（5）決定各項方案實施的先後順序。

（6）確定實施負責人及實施期限。

（7）不斷修訂 PDPC 圖。在實施過程中可能會出現新的情況，需要定期檢查 PDPC 法的執行情況，並按照新的情況和存在的問題，重新修改 PDPC 圖。

（七）箭條圖法

箭條圖法是計劃協調技術（Program Evaluation and Review Technique，簡稱 PERT）和關鍵路線法（Critical Path Method，簡稱 CPM）在質量管理中的具體應用。其實質是把一項任務的工作（研製和管理）過程，作為一個系統加以處理，將組成系統的各項任務，細分為不同層次和不同階段，按照任務的相互關聯和先后順序，用圖或網路的方式表達出來，形成工程問題或管理問題的一種確切的數學模型，用以求解系統中各種實際問題。

PERT 和 CPM 可以彌補甘特圖表（如表 2-8 所示）的不足，即能夠擬訂最佳計劃和進行有效進度的管理，在 PERT 和 CPM 中用以表示日常計劃的圖即為「箭條圖」。箭條圖可將計劃推行中所需各項作業的從屬關係表現出來。下面通過具體例子說明，如圖 2-10 所示。

表 2-8　　　　　　　　　甘特圖表

作業名	1	2	3	4	5	6	7	8	9	10	11	12
基礎工程	→→											
骨架裝配			→→→→									
外壁抹灰							→→					
外裝飾									→→			
內壁作業							→→					
管系施工							→→					
電綫安裝							→					
門窗安裝						→→→						
內壁油漆									→→			
內部安裝										→→		
檢查交工												→

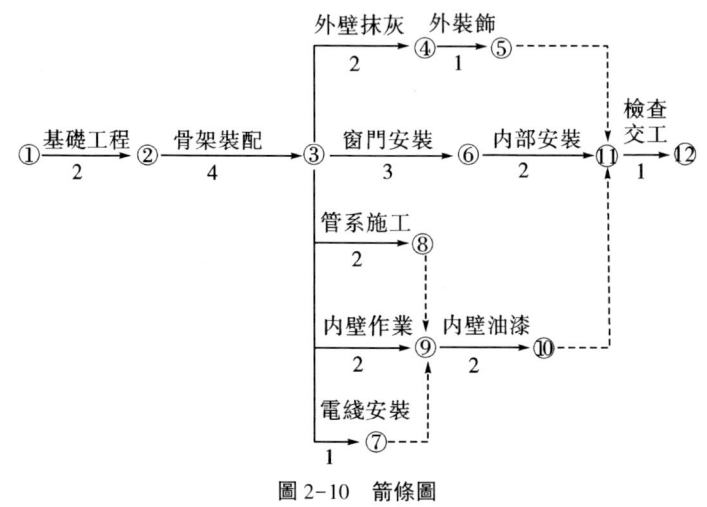

圖 2-10　箭條圖

　　箭條圖法主要用於解決一項工程或任務中的工期、費用、人員安排等合理優化的問題。其涉及的內容包括下面六個方面：

　　（1）調查工作項目，按先后順序、邏輯關係排列序號；

　　（2）按網路圖的繪圖要求，畫出網路圖；

　　（3）＝估計各工序或作業的時間；

　　（4）計算結點和作業的時間參數，如最早開工時間、最遲必須完成時間等；

　　（5）計算尋找關鍵路徑，進行網路系統優化；

　　（6）計算成本，估算完工概率，繪製人員配備圖，最終達到縮短工時、降低成本、合理利用人力資源的目的。

三、其他質量管理方法

　　質量管理的方法多種多樣，除了老七種和新七種方法之外，還有頭腦風暴法、QC小組活動、標杆法、顧客需求調查、統計過程控制及抽樣檢驗等，現簡單介紹頭腦風

暴法、QC 小組活動及標杆法，其余方法后續章節將有詳細介紹。

（一）頭腦風暴法

1. 概念

頭腦風暴法就是邀請有關方面的專家，通過開會的形式討論，進行信息交流並互相啓發，從而誘發專家們發揮其創造性思維，促使他們產生「思維共振」，以達到互相補充的效果，並在專家們分析判斷的基礎上，綜合其意見，作為預測的依據。它既可以獲取所要預測事件的未來信息，也可以弄清問題，形成方案，搞清影響，特別是一些交叉事件的相互影響。

2. 應用頭腦風暴法的優缺點

運用頭腦風暴法進行定性預測時，既有一定的優點，也存在著一些缺陷。

（1）頭腦風暴法的優點。

①能得到創造性成果。頭腦風暴法通過思維的集體迸發，能得到創造性的成果。

②獲取信息量大。通過頭腦風暴會議，獲取的信息量大，考慮的問題比較全面，提供的方案綜合性強。

③節約、靈活。頭腦風暴法節省費用和時間，應用靈活方便。

（2）頭腦風暴法的缺點。

①易受到權威的影響。容易受權威人士的意見影響，不利於充分發表意見。

②易受表達能力的影響。有些專家的論據有時候不一定充分，但因表達能力強，仍能產生較大的影響力，給預測結果的準確性帶來影響。

③易受心理因素的影響。有的專家愛壟斷會議或聽不進不同意見，明知自己有錯，也不願意當眾修改自己的意見，尤其是預測組織者和權威專家。

這些缺點可以通過下節的德爾菲法減弱影響，但頭腦風暴法的效率高於德爾菲法。

3. 頭腦風暴法的工作步驟

（1）會前準備。

在頭腦風暴會議召開之前，組織者應做好充分的準備工作，以保證會議的高效率、高質量。

（2）確定與會人員。

頭腦風暴法的參與者分為三類：主持人、記錄員和提出設想的專家。確定與會人員需要遵循以下原則：①盡可能選擇互不相識的專家參加，不應公布參加人員的職稱，避免對參加者造成壓力；②如果參加者彼此認識，為了避免上下級之間會造成壓力，則要從同一職稱或級別的人員中選取；③除了選擇與所討論問題相一致的領域的專家外，還應該選擇一些對所討論問題有較深理解的其他領域的專家；④與會者一般以 8~12 人為宜，也可略有增減（5~15 人）。

（3）開展頭腦風暴會議。

首先由主持人扼要地介紹本次會議的主題，宣布會議規則。隨后引導大家暢所欲言，充分發揮想像力，使彼此相互啓發。專家們依次發表意見，不必對意見進行解釋，也不應受到質疑。每出現一個新想法，記錄人員應立即寫出來，使每個人都能看見，

以激發大家的思維。會議討論的時間控制在 20~60 分鐘之間，如果要討論的問題較多，可以分別召開多次會議。

（4）處理想法，得出最佳方案。

經過頭腦風暴會議之後，組織者會得到大量與議題有關的設想，這時就需要對這些設想進行歸納整理，綜合分析，以選出最有價值、最富創造性的想法。設想處理的方式有兩種：一種是專家評審，可聘請有關專家及與會代表若干人（5 人左右為宜）承擔這項工作；另一種是二次會議評審，即所有與會人員集體進行設想的評價處理工作。通過評審將大家的想法整理成若干方案，經過多次反覆比較，最后確定 1~3 個最佳方案。

（二）QC 小組活動

1. QC 小組的概念

QC 小組是在生產或工作崗位上從事各種勞動的職工，圍繞企業的經營戰略、方針目標和現場存在的問題，以改進質量、降低消耗、提高人的素質和經濟效益為目的組織起來，運用質量管理的理論和方法開展活動的小組。

2. QC 小組活動的特點

（1）明顯的自主性。

QC 小組以員工自願參加為基礎，實行自主管理、自我教育、互相啓發、共同提高，充分發揮小組成員的聰明才智和積極性、創造性。

（2）廣泛的群眾性。

QC 小組是吸引廣大員工積極參與質量管理的有效組織形式，不僅包括領導人員、技術人員、管理人員，而且更注重吸引在生產、服務工作第一線的操作人員參加。

（3）高度的民主性。

這不僅是指 QC 小組的組長可以是民主推選，可以由 QC 小組成員輪流擔任課題小組長，以發現和培養管理人才；同時還指在小組內部討論問題、解決問題時，小組成員是平等的，不分職位與技術等級，高度發揚民主，各抒己見，互相啓發，集思廣益，以保證既定目標的實現。

（4）嚴密的科學性。

QC 小組在活動中遵循科學的工作程序，步步深入地分析問題、解決問題；在活動中堅持用數據說明事實，用科學的方法來分析與解決問題，而不是憑「想當然」或個人經驗。

3. QC 小組的工作步驟

（1）質量管理小組的組建。

QC 小組選題應以企業（或部門）方針目標與主要問題為基本依據並以班組或部門為基礎，組建現場型、服務型、攻關型及管理型小組，選好組長。

（2）質量管理小組的登記。

QC 小組成立后，填寫 QC 小組課題註冊登記表，內容包括小組名稱、課題名稱、小組成員、選題理由、現狀及目標等，經本企業質量管理部門註冊登記。

（3）選定課題確定目標。

選題要先易后難，以小為主，方法選擇要由淺入深，綜合應用。

(4) 制訂計劃。

將上述的課題活動編寫成活動計劃書並由企業質量管理部門批准。

(5) 通過質量管理小組會等形式對提出的課題開展改進活動。

按照計劃以質量管理小組會的形式進行具體的改進管理活動，在開會時，為了集思廣益，要讓全體成員自由發表意見，同心協力，努力自主地開展質量管理小組活動，要做到開會目的明確、內容簡明，並做好會議記錄。

(6) 形成書面報告。

檢查 QC 小組活動的進展情況，其活動成果要寫成書面報告，並向企業質量管理部門匯報，在企業內部的 QC 小組發表大會上報告活動成果。一項課題完成後再選擇下一步的課題，使 QC 小組工作不停地開展下去。

(三) 標杆法

1. 標杆的概念

標杆法也被譯為標杆管理、定標比超、基準管理、定點超越、標杆瞄準、競爭基準、標杆制度等。標杆管理是一種通過衡量比較來提升企業競爭力的過程，它強調的是以卓越公司作為學習的對象，通過持續改善來強化自身的競爭優勢。所謂標杆，即「benchmark」，最早是工匠或測量員在測量時作為參考點的標記，弗雷德里克·溫斯洛·泰勒 (Frederick Winslow Taylor) 在他的管理理論中採用了這個詞，其含義是衡量一項工作的效率標準，后來這個詞漸漸衍生為基準或參考點。

2. 標杆法的應用

根據標杆法的先驅和最著名的倡導者施樂公司的羅伯特·開普的經典說明，標杆管理活動劃分為五個階段，每階段有 2~3 個步驟，具體如下：

第一個階段：計劃。計劃階段的實施步驟包括確認對哪個流程進行標杆管理；確定用於作比較的公司；決定收集資料的方法並展開收集資料等。

第二個階段：分析。分析階段的實施步驟包括確定自己目前的做法與最好的做法之間的績效差異；擬定未來的績效水準等。

第三個階段：整合。整合階段的實施步驟包括就標杆管理過程中的各種發現進行交流、討論並獲得認同；確立部門的目標等。

第四個階段：行動。行動階段的實施步驟包括制訂行動計劃；實施明確的行動並監測進展情況等。

第五個階段：完成。完成階段的實施步驟包括使企業居於並保持領先地位；全面整合各種活動；重新調整標杆等。

以上五個階段及其實施步驟一直為后來者所遵循，但是也可以有所創新和發展，關鍵是要結合實際情況不斷地進行探索和實踐，尤其是進行科學、合理、高效的細化。

第三節　全面質量管理的實踐

一、全面質量管理實施的步驟

根據前述的質量管理的定義，我們也可以把 TQM 看成是一種系統化、綜合化的管理方法或思路，企業要實施全面質量管理，除了注意滿足「三全一多樣」的要求外，還必須遵循一定的工作程序和運作方法。

在具體實施全面質量管理時，可以遵循五步法進行。這五步分別是：決策、準備、開始、擴展和綜合。

決策。這是一個決定做還是不做的決策過程。為了能夠做出正確的決策，企業的經營管理者必須全面評估企業的質量狀況，瞭解所有可能的解決問題的方案，在此基礎上進行決策，看是否實施全面質量管理。

準備。一旦做出決策，企業就應該開始準備。需要學習和研究全面質量管理，對質量和質量管理形成正確認識；建立各階層質量管理機構；確立遠景構想和質量目標，並制訂為了實現質量目標所必須的長期規劃和短期計劃；選擇合適的項目，建立團隊，做好實施全面質量管理的準備工作。

開始。這是全面質量管理的具體實施階段。在這一階段，需要進行項目的試點，在試點逐漸總結經驗，評估試點單位的質量狀況，主要從四個方面進行：顧客忠誠度、不良質量成、質量管理體系以及質量文化。在評估的基礎上發現問題和改進機會，然後進行有針對性的改進。

擴展。在試點取得成功的情況下，企業就可以向所有部門擴展。每個重要的部門和領域都應該建立質量管理機構、確定改進項目並建立相應的過程團隊，還要對團隊運作的情況進行評估。為了確保團隊質量管理工作的效果，應該對團隊成員進行培訓，還要為團隊建設以及團隊運作等方面提供指導；管理層還需要對每個團隊的質量管理工作情況進行全面的測評，從而確認所取得的成功。擴展過程的順利進行，要求企業經營者和高層管理人員強有力的領導和全員的參與。

綜合。在經過試點和擴展至後，企業就基本具備了實施全面質量管理的能力。為此，需要對於整個質量管理體系進行綜合。通常需要從目標、人員、關鍵業務流程以及評審和審核這四個方面進行整合和規劃。

（1）目標。企業需要建立各個層次的完整的目標體系，包括戰略（這是實現目標的總體系）、部門目標、跨職能團隊的目標以及個人目標。

（2）人員。企業應該對於所有人員進行培訓，並且授權給他們讓其自行自我控制和自我管理，同時要鼓勵團隊協作。

（3）關鍵業務流程。企業需要明確主要的成功因素，在成功因素基礎上確定關鍵業務流程。通常來講，每個企業都有 4~5 個關鍵業務流程，這些流程往往會設計到幾個部門。為了確保這些流程的順暢運行和不斷完善，應建立團隊負責每個關鍵業務流

程，並且要指派負責人。團隊運作情況也應該進行測評。

（4）評審和審核。除了對於團隊和流程的運作情況進行測評外，企業還需要對於整個組織的管理情況進行定期審核，從而明確企業市場競爭的地位，及時發現問題，尋找改進的機會。

二、實施全面質量管理的基本方法

全面質量管理活動的全部過程，就是質量計劃的制訂和組織實現的過程。這個過程是按照 PDCA 管理循環，不停頓地、周而復始地運轉。PDCA 管理循環是全面質量管理所應遵循的科學程序，它是由美國質量管理專家戴明博士首先提出的，所以也叫「戴明環」。

全面質量管理活動的運轉，離不開管理循環的轉動。這就是說，改進與解決質量問題，趕超先進水平的各項工作，都要運用 PDCA 管理循環的科學程序。例如，要提高產品質量，減少不合格品，總要先提出目標，即質量提高到什麼程度，不合格品率降低多少，這就要制訂計劃，這個計劃不僅包括目標，而且也包括實現這個目標需要採取的措施。計劃制訂之後，就要按照計劃去實施。按計劃實施之後，就要對照計劃進行檢查，哪些做對了，達到了預期效果；哪些做得不對或者不好，沒有達到預期的目標；做對了是什麼原因，做得不對或做得不好又是什麼問題，都要通過執行效果來進行檢查。最后就要進行處理，把成功的經驗肯定下來，制定標準，形成制度，以後再按這個標準工作；對於實施失敗的教訓，也要規定標準，吸取教訓，不要重蹈覆轍。這既總結了經驗，鞏固了成果，也吸取了教訓，引以為戒，又要把這次循環沒有解決的問題提出來，轉到下次 PDCA 管理循環中去解決。

PDCA 循環實施的基本步驟可以參閱本書第一章的相關內容。

PDCA 循環作為推動工作、發現問題和解決問題的有效工具，其典型模式和工具應用如表 2-9 所示。

表 2-9　　　　　　　　　　PDCA 循環的典型模式

四階段	階段概括	八步驟活動內容	工具方法
計劃 （Plan）	按用戶需求和市場情報制訂出符合用戶需要的產品質量計劃，並根據生產需要制定操作標準作業指導書等	1. 分析現狀，發現品質問題	排列圖、直方圖、控制圖、親和圖、矩陣圖
		2. 分析產生品質問題的各種因素	因果圖、關聯圖、矩陣數據解析法、散布圖
		3. 分析影響品質問題的主要原因	排列圖、散布圖、關聯圖、樹狀圖、矩陣圖、親和圖
		4. 針對主要原因，制訂解決方案	關聯圖、樹狀圖、箭形圖、PDPC 法
實施 （Do）	按上述計劃認真貫徹執行	5. 執行。按照措施計劃實施	樹狀圖、箭形圖、矩陣圖、PDPC 法
檢查 （Check）	檢查計劃執行情況，找出差距，分析原因	6. 檢查，把執行結果與要求達到的目標進行對比	排列圖、控制圖、樹狀圖、PDPC 法、檢查表

表2-9(續)

四階段	階段概括	八步驟活動內容	工具方法
處理 (Action)	總結經驗教訓，並加以標準化，指導下一循環的品質管理	7. 標準化，把成功經驗總結出來，加以標準化	親和圖
		8. 把未解決或新出現的問題轉入下一個循環	

三、全面質量管理的應用

應用QC方法降低大承載空氣軸承干擾力矩

氣浮軸承是氣浮轉臺的關鍵部件，502所降低干擾力矩質量管理小組（簡稱QC小組）承擔的是一項單軸氣浮轉臺任務，該任務的關鍵是要解決大承載空氣軸承的干擾力矩問題。由於大型空氣軸是研製、加工週期長的大型昂貴設備，不允許做多個，因此沒有進行大PDCA循環的條件，為此，QC小組把試驗件工作通過一個小PDCA循環來進行，在此基礎上，開展大PDCA工作。

第一階段——PDCA循環的計劃階段（P）。

第1步，存在的質量問題使干擾力矩變大。

第2步，用因果分析圖分析影響干擾力矩的諸多因素，見圖2-11。

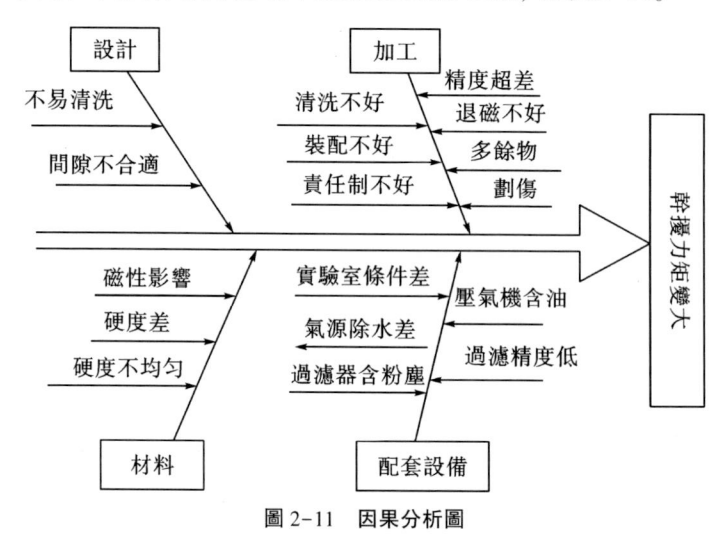

圖2-11 因果分析圖

第3步，原理性分析表明，設計上承載系數的提高是降低軸承干擾力矩水平的主要因素；通過對試驗件節流嘴的檢驗發現，工藝上影響干擾力矩水平的主要因素是節流嘴多余物多，以及加工精度和退磁情況等。

第4步，針對上述主要原因，制定相應的措施如表2-10。

表 2-10　　　　　　　　　　　　主要原因及措施

主要因素	提高承載系數	減少多余物	控制加工精度	退磁
相應措施	雙排孔方案	加強清洗	坐標磨加工	邊檢邊退

第二階段——實施階段（D）。

在 P 階段工作的基礎上，將雙排孔結構放大，並將清洗工藝規定編入有關文件以便執行，同時結合其他因素，制定相應的措施，如表 2-11，並予以實施。

表 2-11　　　　　　　　　　　　因素及相應措施

因素	間隙選取	過濾器	壓氣機含油	預處理
措施	實驗決定	取消含塵過濾、加末級過濾	用無油烟壓氣機	加預處理

第三階段——檢查階段（C）。

通過承載、剛度、旋轉精度、渦流力矩等試驗，其結果全部達到或超過設計要求。

第四階段——處理階段（A）。

QC 小組將已取得降低干擾力矩的技術、方法等全部反應在設計圖紙、資料和工藝文件中，形成標準化的規範。對尚未解決的退磁、清除多余物以及進一步降低干擾力矩的幾種潛在能力做了詳細分析，準備下一步將干擾力矩降到更低。

第四節　全面質量管理前沿

TQM 從提出到現在已經過去 40 多年了，經歷了四個階段的發展，各種理論支撐趨於完善。人們也逐漸認識到，產品質量的形成不僅與生產製造過程有關，還涉及其他許多過程、環節等因素。只有將影響質量的所有因素系統納入質量管理的軌道，並保持系統、協調的運作，才能確保產品質量，因此全面質量管理具有「三全一多樣」的基本要求。

進入 21 世紀，企業管理的理論也有了很大的發展，這些發展同時也為全面質量管理的研究和拓展打下基礎。TQM 的研究和應用本身也出現了許多新的發展趨勢和研究領域。研究這些新發展、新趨勢對於正處在激烈的國際竟爭環境中，致力於提升國家綜合競爭力，謀求可持續性發展道路的中國，有著很實際的研究意義。

如果能夠很好地實施 TQM，就意味著該組織的能力水平會得到很大的提升，但是，實施 TQM 的過程涉及了很多的影響因素，其中的一些更是關鍵因素。目前研究比較集中的是企業管理中涉及人力資源管理、營運管理等方面。TQM 的應用也不再是局限於質量管理領域，而是從企業全局的角度來研究和應用 TQM 的理論了，對於 TQM 應用本身來說也是一種有力的發展和補充。其研究主要有以下方面：

涉及人力資源管理的研究。安科德萊和賓斯（Acdry&Dobbins）將全面質量組織環境下的人力資源管理作為研究對象。TQM 已經成為在許多類型的組織中被大量採用

的一種活動，而對於在人力資源管理方面的應用也有著很好效果。於是，卡迪和德斌斯（Cardy&Debbins）開始研究傳統西方管理方法與TQM的理念和方法之間的區別，得到了傳統組織模式和TQM組織模式下，各自人力資源管理的特點。同時，對TQM理論的發展也起到了巨大的推進作用。

TQM培訓對於持續性發展影響的研究。馬瑞爾（Marelr）研究了TQM培訓、柔性工作以及柔性技術對於持續性發展的影響。論文中，他發現TQM培訓、工作設計和信息技術對於員工能力的持續提升有著重要的影響。由於TQM的培訓往往都是針對具體問題進行的，受訓的員工也並不是一成不變的，所以Marler提出了一個問題，這些訓練是否帶來知識的溢出效應。同時也指出在這點上，學術界還沒有做詳細的研究。Marlcr採用準實驗的方法研究TQM培訓和組織狀況對於員工持續提升的影響，對於其中涉及的培訓、柔性技術等幾個方面影響也先做出了假設。選取的實證研究對象是一所機構松散的大型私立大學的會計部門的員工。研究的結論支持了Marelr的假設，並且與組織管理理論相吻合，同時結論也暗示對於技術創新的大量投入，不論是直接的還是間接的，並不能保證更大的生產力和效果。而且作者也提供了未來可以從事進一步研究的方向。

對TQM成功實施的影響因素研究。喀什厄尼和尤斯棟（Kassieieh&Yourstone）針對TQM成功實施的影響因素，他們選取的幾個關鍵的影響因素是培訓、績效評估和獎勵，而判斷TQM實施成功與否的指標是成本降低的狀況、利潤增加狀況和員工精神狀態。實證研究的對象是新墨西哥州111個服務和製造企業，通過對數據進行因素分析和迴歸分析。得到最終的結論。TQM培訓與成本降低、利潤增加之間呈顯著關係；績效評估同利潤增加之間是顯著關係；獎勵和員工精神狀態之間是顯著關係。喀什厄尼和尤斯棟（Kassieieh&Yourstone）的研究對象不再僅僅局限於製造行業，而是擴展到更廣範圍的服務性行業，同時從他們的研究可以發現人力資源管理（HRM）對於TQM的成功實施是一個重要的支持。他們也指出了本次研究的局限性，為后續的研究提供了參考。

對TQM在服務型行業中應用情況的研究。麥克卡迪和奈夫（MCcarhty&Keeef）的研究主要是針對服務性行業領域進行的。關注TQM在服務性行業中的應用情況，是TQM研究的一個重要的發展方向。他們的研究對象是一所採用TQM理論來提高教員服務質量的大學。他們試圖在教員具有的意識和服務質量之間建立聯繫，為服務質量提供一個可行有效的評價方法。

與此同時，隨著社會經濟的不斷發展，學科間的交叉越發明顯。在知識經濟的影響下，有著「三全」特點的TQM同樣得到了新的發展和補充。先前提到的知識滋出效應就是一個例子。另外，技術創新對於個體、企業乃至社會的影響日益受到矚目。

TQM在實施過程中的創新研究。阿亥爾和阮維查客姆（Ahier&Ravichandarm）的研究就是著眼於建立TQM實施過程中的創新擴散模型。越來越多的學者和實施者都開始意識到TQM所包含的眾多元素之間因果聯繫的重要性。而阿亥爾和阮維查客姆（Ahier&Rvacihandarm）將TQM看成是一種組織創新。然后運用信息系統和組織創新的理論從創新擴散的角度研究TQM實施是如何從管理質量延伸到車間工廠和實際操作中

去的。他們提出這一過程有四個層次的步驟，分別是選擇、修正、接受和運用。通過對一個汽車零件供應商的 407 個加工工廠樣本的研究，阿亥爾和阮維查客姆 (Ahier&Rvacihandarm) 證明了這個模刮的正確性，並且為實際 TQM 的實施過程提供了合理的建議，也為之后的研究做好了鋪墊。

案例分析

上海強生出租汽車公司

上海強生集團有限公司的前身為上海市出租汽車公司，是一個具有 80 余年歷史的企業。集團公司目前擁有成員企業 40 余個，員工 16,000 余名，營運車輛 7,400 輛，總資產 25.74 億元。上海強生出租汽車股份有限公司是集團公司控股的上市公司。公司從十個方面來推進營運服務質量的提高。

1. 倡導「乘客永遠是正確的」這一理念

「顧客是上帝」，這一市場經濟的法則已經為社會大眾普遍認同和接受，其理由很簡單，即顧客是商家的「衣食父母」。強生公司通過組織班組學習、班組長輪訓和三級管理人員培訓等形式宣傳公司的理念，並逐漸為企業廣大員工理解和接受。並推出「員工單方過失認定法」作為理念的具體執行。

2. 編印《強生員工手冊》，開展營運服務技巧大討論

為了使企業員工尤其是廣大駕駛員在營運服務過程中的行為更為規範，工作更為便利，強生公司編印了《強生員工手冊》。明確了企業員工的職責、權利和義務，記錄了各類工作流程。同時為了進一步提高駕駛員、管理人員的整體素質和服務技巧，公司開展了營運服務技巧大討論。

3. 強調「預防為主」的安全行車工作指導準則

從顧客角度出發，安全行車工作要服務、服從於乘客滿意度指數的提高，為此，強生公司提出「安全行車管理工作的重點要從事務性的事故處理向前瞻性的預防教育過渡」；提出「對新進駕駛員、年輕駕駛員的重點教育和過程控制」等觀點；一系列相應措施的實施，使安全駕駛取得了顯著成效。

4. 加強「硬件」方面的投入

選擇「時代超人」作為出租汽車的主體車型，通過一段時期營運與修理的磨合，強生公司加大了車輛更新資金的投入，加快了車輛更新換代的速度，加緊了車輛兼併、企業聯合等規模擴張的步伐。擴大了汽車修理的規模，提高了汽車修理設備的技術含量，斥巨資對調度設施、計算機后臺管理烯烴進行全面的更新和換代。

5. 制定《營運單位管理質量綜合評價體系》

《營運單位管理質量綜合評價體系》對分公司、車隊兩級組織營運工作中的服務質量、安全行車、車容車貌、機械狀況四項工作進行綜合評價，有力地推動了營運工作沿正確的方向展開。

理念的確定，相應措施的推行，有力地保障了強生出租車服務質量的穩定和不斷改進。

資料來源：宋明順. 質量管理學 [M]. 北京：科學出版社，2005.

思考題：

從強生出租車公司的時間看服務類企業應該如何提高工作質量？請選擇一家身邊的服務企業進行分析。

本章習題

1. 試解釋全面質量管理的含義。
2. 簡述全面質量管理的特點。
3. 試闡述全面質量管理的內容。
4. 簡述全過程的質量管理與全方位的質量管理的區別。
5. 在生產製造過程的質量管理中，如何加強不合格的管理？
6. 簡述檢查表的使用方法。
7. 簡述排列圖所體現的質量管理思想。
8. 簡述排列圖的使用方法。
10. 試說明直方圖的繪製程序。
11. 就某一工作或學習中所遇到的質量管理問題，利用因果圖分析造成這一問題的原因，找出關鍵原因，並給出解決方案。
12. 簡述質量管理新七種工具的概念。
13. 簡述 QC 小組活動的含義、特點、執行步驟。
14. 簡述頭腦風暴法的步驟。
15. 理解標杆法的含義。
16. 簡述全面質量管理實施的具體步驟。

第三章　質量管理體系

第一節　基本理論

一、質量管理體系概念

（一）質量管理

質量管理是指在質量方面指揮和控制組織的協調的活動。質量管理是企業管理的中心環節，它涉及各類管理中與產品質量有關的部分，其職能是質量方針和質量目標的建立、質量策劃、質量控制、質量保證和質量改進。「協調的」活動則是指上述六個方面的協調一致。

（二）質量管理體系

將質量管理和管理體系的概念融合在一起則不難描述質量管理體系的含義。質量管理體系是在質量方面指揮和控制組織的管理體系，通常為有效地開展質量管理活動，應該建立質量管理體系，即應制定質量方針和目標，並通過質量策劃、質量控制、質量保證和質量改進活動來實現已制定的質量目標。這也說明為了確保這些活動的有效性，即保證產品或服務滿足質量要求，必須把企業的組織機構、職責和權限、工作方法和程序、技術力量和業務活動、資金和資源、信息等協調統一起來。質量管理體系是實施現代質量管理的基礎。

質量管理體系緊緊圍繞著產品質量形成的全過程，涉及產品的壽命週期的全過程，從最初的識別市場需要到最終滿足要求的全過程。

應該注意的是，質量管理體系只是組織管理體系的一個重要組成部分。一個組織的管理體系會包含若干個不同的管理體系，如質量管理體系、環境管理體系和職業健康安全管理體系等。

二、質量管理體系產生的原因

（一）國際貿易要求

1. 進出口商品檢驗的不足，顧客的意識

在國際貿易中，產品質量從來都是交易的重要條件。對進出口商品質量進行控制的基本手段是根據產品標準對商品進行檢驗。但是，僅靠商品檢驗並不能完全滿足在國際貿易中對質量保證的需要，因此，顧客在訂購商品前，除了對供方的產品進行檢

驗外，還需對供方的生產體系進行考察，直至確認該體系運行可靠，才會有信心與供方訂立長期的大量採購合同。隨著國際貿易的增加，對企業生產體系進行評價的活動越來越多，於是，產生了建立國際統一的評價企業質量保證能力的質量管理體系標準的需要。

2. 全球競爭的加劇導致期望增加

同時，經濟全球化所帶來的全球競爭加劇導致顧客對質量的期望越來越高。買方市場占據上風，顧客的消費行為日益成熟。消費者的產品質量意識越來越強，為保護自身利益，不僅重視產品質量檢驗結果，還十分重視產品生產者或供應商在人員、材料、工藝、設備、管理、技術、服務等各方面的綜合質量保證能力，這對企業建立完善的質量管理體系形成了外部壓力。而企業弱項在競爭中生存發展，必須盡一切努力提高產品質量和降低成本，必須加強內部管理，使影響質量和成本的各項因素都處於可控狀態，這是建立質量管理體系的內在要求。

(二) 產品質量責任的需要

1. 產品質量責任的含義

產品質量責任是指產品在生產、安裝、銷售、服務等方面存在缺陷，並由此造成消費者、使用者或第三方的人身傷害或財產損失，由負有責任的侵害人（如該產品的涉及者、生產者、銷售者、供應者、安裝者或服務者）對受害人承擔的一種賠償責任。隨著現代科學技術的發展，新產品不斷湧現，產品的複雜程度越來越高，產品質量責任也越來越大。例如，汽車、飛機、通訊設備、人造衛星、核電站等一旦發生質量問題，其損失將不堪設想，難以用數字來準確估計。在美國，不僅賠償金額已達「天價」，而且還要追究生產者的刑事責任。

2. 產品的質量要求

產品的質量要求通常體現為產品標準，包括性能參數、包裝要求、適用條件、檢驗方法等。人們根據產品標準規定的質量要求判斷產品質量是否合格。怎樣才能使產品質量穩定地符合規定的要求呢？產品質量形成於產品的採購、製造、運輸、安裝、服務活動的全過程。如果企業的生產體系不完善，技術、組織和管理措施不協調，即使產品標準再好，也很難保證產品質量始終免租規定的要求。因此，無論是消費者還是生產者，從產品質量責任的重要性出發，都希望建立一套質量管理體系，對產品質量形成的全過程進行有效控制，以保證產品質量穩定可靠。

(三) ISO 9000 族國際標準產生

1. 「二戰」期間軍事的發展對質量保證提出了要求

在第二次世界大戰中，電子元器件的不可靠導致武器和軍用設施的戰鬥力難以發揮，從而推動軍工及航空、航天部門發展質量保證技術。1959 年，美國軍工系統制定了 MIL-Q-9858《質量大綱》，這是最早出現的質量保證標準。此後，美國又針對各種軍工產品制定了一系列的質量保證標準，MIL-Q-45208A《檢驗系統要求》、MIL-HDBR-50《承包商質量大綱評定》和 MIL-Q-HDBR-51《承包商檢驗系統評定》，形成了一套完整的軍品質量保證標準。隨後在一些附加值高、安全責任重大的民用工業

率先借鑑軍工質量保證技術，開展質量保證活動。

2. 頒布了一套質量保證標準（6部分+ISO系列）

隨著各行業對質量保證需求的發展，質量保證活動從特殊的高風險行業，擴展到整個民用工業領域。美國標準協會（ANSI）和美國機械工程師協會（ASME）於1971年分別發布了ANSI-N45.2《核電站質量保證大綱要求》和ANME-ⅢNA4000《鍋爐壓力容器質量保證標準》。借鑑美國的經驗，英國於1979年和1981年先后發布了一套質量保證標準：

BS 5750：part 1-1979《質量體系—設計製造和安裝規範》；

BS 5750：part 2-1979《質量體系—製造和安裝規範》；

BS 5750：part 3-1979《質量體系—最終檢驗和試驗規範》；

BS 5750：part 4-1981《質量體系—BS 5750 part 1 使用指南》；

BS 5750：part 5-1981《質量體系—BS 5750 part 2 使用指南》；

BS 5750：part 6-1981《質量體系—BS 5750 part 3 使用指南》。

各國制定和實施質量保證標準、質量體系管理標準的實踐，為建立質量體系國際標準奠定了堅實的基礎。國際化標準組織（ISO）在總結各國經驗的基礎上經過多年的協調努力，於1986年6月正式頒布了ISO 8402《質量管理和質量保證術語》標準，為在全世界範圍內統一質量概念起了重要的作用；1987年3月頒布了ISO 9000、ISO 9002、ISO 9003、ISO 9004共4個標準。這一系列標準對在世界範圍內推動質量體系的建立和質量體系認證是個創舉，一經問世就充分顯示出它的重要作用。同時，標誌著世界各國質量管理和質量保證活動開始納入規範化、統一化、國際化的軌道。

三、質量管理體系的組成和結構

（一）引導語

1. 質量管理體系的組成

質量管理體系由一系列質量管理體系要素組成，並通過質量管理的結構和要素描述而成。質量管理體系的組成和結構主要體現在其要素的組成和相互關係上。每一個質量管理體系要素，都是從一個特定的側面規定描述如何實施組織的質量管理工作和活動。

2. 其與質量管理體系、結構的關係

建立一個質量管理體系，首先應確定組成質量管理體系的各個要素，並構成一個完善的質量管理體系結構。無論是結構的構造還是要素的選取，都要緊密結合組織的質量方針、質量目標、產品類型和對產品實現過程的要求。要通過質量管理體系的優化配置和體系要素的合理策劃，使質量管理體系在整體上有效的運行。建立質量管理體系的結構，應針對組織潛在的、實際的質量問題，合理規劃和組織這些質量管理活動、要素間的相互關係。

(二) 產品形成與組織存在的要素

1. 產品形成三要素

產品是過程的結果，過程是使用資源將輸入轉為輸出的活動。組織為了使過程產生最大增值，必須識別和管理構成過程的相互聯繫著的諸多活動，對過程進行策劃並使其在受控條件下完成。為此，必需的資源、有效的管理和過程本身構成了形成產品的三個要素。

2. 組織存在三要素

組織存在的三要素：有效的組織機構及高效的管理工作；必需的資源及其對產品形成的有力支持；貫穿於組織的整個產品形成過程。三個方面相互作用、有機結合，組織也通過這三要素間的相互作用而構成一個有機整體。

3. 質量管理體系與組織存在三要素的聯繫

質量管理體系是組織管理體系的一部分，它致力於組織質量滿足要求。為達到保證產品質量並在此基礎上持續改進產品的目的，在組織內部，必須從質量管理的角度出發，對組織存在的三要素及組織機構管理工作、資源、產品形成的構成進行有效的運作，使它們都處於受控狀態。

(三) 質量管理體系的構成

1. 質量管理體系的四核心部分

質量管理體系包含四大過程要素，即管理職責、產品實現、測量、分析和改進（圖3-1）。這四大過程要素是以過程為基礎的質量管理體系。所謂過程方法，根據ISO 9000：2000標準，闡述其定義是「為使組織有效運行，必須識別和管理許多相互關聯和相互作用的過程」。通常，一個過程的輸出將直接成為下一個過程的輸入。系統地識別和管理組織所應用的過程，特別是這些過程之間的相互作用，稱為「過程方法」。

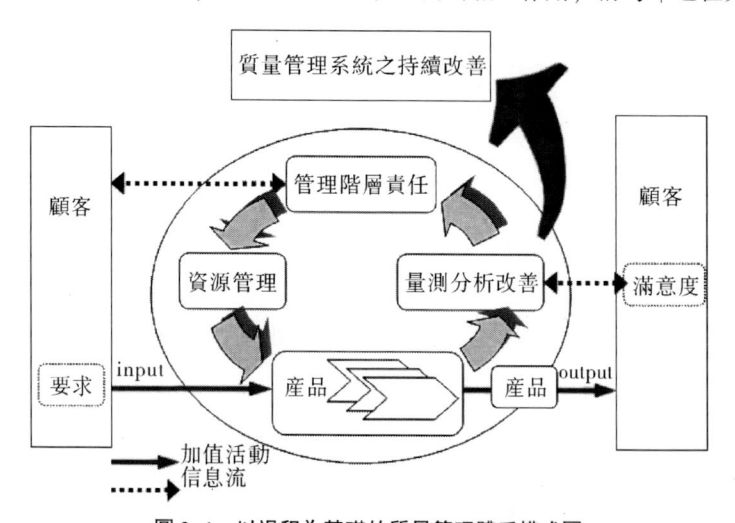

圖3-1 以過程為基礎的質量管理體系模式圖

該質量管理體系模式表明：一個組織的質量管理是通過對組織內各種過程的管理來實現的。質量管理體系涉及影響產品質量的所有資源和要素，以及產品實現的全過程。從一開始的識別顧客需求和期望，到最後產品交付和交付後的活動，所有這些活動構成質量管理體系的過程。質量管理體系運行過程中最重要的是產品實現過程。

2. 管理職責

組織最高管理者在質量管理體系中應承擔下列職責：

（1）最高管理者應做出承諾

最高管理者應對建立、實施質量管理體系並持續保持其有效性做出承諾。最高管理者是指在最高層指揮可控制組織的一個人或一組人。

（2）最高管理者應以顧客為關注點

顧客是產品的最終接收者和使用者，組織的生存和發展依賴於顧客。以顧客為中心是質量管理首先應遵循的基本原則，組織必須以顧客為關注焦點。組織的最高管理者應以增強顧客滿意為目的，引導全組織確保顧客的要求得到確定並予以滿足，並把不斷提高的顧客滿意度作為組織的根本追求。

（3）最高管理者應正式發布質量方針

質量方針是指組織的最高管理者正式發布的該組織總的質量宗旨和方向。

（4）最高管理者應確保建立質量目標

（5）最高管理者應確保質量管理體系策劃

質量管理體系的內容應以滿足質量目標為準。因此，最高管理者應確保對質量管理體系進行策劃，以滿足質量目標的要求。此外，質量管理體系的策劃還應滿足質量管理體系的總體要求。

（6）最高管理者應明確組織的職責、權限

組織的職責、權限和溝通，對指揮和控制組織內的各項質量活動，保證其協調和有序，從而為實現質量目標提供了組織保證。所以，組織中所有從事影響產品質量工作的人員都應被賦予相應的職責和權限，以使他們能夠為實現質量目標做出貢獻。

（7）最高管理者應指定管理者代表

最高管理者應指定一名管理者，即管理者代表。管理者代表可以不是決策層成員，只要求為管理者（部門經理以上），而且不管該成員在其他方面的職責如何（即可以兼職）。

（8）最高管理者應確保內部溝通

任何組織都存在信息和信息流。最高管理者應當在組織內建立一個適當的、有效的內部溝通過程，並確保對質量管理體系的有效性進行溝通。

（9）最高管理者應進行管理評審

管理評審是對質量管理體系的適宜性、充分性和有效性進行定期的、系統的評價，提出並確定各種改進的機會和變更的需要，進而確保質量管理體系實現持續改進。

3. 產品的實現

（1）產品實現的基本概念及要素

產品實現是質量管理體系的主要過程要素，是指產品策劃、形成直至交付的全部

過程，是直接影響產品質量的過程。組織應對產品實現的過程網路進行識別、策劃和改進，對特定產品、項目或合同編製質量計劃。產品實現包括產品實現的策劃、與顧客有關的過程、設計和開發、採購、生產和服務提供、監視和測量裝置的控制等內容。

（2）產品整個實現過程的子過程

產品實現的策劃。產品實現過程的策劃是保證產品達到質量要求的重要控制手段。在對產品進行策劃時，組織應確定以下方面的內容：產品的質量目標和要求；針對產品確定過程、文件和資源的需求；產品所要求的驗證、確認、監視、檢驗和試驗活動，以及產品接收準則；為實現過程及其產品滿足要求提供證據所需的記錄。

與顧客有關的過程。它包括與產品有關的要求的確定和評審及顧客溝通。與顧客溝通的內容包括：產品內容，可以從市場調研瞭解顧客有關產品要求的信息，利用廣告、樣本、宣傳冊頁等形式來宣傳、介紹組織提供的產品；問詢、合同或訂單的處理，包括對其修改；顧客反饋，包括顧客抱怨。應重視並及時收集在產品實現過程中、產品交付後顧客所關心的信息。

設計和開發。設計和開發是指「將要求轉換為產品、過程或體系的規定的特性或規範的一組過程」。「要求」指用戶要求。設計和開發過程是產品實現過程的關鍵環節，它將決定產品的固有特性，產品是否存在先天性損失。

採購。採購是指企業在一定的條件下從供應市場獲取產品或服務作為企業資源，以保證企業生產及經營活動正常開展的一項企業經營活動。組織應確保採購的產品符合規定的採購要求。對供方及採購的產品控制的類型和程度應取決於採購的產品對隨後的產品實現或最終產品的影響。組織應根據供方按組織的要求提供產品的能力評價和選擇供方。應制定選擇、評價和重新評價供方的準則。評價結果及評價所引起的任何必要措施的記錄應予保持。

生產和服務提供。生產和服務提供是指從生產或服務準備開始，經生產作業活動或服務提供活動，以及產品從生產出來以後的包裝、搬運、貯存、防護活動，直到產品交付（包括產品正式使用前的安裝、調試活動）或服務提供活動完成為止的所有活動及全過程。生產和服務提供是過程控制的核心。組織應策劃並在受控條件下進行生產和服務提供。當生產和服務提供過程的輸出不能由后續的監視或測量加以驗證時，組織應對任何這樣的過程實施確認。這包括僅在產品使用或服務已交付之後缺陷才變得明顯的過程。確認應證實這些過程實現所策劃的結果的能力。

監視和測量裝置的控制。監視和測量裝置控制（特別是校準和檢定）的對象包括：所有需要在確保測量有效場合下使用的專用監測裝置、儀器、工具、標準物質；所有需要在確保測量有效場合下使用的生產設備上的監測裝置、軟件、儀表。組織應確定需實施的監視和測量，以及為產品符合確定的要求提供證據所需的監視和測量裝置。組織應建立過程，以確保監視和測量活動可行並以與監視和測量的要求相一致的方式實施。

4. 測量、分析和改進

（1）監視、測量、分析、改進過程策劃

組織應對監視、測量、分析、改進過程進行策劃，並實施這些過程，以滿足下列方面的需要：①證實產品的符合性；②確保質量管理體系的符合性；③持續改進質量管

理體系的有效性。在策劃過程中，要確定實施監視和測量活動的內容、適用的管理方法和技術方法與必須的記錄，包括採用統計技術。

測量、分析和改進過程的策劃包括：規定對產品特性進行檢驗、試驗的方法，規定產品符合要求可以放行的準則；規定對過程，特別是對特殊過程和關鍵過程的監視、測量和控制方法及技術措施；規定對質量管理體系進行監測、測量、分析和改進的方法，包括進行內部審核、管理評審和顧客滿意調查分析的內容、程序和方法。

（2）監視和測量

顧客滿意。作為對質量管理體系業績的一種測量，組織應監視顧客對組織是否滿足其要求的感知的有關信息。

內部審核。組織應按計劃的時間間隔進行內部審核，看質量管理體系是否：①符合策劃的安排、本標準的要求以及組織所確定的質量管理體系的要求；②得到有效實施與保持。

考慮審核的過程和區域的狀況和重要性以及以往審核的結果，組織應對審核方案進行策劃。應規定審核的準則、範圍、頻次和方法。負責受審區域的管理者應確保及時採取措施，以消除已發現的不合格產品及其產生的原因。跟蹤活動應包括對所採取措施的驗證和驗證結果的報告。

（3）過程的監視和測量

監視和測量時可以採用的方法有：抽樣檢查、工作質量考核、過程審核、設立監控點、設置監視儀器、儀表記錄過程（如電視機、攝像機、飛機的黑匣子、磁帶記錄儀等），以及運用適當的統計技術等。當過程監測表明未能達到所策劃的結果，即出現異常，過程不具備所需的能力時，組織應對該過程採取適當的糾正措施，如過程能力過低時停產或調換設備；過程能力的主要原因是設備精度不足時，對設備進行恢復等，以確保產品的符合性。

（4）產品的監視和測量

組織應對產品的特性進行監視和測量，以驗證產品要求得到滿足。這種監視和測量應依據策劃的安排，在產品實現過程的適當階段進行。

應保持符合接收準則的證據。記錄應指明有權放行產品的人員。除非得到有關授權人員的批准，適用時得到顧客的批准，否則在所有策劃的安排均已圓滿完成之前，不得放行產品和交付服務。

產品的監視和測量包括對採購物品、在製品、半成品、最終產品的監視和測量，還包括產品檢驗或試驗，但不僅限於產品檢驗或試驗。對產品的監視和測量應考慮和確定以下幾點：①對象：產品的特性；②目的：驗證產品要求已得到滿足；③依據：產品實現所策劃的安排；④時機：產品實現過程的適當階段。

特別需要引起注意的是，特別情況下的產品放行和交付使用，並沒有放寬對產品的要求。

（5）不合格品控制

組織應確保不符合產品要求的產品得到識別和控制，以防止非預期的使用或交付。不合格品控制以及不合格品處置的有關職責和權限應在形成文件的程序中作出規定。

組織應採取下列一種或幾種方法，處置不合格品：①採取措施，消除發現的不合格產品；②經有關授權人員批准，適用時經顧客批准，讓步使用、放行或接收不合格品；③採取措施，防止其原預期的使用或應用。

應保持不合格的性質以及隨後所採取的任何措施的記錄，包括所批准的讓步的記錄。應對糾正后的產品再次進行驗證，以證實符合要求。當在交付或開始使用後發現產品不合格時，組織應採取與不合格的影響或潛在影響的程度相適應的措施。

(6) 數據分析

組織應確定、收集和分析適當的數據，以證實質量管理體系的適宜性和有效性，並評價在何處可以進行質量管理體系的持續改進。這應包括來自監視和測量的結果以及其他有關來源的數據。

數據分析應提供有關以下方面的信息：

①顧客滿意；

②與產品要求的符合性，例如：產品的不合格率、不合格項目等；

③過程和產品的特性及趨勢，包括採取預防措施的機會，如通過控制圖反應過程能力、過程和產品特性的變化趨勢，可識別出採取預防措施的機會，從而避免不良趨勢惡化，產生不合格品；

④供方。

(7) 改進

持續改進。組織應通過使用質量方針、質量目標、審核結果、數據分析、糾正和預防措施以及管理評審，持續改進質量管理體系的有效性。

糾正措施。組織應採取措施，以消除不合格的原因，防止再發生。糾正措施應與所遇到不合格的影響程度相適應。

預防措施。預防措施是指為消除潛在不合格或其他潛在不期望情況的原因所採取的措施。組織應確定措施，以消除潛在不合格的原因，防止其發生。預防措施應與潛在問題的影響程度相適應。

糾正措施與預防措施的區別：糾正措施是針對已經發生的不合格，查找和確定原因，並採取消除其原因的措施，目的是使原來出現過得不合格不再出現。預防措施是針對已經發現的問題（該問題現在還沒有導致不合格，但其發展趨勢可能導致不合格，因此稱為潛在的不合格），查找和確定原因，並採取消除其原因的措施，目的是預防不合格的產生。

四、質量管理體系審核與認證

(一) 質量管理體系審核

1. 質量管理體系審核概念

審核是「為獲得審核證據並對其進行客觀評價，以確定滿足審核准則的程度所進行的系統的、獨立的並形成文件的過程」。審核的目的是為了確定審核准則是否得到滿足，審核的方法是要獲取證據並對證據進行客觀評價，審核的要求是審核過程應具有

系統性、獨立性和文化性。

質量管理體系審核是指依據質量管理體系標準及審核准則對組織的質量管理體系的符合性及有效性進行客觀評價的系統的、獨立的並形成文件的過程。質量管理體系審核是為驗證質量活動和有關結果是否符合組織計劃的安排，確認組織質量管理體系是否被正確、有效實施以及質量管理體系內的各項要求是否有助於達成組織的質量方針和質量目標，並適時發掘問題，採取糾正與預防措施，為組織被審核部門或人員提供質量管理體系改進的機會，以確保組織質量管理體系得到持續不斷地改進和完善。

2. 質量管理體系審核分類

審核可以是為內部或外部的目的而進行的，因此質量管理體系審核可分為內部質量管理體系審核和外部質量管理體系審核兩類。

（1）內部審核

內部審核也稱第一方審核，由組織自己或以組織的名義進行，審核的對象是組織的管理體系，驗證組織的管理體系是否持續地滿足規定的要求並且正在運行。它為有效的管理評審和糾正、預防措施提供信息，其目的是證實組織的管理體系運行是否有效，可作為組織自我合格聲明的基礎。

（2）外部審核

外部質量管理體系審核是組織以外的人員或機構對組織的質量體系進行的審核，又可分為合同環境下需方對供方質量體系的審核（第二方審核）和獨立的第三方機構實施的審核（第三方審核）。第三方審核是由外部獨立的審核服務組織進行，這類組織通常是經認可的，提供符合要求的認證或註冊。

內部審核是質量管理體系的審核，而外部審核却是質量保證能力的審核。外部質量管理體系審核較之內部質量管理體系審核有更高的獨立性。兩者既有聯繫，更有區別。

（3）除內部審核和外部審核外的特殊情況

在現實生活中還有一些形式比較特殊的質量管理體系審核。例如：總公司的一個下屬單位對另一個，即兄弟單位的質量管理體系審核；諮詢機構在協助一個組織建立了質量管理體系以後為驗證其諮詢效果並檢查該組織的質量管理體系是否有效運行而進行的質量管理體系審核等，都可以稱之為外部質量管理體系審核。

3. 內部審核的程序

（1）內部審核與外部審核的直接依據

無論是內部審核，還是外部審核，其直接依據是審核計劃和檢查表。審核計劃是指導質量管理體系審核的具體文件，也是審核員實施質量管理體系審核的行動指南。它可以根據審核過程中的具體情況有所變更。

檢查表是審核員根據質量管理體系正常、有效運行的要求及組織實際情況編製的檢查項目及檢查方式、方法、結果表述的規範化表格。它詳細地規定了對質量管理體系各要素應抽樣檢查的具體活動項目、要求方式及其狀況表示等級或分數。

（2）內部審核的主要步驟

制訂審核計劃，如審核時間、範圍等，提前發給受審核單位、參加審核的部門和內審員。

審核准備，做好審核人員、文件資料和其他資源工作的準備。內部審核中所需的文件、檢查表等應事先準備好，內部審核時所需的資料、工具及場地業應提前準備。

首次會議，內審組與受審核方的負責人與有關人員參加審核的首次會議，由內審組長介紹審核的目的、範圍、時間及要求，由受審核方確定陪同人員。必要時，也可省略首次會議，按計劃直接進行現場審核。

現場審核。

末次會議。

編寫內部審核報告，其內容應包括審核的目的、範圍、人員、時間、依據文件、內容及不合格項的情況，以及改進質量體系及不合格項的措施建議，做出審核結論。

發布內部審核報告。

跟蹤審核。

4. 外部審核（第三方審核）的程序

接受和簽訂審核合同，顧客對供方質量管理體系的審核應在有關合同中明確規定。第三方對第一方質量體系的審核應由受審核方提出申請，在接受申請和初步瞭解其質量管理體系主要文件之後，簽訂認證合同。

考察受審核方。必要時，可對受審核方進行預備性考察，瞭解其生產經營產品與作業特點，接受審核的準備情況等。

初審質量管理體系文件。根據受審核方的基本情況，選調一定專業具備資格條件的審核員組成審核組，由審核組對受審核方的質量管理體系文件認真進行初步審查。

準備審核工作文件，審核計劃、日程表等。

首次會議。

現場審核。審核員通過到現場與受審核方職工面談，檢查質量管理體系文件和質量記錄，觀察其工作狀況等方法收集證據，做好審核記錄。

末次會議。這次會議主要是審核組報告審核結果與結論，對不合格項提出理由及其產生原因，並提出建議和糾正措施。

編製審核報告。一般包括審核的目的和範圍、審核過程及時間，參加審核的審核組成員和受審核方代表名單、審核所依據的文件、受審核方質量管理體系運行狀況及其能否持續滿足質量保證要求、不合格項及其改進期限要求等。

（二）質量管理體系的認證（ISO 9000）

1. 提出申請

申請者（例如企業）按照規定的內容和格式向體系認證機構提出書面申請，並提交質量手冊和其他必要的信息。質量手冊內容應證實其質量體系滿足所申請的質量保證標準（GB/T 19001）的要求。向哪一個體系認證機構申請由申請者自己選擇。體系認證機構在收到認證申請之日起 60 天內作出是否受理申請的決定，並書面通知申請者；如果不受理申請應說明理由。

2. 體系審核

體系認證機構指派審核組對審請的質量體系進行文件審查和現場審核。文件審查

和現場審核。文件審查的目的主要是審查申請者提交的質量手冊的規定是否滿足所申請的質量保證標準的要求；如果不能滿足，審核組需要向申請者提出，由申請者澄清、補充或修改。只有當文件審查通過后方可進行現場審核，現場審核的主要目的是通過收集客觀證據檢查評定質量體系的運行與質量手冊的規定是否一致，證實其符合質量保證標準要求的程序，作出審核結論，向體系認證機構提交審核報告。

審核組的正式成員應為註冊審核員，其中至少應有一名主任審核員；必要時可聘請技術專家協助審核工作。

3. 審批發證

體系認證機構審查審核組提交的審核報告，對符合規定要求的批准認證，向申請者頒發體系認證證書，證書有效期為終身，但是必須要在三年或五年換一次證書，對不符合規定要求的辦證機構應書面通知申請者。

體系認證機構應公布證書持有者的註冊名錄，其內容應包括註冊的質量保證標準的編號及其年代號和所覆蓋的產品範圍。通過質量註冊名錄向註冊單位的潛在顧客和社會有關方面提供對註冊單位質量保證能力的信任，使註冊單位獲得更多的訂單。

4. 監督管理

對獲準認證后的監督關係有以下幾項規定：

標誌的使用。體系認證證書的持有者應按體系認證機構的規定使用起專用的標誌，不得將標誌使用在產品上，防止顧客無認為產品獲準認證。

通報證書的持有者改變其認證審核時的質量體系，應即使將更改情況通報體系認證機構。體系認證機構根據具體情況決定是否需要重新評定。

監督審核。體系認證機構對證書持有者的質量體系每年至少進行一次監督審核，以使其質量體系繼續保持。

監督后的處置。通過對證書持有者的質量體系的監督審核，如果證實其體系繼續符合規定要求時，則保持其認證資格。如果證實其體系不符合規定要求時，則視其不符合的嚴重程度，由體系機證機構決定暫停使用認證證書的標誌，或撤消認證資格，收回其體系認證證書。

換發證書。在證書有效期內，如果遇到質量體系標準變更，或者體系認證的範圍變更，或者證書的持有者變更時，證書持有者可以申請換發證書，認證機構決定作必要的補充審核。

註銷證書。在證書有效期內，由於體系認證規則或體系標準變更或其他原因，證書的持有者不願保持其認證資格的，體系認證機構應收回其認證證書，並註銷認證資格。

第二節　ISO 9000 族

一、ISO 9000 標準概述

（一）ISO 9000 標準是什麼

ISO/TC 176 制定的所有國際標準稱為 ISO 9000 族。

ISO 是國際標準化「International Organization for Standardization」的縮寫。TC176 是 ISO 的第 176 技術委員會，由它負責制定「質量管理與質量保證」的有關標準和指導性文件。ISO 制定出來的國際標準除了有規範的名稱之外，還有編號，編號的格式是：ISO+標準號+［杠+分標準號］+冒號+發布年號（方括號中的內容可有可無），例如：ISO 8402：1987、ISO 9000-1：1994 等，分別是某一個標準的編號。

ISO 現有 117 個成員，包括 117 個國家和地區。ISO 的最高權力機構是每年一次的「全體大會」，其日常辦事機構是中央秘書處，設在瑞士的日內瓦。中央秘書處現有 170 名職員，由秘書長領導。

（二）發展歷程

1. MIL-9858

在世界經濟一體化的進程中，為了保護和發展民族工業，保護消費者的合法權益，世界上許多國家都制定了比較高的市場准入制度，即國家以法律的形式規定：必須符合某種標準要求的商品才能進入市場，這就涉及生產商品的廠商的合格評定問題。

1959 年，美國國防部發布了世界上第一個質量保證標準——MIL-Q-9858A《質量大綱要求》，此標準要求：「應在實現合同要求的所有領域和過程中充分保證質量。」同時，美國國防部還根據不同產品的需要，發布了 ME-Q-45208A《檢驗系統要求》，作為生產簡單武器的質量保證標準。ISO 是世界上最大的國際標準化組織。它成立於 1947 年 2 月 23 日，它的前身是 1928 年成立的「國際標準化協會國際聯合會」（簡稱 ISA）。IEC 也比較大，IEC 即「國際電工委員會」，1906 年在英國倫敦成立，是世界上最早的國際標準化組織。IEC 主要負責電工、電子領域的標準化活動。而 ISO 負責除電工、電子領域之外的所有其他領域的標準化活動。

2. ISO 9000

自 ISO 9000 系列標準頒布以來，經過歷次修訂已經逐步完善，其內容也發生了較大的變化（表 3-1）。

表 3-1　　　　　　　　1987、1994、2000、2008 版的區別

版本	內容變化
1987 版	ISO 8402《質量——術語》標準 ISO 9000《質量管理和質量保證標準——選擇和使用指南》 ISO 9001《質量體系——設計開發、生產、安裝和服務的質量保證模式》 ISO 9002《質量體系——生產和安裝的質量保證模式》，ISO 9003《質量體系——最終檢驗和試驗的質量保證模式》，ISO 9004《質量管理和質量體系要素——指南》 已經有 150 多個國家和地區將 ISO 9000 標準等同採用為國家標準
1994 版	①標準體系的發展。由 ISO 9000 系列標準擴展為 ISO 9000 族 ②術語的發展。廣度上，由原來的 22 個術語擴充為 67 個術語，如質量策劃、質量改進、質量成本、預防措施等；深度上，定義更為科學、準確、嚴謹 ③產品概念的發展。根據產品形成特點，將產品分為四類：硬件、軟件、流程性材料和服務 ④ISO 9000-1 標準由 ISO 9000 系列標準的選擇應用指南發展為 ISO 9000 族的選擇應用指南 ⑤在 ISO 9001 標準中，增補了一些重要的質量體系要素活動要求，如產品驗證的安排，設計評審增加了設計確認等 ⑥為指導 ISO 9000 標準的應用，陸續發布了一些指南標準及支持性管理技術標準
2000 版	其四核心標準： ISO 9000《質量管理體系 —基礎和術語》 ISO 9001《質量管理體系—要求》 ISO 9004《質量管理體系—業績改進指南》 ISO 19011《質量管理體系—質量和環境管理體系審核指南》 ①它將 1994 版的三種質量保證模式（ISO 9001：1994、ISO 90022：1994、ISO 90032：1994）合併為 ISO 9001：2000，以提高標準使用的靈活性 ②引入了質量管理的八項基本原則 ③ISO 9000 和 ISO 9004 相互協調 ③與其他管理體系的兼容 ④標準大為簡化 ⑤解決了 ISO 9000 族的普遍性與某些行業要求的特殊問題
2008 版	2008 版 ISO 9000 族標準包括：四個核心標準、一個支持性標準、若干個技術報告和宣傳性小冊子。內容如下： GB/T 19000-2008 idt ISO 9000：2005 質量管理體系 基礎和術語 GB/T 19001-2008 idt ISO 9001：2008 質量管理體系 要求 GB/T 19004-2009 idt ISO 9004：2009 質量管理體系 業績改進指南 GB/T 19011-2003 idt ISO 19011：2002 質量和（或）環境管理體系審核指南

3. ISO 9000：2015 最新版

2012 年，ISO 組織開始啓動下一代質量管理標準新框架的研究工作，繼續強化質量管理體系標準對於經濟可持續增長的基礎作用，為未來十年或更長時間提供了一個穩定的系列核心要求；保留其通用性，適用於任何類型、規模及行業的組織中運行；將關注有效的過程管理，以便實現預期的輸出。

ISO 9000：2015 草案標準的主要變化在於其格式變化，以及增加了風險的重要性，其主要的變化包括：①採用與其他管理體系標準相同的新的高級結構，有利於公司執行一個以上的管理體系標準；②風險識別和風險控制成為標準的要求；③要求最高管理層在協調質量方針與業務需要方面採取更積極的職責。

相關的「知識」要求，加大了含糊性，給認證審核的判標帶來很大的伸縮余地。

ISO 9001：2008 無此項要求，也是充分體現了信息時代知識的重要性。此處應該包括了產品特色、服務特色、產品工藝技術等專業知識。組織應確定質量管理體系運行、過程、確保產品和服務符合性及顧客滿意所需的知識。這些知識應得到保持、保護，需要時便於獲取。

ISO 9001：2015 標準引入了變更管理，在策劃時就要考慮變更。策劃變更的要求，一方面與 EHS 等相呼應，另一方面可以有力解決從前版本的模糊問題，如關於策劃的「設計開發」——體系策劃、過程策劃、服務策劃、產品策劃等，給出了補漏的依據。組織應確定變更的需求和機會，以保持和改進質量管理體系績效。組織應有計劃、系統地進行變更，識別風險和機遇，並評價變更的潛在后果。

更加注重基於供應鏈管理和組織一體化管理的思想，這是一個進步，但也給認證審核帶來了挑戰。

相對於 2008 版以及 2000 版，2015 版發生了不小的變化，需要幾乎所有的審核員有理解和掌握的時間以及程度上的適應。

2015 版的變化可簡單概括如下：

（1）強化了過程方法的應用，過程方法本身已成為標準的一個要素（條款 4.4.2）。

（2）強調風險管理；在 P-D-C-A 每個環節均強調了風險管理的要求（6.1，8.3b，8.4.2a，8.5.1e，9.2，10.2c……）。

（3）取消了預防措施，應為整個質量管理體系本身就側重於預防措施；風險的識別和管理就體現了預防措施。

（4）文件化信息代替了文件和記錄；文件和記錄不再作區分。

（5）重視相關方的要求，首次提出了「供方財產的保護」（條款 8.6.3 顧客或外部提供方財產）。

（6）將採購和外包的控制合併為「產品和服務的外部提供控制」，更加重視外包過程的控制，更加適合於服務業的運用（8.4 外部提供產品和服務的控制）。

（7）強調變更管理；應為有變更就有風險（變更策劃 6.3，8.1，8.6.6 變更控制）。

（8）取消質量手冊/文件化的程序等強制性文件的要求，更加關注運作活動的結果，記錄已全部用「活動結果的證據的文件化信息」代替，體系不關注形式，更關注結果。

總之，2015 版將更強調以結果為本，質量管理標準應是使用體系的文件化，而不是文件化體系。

二、ISO 9000 標準結構

以 2000 版為準，ISO 9000 結構如下：

（1）ISO 9000：2000《質量管理體系——基礎和術語》，該標準主要包括兩個方面：質量管理體系基本原理：①闡述了質量管理體系的基本內容、實施步驟、評價、過程方法和改進環的應用等；②術語和定義：對 ISO 9000 族標準中的 87 條術語給出了定義。

（2）ISO 9001：2000《質量管理體系——要求》，該標準用過程模式取代了1994版中的20個要素，完全脫離了硬件行業，更具通用性，也更強調體系的有效性、顧客需要的滿足和持續改進等內容。

（3）ISO 9004：2000《質量管理體系——業績改進指南》，該標準為質量管理體系的建立、運行和持續改進提供指南，特別為那些希望超出 ISO 9001 的最低要求，尋求更多業績改進的組織的管理者提供指南。

（4）SO9011：2000《質量管理體系——質量和環境管理體系審核指南》，它既用於質量管理體系的審核，也用於環境管理體系的審核。

三、ISO 9000：2000 族標準的基礎和術語

（一）ISO 9000：2000 基礎

1. 質量管理體系理論說明

（1）目的。

（2）顧客要求及與質量管理體系的聯繫。

質量管理體系能夠幫助組織增強顧客滿意，提供持續滿足要求的產品，向組織及其顧客提供信任。

每個組織都有自己的產品，並希望所提供的產品能讓顧客滿意。顧客要求產品應當具有其所需求的特性。顧客的要求由顧客以合同方式來規定或由組織自行識別，如何保證這種識別是充分的，是達到顧客滿意的前提。

2. 質量管理體系要求與產品要求

（1）各自的內涵。

質量管理體系要求與產品要求是兩個不同範疇的概念，應進行明確區分。質量管理體系要求不能代替產品要求，它是為保證產品要求實現而對管理過程提出的要求。從這個意義上講，質量管理體系要求是對產品要求的補充。

（2）ISO 質量管理體系要求和產品要求的區別（表 3-2）。

表 3-2　　　　　ISO 質量管理體系要求和產品要求的區別

	質量管理體系要求	產品要求
1. 含義	1. 為建立質量方針和質量目標並實現這些目標的一組相互關聯的或相互作用的要素，是對質量管理體系固有特性提出的要求。 2. 質量管理體系的固有特性是體系滿足方針和目標的能力、體系的協調性、自我完善能力、在效性的效果等	1. 對產品的固有特性所提出的要求，有時也包括與產品有關過程的要求。2. 產品的固有特性主要是指產品物理的、感觀的、行為的、時間的、功能的和人體功效方面的有關要求
2. 目的	1. 證實組織有能力穩定地提供滿足顧客和法律法規要求的產品。2. 通過體系有效應用，包括持續改進和預防不合格而增強顧客滿意	驗收產品並滿足顧客
3. 適用範圍	通用的要求，適用於各種類型、不同規模和提供不同產品的組織	特定要求，適用於特定產品

表3-2(續)

	質量管理體系要求	產品要求
4. 表達形式	GB/T 19001 質量管理體系要求標準或其他質量管理體系要求或法律法規要求	技術規範、產品標準、合同、協議、法律法規，有時反應在過程標準中
5. 要求的提出	GB/T 19001 標準	可由顧客規定；可由組織通過預測顧客要求來規定；可由法律法規規定
6. 相互關係	質量管理體系要求本身不規定產品要求，但它是對產品要求的補充	

3. 質量管理體系方法

質量管理體系方法是為幫助組織致力於質量管理，建立一個協調的、有效運行的質量管理體系，從而實現組織的質量方針和目標而提出的一套系統而嚴謹的邏輯和運作程序。它是將質量管理原則——「管理的系統方法」應用於質量管理體系研究的結果。其邏輯步驟：

（1）確定顧客和其他相關方的需求和期望；
（2）建立組織的質量方針和質量目標；
（3）確定實現質量目標必需的過程和職責；
（4）確定和提供實現質量目標必需的資源；
（5）規定測量每個過程的有效性和效率的方法；
（6）應用這些測量方法確定每個過程的有效性和效率；
（7）確定防止不合格產品的生產並消除產生原因的措施；
（8）建立和應用持續改進質量管理體系的過程。

質量管理體系方法是「管理的系統方法」原則在質量管理體系中的具體應用，它為質量管理體系標準的制定提供了總體框架，該方法也體現了 PDCA 循環。

4. 過程方法

（1）過程、過程方法內容。

過程的定義：一組將輸入轉化為輸出的相互關聯或相互作用的活動。

一個過程的輸入通常是其他過程的輸出，主要指質量管理體系之內的過程。比如：計劃過程的輸出就是生產過程的輸入。

組織為了增值通常對過程進行策劃並使其在受控條件下運行。也就是說組織要保留開發一些增值過程，不增值的過程盡量避免掉。比如：在工廠裡，搬運是不太增值的，如果工序布置不合理，就會出現亂搬亂運。

對形成的產品是否合格不易或不能經濟地進行驗證的過程，通常稱為「特殊過程」。在生產過程中，一些工序之後，工序的檢驗不能驗證這道工序的質量要求（也就是這道工序給產品提出的質量指標），或者是不容易經濟地通過檢驗活動來實現。

過程方法，指組織內諸過程的系統的應用，連同這些過程的識別和相互作用及其管理。也就是要分析過程，生產活動、管理活動是什麼，這些活動都應當是一種過程。生產、服務提供（如賓館）要進行質量管理體系的設計或對單位、組織進行質量管理

的時候，主張用一種過程方法來管理。

（2）以過程為基礎的質量管理體系模式圖（圖3-2）。

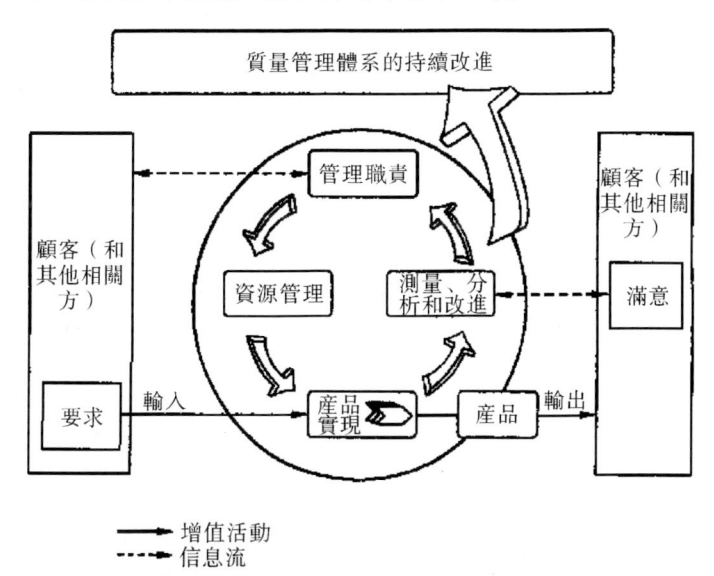

圖3-2 以過程為基礎的質量管理體系模式

5. 質量方針與質量目標

質量方針是由組織的最高管理者正式發佈的該組織總的質量宗旨和方向。質量方針是企業經營總方針的組成部分，是企業管理者對質量的指導思想和承諾。企業最高管理者應確定質量方針並形成文件。不同的企業可以有不同的質量方針，但都必須具有明確的號召力。

質量目標是在質量方面所追求的目的。

兩者之間的關係是：質量方針為制定、評審質量目標提供了框架；質量目標通常依據組織的質量方針制定；質量方針與質量目標應緊密相連，質量目標在持續改進方面與質量相一致。

6. 最高管理者的作用

最高管理者是指在最高層指揮和控制組織的一個人或一組人。最高管理者應發揮其領導作用，具體內容如下：

（1）制定並保持組織的質量方針和質量目標（體現領導作用原則）；

（2）通過增強員工意識、積極性和參與程度，在整個組織內促進質量方針和質量目標的實現（體現全員參與和領導作用原則）；

（3）確保整個組織關注顧客要求（體現以顧客為關注焦點原則）；

（4）確保實施適宜的過程以滿足顧客和其他相關方要求並實現質量目標（體現過程方法原則）；

（5）確保建立、實施和保持一個有效的質量管理體系以實現這些質量目標（體現管理的系統方法原則）；

(6) 確保獲得必要的資源（體現領導作用原則）；
(7) 定期評審質量管理體系（體現持續改進原則）；
(8) 決定有關質量方針和質量目標的措施（體現基於事實的決策方法原則）；
(9) 決定改進質量管理體系的措施（體現持續改進原則）。

7. 文件

文件由兩個要素構成：一是信息，二是承載媒體。媒體可以是紙張、計算機、磁盤、光盤或其他電子媒體、照片或標準樣品或它們的組合。質量管理體系中使用的文件類型主要有：質量手冊、質量計劃、規範、指南、程序、作業、指導書、圖樣和記錄。

文件的價值是傳遞信息、溝通意圖、統一行動。文件的具體用途：
(1) 滿足顧客要求和質量改進；
(2) 提供適宜的培訓；
(3) 重複性和可追溯性；
(4) 提供客觀證據；
(5) 評價質量管理體系的有效性和持續適宜性。

8. 質量管理體系評價

(1) 過程的評價

由於體系是由許多相互關聯和相互作用的過程構成的所以對各個過程的評價是體系評價的基礎。在評價質量管理體系時應對每一個被評價的過程提出如下四個基本問題：

①過程是否已被識別並確定相互關係；
②職責是否已被分配；
③程序是否得到實施和保持；
④在實現所要求的結果方面過程是否有效。

前兩個問題一般可以通過文件審核得到答案而后兩個問題則必須通過現場審核和綜合評價才能得出結論。對上述四個問題的綜合回答可以確定評價的結果。

(2) 質量管理體系的審核

所謂審核就是「為獲得審核證據並對其進行客觀的評價以確定滿足審核准則的程度所進行的系統的、獨立的並形成文件的過程」。質量管理體系審核時「審核准則」一般是指質量標準、質量手冊、程序以及適用的法規等。體系審核用於確定符合質量管理體系要求的程度。審核的結果可用於評定質量管理體系的有效性和識別改進的機會。體系審核有第一方審核（內審）、第一和第二方審核以及第三方審核三種類別。

(3) 質量管理體系的評審

最高管理者的一項重要任務就是要主持、組織質量管理體系評審就質量方針和質量目標對質量管理體系的適宜性、充分性、有效性和效率進行定期的按計劃的時間間隔和系統的評價。這種評審可包括是否需要修改質量方針和質量目標以回應相關方需求和期望的變化。從這個意義上來說，管理體系評審的依據是相關方的需求和期望。管理體系評審也是一個有輸入和輸出的過程。其中審核報告與其他信息（如顧客需求、

產品質量、預防/糾正措施等）可作為輸入；而評審結論即確定需採取的措施則是評審的輸出。

（4）自我評定

質量管理體系評審是一種第一方的自我評價又稱自我評定。組織的自我評定是一種參照質量管理體系或優秀模式（如評質量獎）對組織的活動和結果所進行的全面和系統的評定。自我評定結果可以對組織業績及體系成熟程度提供一個總的看法，它還有助於識別需要改進的領域及需要優先開展的活動。

9. 持續改進

（1）對產品和過程的現狀進行分析和評價，識別改進區域，通過各種渠道獲取信息尋找改進機會。

（2）對改進機會進行評審，確定其可行性，明確改進的目標和方向。

（3）尋找所有可能的解決辦法，以實現這些改進目標。

（4）對這些解決辦法進行評價，並從中選擇一個最具可行性的方案。從質量、成本、投入、效益、效率、效果等方面綜合評價，選擇可行的最優方案。

（5）實施選定的解決方案。改進方案確定後，要按方案的要求認真實施。

（6）測量、驗證、分析和評價實施的結果，確定目標是否實現。

（7）正式採納更改，鞏固改進成果，形成規範。

（8）評審改進結果，尋找新的改進機會，持續改進質量管理體系有效性。

10. 統計技術的作用

統計技術的重要作用在於幫助發現產品或過程有變異或變差，或在有變異或變差的情況下，通過對變異或變差進行測量、描述、分析、解釋和建立模型，使之更好地理解變異的性質、程度和原因，進而幫助組織。

（1）尋找最佳的方法以解決現存問題。

（2）提高解決問題的有效性和組織的工作效率。

（3）利用相關數據進行分析作出決策。

（4）持續改進。

在組織中應用統計分析技術作用的實施要點：提高對統計分析技術作用的認識；識別統計分析技術應用的機會；選擇並使用適用的統計分析技術。

11. 質量管理體系與優秀模式的關係

組織的優秀模式是國際上經濟發達的先進國家的著名的管理模式，如美國的波多里奇獎、歐洲質量獎和日本的戴明獎等評定模式。這些代表了當代質量管理的卓越水平，是在 TQM 基礎上的進一步提升。

ISO 9000 族與優秀模式的共同點：①使組織識別其強項和弱項；②都包含對照通用模式進行評價的規定；③都能為持續改進提供基礎；④包括外部承認的規定。兩者的差別在於其應用範圍和要求程度不同，前者提出了質量管理體系和業績改進指南。對質量管理體系的評價依據是相應的標準，通過評價可確定這些要求是否得到滿足。而優秀模式不是質量管理體系標準，它是一種競爭性模式，可評價那些具有最佳業績的組織。

（二）ISO 9000：2000 相關術語

1. 有關質量的術語

質量（Quality）：一組固有特性滿足要求的程度。

要求（Requirement）：明示的、通常隱含的或必須履行的需求或期望。

等級（Grade）：對功能用處相同但質量要求不同的產品、過程或體系所作的分類或分級。

顧客滿意（Customer Satisfaction）：顧客對其要求已被滿足的程度的感覺。

能力（Capability）：組織、體系或過程實現產品並使其滿足要求的本領。

2. 有關管理的術語

體系、管理體系、質量管理體系、質量方針、質量目標管理、最高管理者、質量管理、質量策劃、質量控制、質量保證、質量改進、持續改進、有效性、效率。

3. 有關組織的術語

組織、組織結構、基礎設施、工作環境、顧客、供方、相關方。

4. 有關過程、產品的術語

過程、產品、項目、設計和開發、程序。

5. 有關特性的術語

特性、質量特性、可信性、可追溯性。

6. 有關合格的術語

合格、不合格、缺陷、預防措施、糾正措施、糾正、返工、降級、返修、報廢、讓步、偏離許可、放行。

7. 有關文件的術語

信息、文件、規範、質量手冊、質量計劃、記錄。

8. 有關審核的術語

客觀證據、檢驗、試驗、驗證、確認、鑒定過程、評審。

9. 有關檢查的術語

審核、審核方案、審核准則、審核證據、審核發現、審核結論、審核委託方、受審核方、審核員、審核組、技術專家、能力。

10. 有關測量進程、測量保證的術語

測量控制體系、測量過程、計量確認、計量設備、計量特性、計量職能。

2000 版 ISO 9000 標準，使用概念圖描述術語之間的相互關係。概念之間的關係有三種主要的聯繫形式：屬種關係、從屬關係和關聯關係，其圖形分別類似樹狀結構、耙形結構、帶箭頭的直線。

四、ISO 9000 質量管理體系的建立、實施

（一）基本原則

1. 八項質量管理原則是基礎

八項質量管理原則體系了質量管理應遵循的基本原則，包括了質量管理的指導思

想和質量管理的基本方法，提出了組織在質量管理中應處理好與顧客、員工和供方三者之間的關係。八項質量管理原則構成了 2000 版質量管理體系標準的基礎，也是質量管理體系建立與實施的基礎。

八項質量管理原則是指：以顧客為關注焦點、領導作用、全員參與、過程方法、管理的系統方法、持續改進、基於事實的決策方法、互利的供方關係。

2. 領導的作用

領導者確立本組織統一的宗旨和方向。他們應該創造並保持使員工能充分參與實現組織目標的內部環境。

3. 全員參與

各級人員是組織之本，只有他們的充分參與，才能使他們的才干為組織獲益。

4. 注重實效

質量管理體系的建立、實施一定要結合本組織及其產品的特點，重點放在如何結合實際、如何注意實施上來，重在過程、重在結果、重在有效性，既不要脫離現有的那些行之有效的管理方式，也不要不切實際地照抄他人的模式，死板硬套、流於形式。

5. 持續改進

組織總體業績的持續改進應是組織的一個永恆的目標。

(二) 建立 ISO 9000 質量管理體系的程序

1. 準備階段

(1) 統一思想，組織培訓

統一思想，組織培訓。學習 ISO 9000 族標準，統一思想，提高認識，並進行教育培訓。

(2) 設立相關機構，組織培訓

設立機構，組織落實。根據組織的實際情況成立領導小組和組建質量管理體系建設日常辦事機構

2. 質量管理體系總體設計階段

這一階段是建立質量管理體系過程中的一個非常重要的步驟。在總體設計時，要結合本組織具體情況，首先要制定組織的質量方針和確定質量目標，然後系統分析質量管理和質量保證的總體要求，統籌規劃，提出質量管理體系的總體方案。

該階段主要工作內容如下：收集資料、制定質量方針、質量管理體系的結構分析、現狀調查和分析、質量管理體系總體設計方案的評審。

3. 採取組織技術措施階段

這一階段主要工作包括以下幾個方面：

(1) 順理組織結構。為使質量管理體系有效運行，必須調查分析組織現有職能部門對質量管理活動所承擔的職責及所起的作用，若原來的組織機構設置實踐證明效果不佳，則可以通過 ISO 9000 族標準進行調整、重組。

(2) 分配與落實質量職能。

(3) 配備資源。組織首先應根據自身的宗旨、產品的特點和規模確定所需要的資

源，確定哪些可借用外部資源，哪些應自身具備。

4. 編製質量管理體系文件階段

這一階段的主要工作可歸納為以下三個方面：

（1）編製質量管理體系文件明細表。要編製質量管理體系文件的明細表，在明細表中列出需編製的進度要求。

（2）編寫指導性文件。在指導性文件中，應明確規定編製或修訂編製質量管理體系文件的要求、內容、體例和格式等，以便質量管理體系文件統一協調，達到規範化和標準化的要求。

（3）編製質量管理體系文件的程序。一般先編製質量手冊，再編製程序文件、質量計劃，最后編製質量記錄。

（三）ISO 9000 質量管理體系的實施和改進

1. 質量管理體系的試運行

質量管理體系文件編製完成后，體系將進入試運行階段。試運行的目的是考驗質量管理體系文件的有效性和協調性，並對暴露的問題採取糾正措施和改進措施，以達到進一步完善質量管理體系的目的。

質量管理體系的試運行應包括：質量管理體系文件的發布與宣講、組織協調、質量監控和信息管理。

信息管理與質量監控和組織協調工作是密切相關的，異常信息經常來自於質量監控，信息處理要依靠組織協調工作。三者的有機結合，是質量管理體系有效運行的保證。

2. 質量管理體系的的評價

質量管理體系評價包括內部審核、管理評審、自我評價。

內部審核是指以組織自己的名義所進行的自我審核，又稱為第一方審核。一般包含以下幾方面：確定質量管理體系活動是否符合計劃安排；確定產品質量活動的結果是否符合計劃安排，通過內部審核，確定過程控制是否有效，產品質量是否達到了預定的目標和要求；確定質量管理體系的有效性。通過內部審核，確定組織中運行的質量管理體系是否達到組織的質量目標。

管理評審是「為了確保質量管理體系的適宜性、充分性、有效性和效率，以達到規定的目標所進行的活動」，是由最高管理者就質量方針和目標，對質量管理體系的適宜性、充分性、有效性所進行的正式評價。

自我評價是一種仔細認真的評價。評價的目的是確定組織改進的資金投向，測量組織實現目標的進展；評價的實施者是最高管理者。

3. 質量管理體系的的改進

持續改進是組織永恆的目標。組織全面實施 ISO 9000 標註建立質量管理體系，在運行的過程中，「應利用質量方針、質量目標、審核結果、數據分析糾正和預防及管理評審，持續改進質量管理體系的有效性」。其有兩條基本途徑：

（1）突破性改進項目，其應包括以下活動：確定改進項目的目標和框架；對現有

的過程進行分析，並認清變更的機會；確定並策劃過程改進；實施改進；對過程的改進進行驗證和確認；對已完成的改進做出評價。

（2）漸進性持續改進項目，它是由組織內人員對現有過程進行步幅較小的持續改進活動，持續改進項目由組織的員工通過參與工作小組來實施改進項目。

本章習題

AS 粉末塗料有限公司正在進行質量管理體系內部審核。技術部主任桌上有一本資料，每一頁各是一種顏色，上面有編號。主任介紹說：「這是顏色標準。生產的每一批塗料都要作噴塗試驗板，將樣板與標樣進行對比，可以觀察塗料顏色的色差，以判斷塗料顏色的質量。」該資料平時放在帶有玻璃門的資料櫃裡。該資料上沒有標明有效期。主任解釋說：「從建廠以來就用它，顏色標樣很全，今后幾年的產品也不會超出這些標樣，因此可長期使用，沒必要規定期限。」

思考：上述現象符合 ISO 9001 標準的要求嗎？

1. ISO 9000：2000 族標準的理論基礎是（　　）。
　　A. 預防為主　　　　　　　　B. 質量第一
　　C. 八項質量管理原則　　　　D. 全面質量管理
2. 推行（　　）標準是突破綠色壁壘的重要武器。
　　A. ISO 9000　　　　　　　　B.《質量大綱要求》
　　C. ISO 14000　　　　　　　 D.《檢查系統要求》
3. 試述質量管理體系的內涵。
4. 試述 ISO 9000 族標準的構成。
5. 建立和實施質量管理體系的步驟。

第四章 過程能力分析

第一節 過程能力分析的基本概念

一、過程能力的概念

　　產品設計完畢后，其最終質量主要是取決於該產品的生產過程，生產過程是否滿足產品設計的質量特性指標要求，關鍵在於其過程能力是否達到既定標準。

　　過程能力（Process Capability）是指處於穩定狀態下的過程的實際生產或加工能力。處於穩定生產狀態下的過程應具備以下條件：原材料或上一過程的半成品按照標準要求供應；本過程按作業標準實施，並應在影響過程質量的各主要因素無異常的條件下進行；過程完成后，產品檢測按標準要求進行。

　　總之，在與過程實施相關聯的前、中、后等各個環節都要標準化，只有在穩定狀態下所得到的過程能力才能真正反應出其生產加工的實際能力，對其研究才具有現實意義，非穩定狀態下測得的過程能力是沒有任何意義的。可見，過程能力是指生產工序在質量上可能達到的水平，是在穩定狀態之下質量特性指標波動可能達到的範圍，它不同於生產現場實際具有的生產能力。過程能力不僅是判定和控制過程質量的重要指標，也是產品質量設計、工藝方案確定、檢驗標準確立以及對設備調整等各項生產技術準備工作的重要依據之一。通過對過程能力的調查與瞭解，可以使生產的各個相關環節有了信息共享的現實基礎，從而可以減少流程上的矛盾，有利於企業的節能增效。

　　過程能力的測定一般是在連續成批生產狀態下進行的。過程滿足產品質量要求的能力主要表現在：產品質量是否穩定，即在正常環境下，產品的各項質量特性指標的表現是否穩定；產品質量指標是否達到設計的要求。

　　因此，在確認過程能力可以滿足質量要求的條件下，工程能力是以該過程產品質量特性值的波動來表示的，對於這些在正常狀態下表現為隨機變量的質量特性指標，對其分佈特性的描述就可以借用隨機變量中的期望、方差及其相關理論來研究，這就是我們通常所說的 3δ 原理。即在過程穩定的生產狀態下，質量特性指標的分佈在期望值 $\pm 3\delta$ 範圍內的概率應該是 99.73%，在 $\pm 3\delta$ 範圍之外的概率是 0.27%，即所謂的小概率事件。因此，以質量特性指標期望值 $\pm 3\delta$ 為標準來恒量過程的能力既具有足夠的理論依據，也具有良好的經濟特性。所以，我們通常用 δ 表示產品質量特性指標數據的離散程度，用 6δ 來測度過程能力。6δ 大表示數據的離散程度大、過程能力差；6δ 小則

表示質量特性數據相對集中於期望值附近、過程能力好。為了敘述的方便，將過程能力記為 B，即 B = 6δ。

二、影響過程能力的因素

在產品加工過程中，影響過程能力的主要因素會因為研究對象的不同而不同，綜合來說主要還是體現在設備的加工精度、材料的理化性能、操作人員的業務技能與責任心、工藝流程與方法、對質量特性值的檢測方法以及所處的環境因素（簡稱為 5M1E）等。在每一個方面都會存在不可預測的偶然波動，如原材料理化性能指標不均勻性、設備精度或振動引起的誤差、操作者情緒不穩引起的動作變異、天氣溫度的突然升降等都會引起產品質量特性的變異或波動。在通常狀況下，這些偶然因素所導致的質量特性變異具有正態分佈或近似正態分佈的特性。假設六種變異因素所引起的標準差分別為 δ1、δ2、δ3、δ4、δ5 和 δ6，則他們的綜合影響結果是具有正態分佈特徵的隨機變量。

如果各個因素之間相互獨立，根據方差的獨立可加性，易知合成后的質量特性方差 $δ^2$ 為：$δ^2 = δ1 + δ2 + δ3 + δ4 + δ5 + δ6$。在實際工作中，除非是為了專門分析各個變異因素對質量影響的大小或程度，通常並不需要單獨計算變異因素的方差，而只需要計算綜合影響的總方差 $δ^2$ 即可（表 4-1）。

表 4-1 　　　　　　　　　　　影響過程能力的各因素

影響因素	主要包括的內容
設備因素	主要包括設備性能、製造精度、運行穩定性以及各個部分間的協調匹配能力等因素
材料因素	主要包括材料的成分、物理性能、化學性能以及相關的理化指標、材料的加工處理方法、相關元器件的質量特性指標等因素
操作者因素	主要包括過程操作者的業務水平、心理素質、質量意識和責任心、管理力度、文化修養等因素
方法因素	主要包括過程流程的安排、協調，各個子過程之間的銜接，具體業務的操作方法、規章制度、技術規範和檢驗監督制度等
測量因素	主要包括技術參數、性能指標、測量方法、判別標準、測量工具的性能與靈敏度，以及具體的抽樣方法等
環境因素	主要指生產作業現場所處的環境質量狀況，如氣候、溫度、濕度、風塵、噪音、振動、照明等與產品質量直接相關的因素

過程能力是 5M1E 影響的綜合反應，這裡列出的只是一些常見的一般的因素，在實際生產中，這六個因素對於不同的行業、不同企業、不同工序的影響是不同的。一般來說質量要求高的產品對各種相關條件的要求也比較苛刻，在某一個過程條件下可能是微不足道的因素，而在另一個過程下可能是致命的。比如對於鍛造或冶煉過程來說煙塵是很常見的現象，但是對於一個精密的電子元件製造過程來說，遊離在空氣中的一粒浮沉足以導致一塊微電子元件短路乃至報廢。又如在以手工製作為主的行業裡，人的技術水平是一個關鍵因素，但是對一個標準化程度較高的流水線作業過程來說，

對操作人員的技術水平就會寬松許多。一般稱對過程產品質量起關鍵作用的因素為主導性因素。

三、進行過程能力測定、分析的意義

對過程能力的測定與分析是保證產品質量的基礎工作。生產者只有在掌握了過程能力的基本狀況以后，才有可能控制生產、加工過程中的各個質量特徵指標。這需要從兩個方面來考慮：一方面，如果過程能力本身達不到產品設計的要求，那麼一定生產不出合格的產品，更談不上對它進一步進行質量控制；另一方面，如果過程能力過剩，遠遠超出產品質量的設計要求，這樣雖然會使產品更加「精益求精」，但是會增加其生產成本，成本效益比必然要受到影響，這對企業的未來發展沒有好處。

對過程能力的測定與分析是提高生產能力的有效手段，通過對過程能力的測試與分析可以發現影響過程能力的關鍵因素，進而有針對性地改進設備、改善環境、提高工藝水平、嚴肅操作規程等，來提高過程能力。當過程能力過剩時，也可以通過降低過程能力，提高成本效益比，進而提高產品的競爭能力。

對工程能力的測定與分析可以發現改進產品質量的有效途徑。通過過程能力的測定與分析，可以為技術與管理人員提供及時、有效、關鍵的過程能力數據，不僅對產品設計的改進、管理程序或規程的優化，以及對產品認證與市場營銷等提供第一手資料，而且還可以為企業的其他改進提供基礎性的保證。

第二節 常用的過程能力指數

一、過程能力指數的概念

在工序質量控制中，研究過程能力是為了分析工序質量狀況。但僅有定量化的過程能力不足以判斷工序質量狀況是否滿足要求以及滿足的程度，因此，為了達到判定工序質量狀態的目的，需要計算過程能力指數。

過程能力指數（Process Capability Indices，簡稱 PCI）是用來度量一個過程能夠滿足產品的性能指標要求的程度，是一個無量綱的簡單數。

過程能力分析和過程能力指數對於決策者有很重要的參考價值，其作用主要有：

進行質量評價。由於過程能力指數是無量綱的，所以通過過程能力指數可以瞭解各個供應商的質量水平，也可以通過其對本企業的各個生產單位的質量進行評價比較。

制定營銷策略。若銷售人員瞭解了本企業的工程能力指數，當發現某用戶所要求的規範較為寬松時，則產品的合格品率一定會大幅的提高，這時即使降價銷售也仍然會有可觀的利潤。這就使得銷售人員可以考慮制定最優的銷售策略。

優化生產管理。對於生產人員來說，如果他們瞭解本企業的過程能力指數，就可以預計產品的合格品率，從而調整發料與交貨期，以便用最經濟的成本去滿足客戶的需求。

減少廢品量。對於企業來說，在一種產品將要進行大批量生產之前，需要得到生

產過程的過程能力指數，以檢驗生產過程的過程能力是否達到了要求，以避免生產出大量的廢品，給企業帶來損失。

進行質量控制。對於質量工程師來說，在確定一個生產過程是否需要進行控制之前，需要先計算過程能力指數，來判斷該過程是否值得進行控制並避免損失。

優化產品開發。幫助產品開發和過程開發者選擇和設計產品過程，為工藝規劃制定提供依據、對新設備的採購提出要求。

一個產品的質量特性指標達到質量特性標準就是一個合格的產品。質量特性標準是指工序加工產品必須要達到的質量要求，通常用標準公差（容差）或允許範圍等來衡量，一般用符號 T 來表示。

質量標準（T）與過程能力（B）的比值被稱為過程能力指數，記之為 C_p，其表達為式（4-1）：

$$CP = \frac{T}{B} = \frac{T}{6\sigma} \tag{4-1}$$

過程能力指數 C_p 值，是用來衡量過程能力大小的數值。過程能力指數越大，說明其過程能力越強，越能滿足技術性能指標，甚至還會有一定的能力儲備；過程能力指數越小，說明過程加工能力越低，在此環境下不易加工那些對質量性能指標要求較高的產品。從全面質量管理的角度來看，不能認為過程能力指數越高就越好或越低就越不好，從經濟性、適用性角度來看，並不是說過程能力指數越大就越好，還要與實際需要及經濟效益相匹配，結合生產與需求的各方面來給出綜合評價。

二、常用過程能力指數的計算

過程能力指數的計算是在過程穩定的前提下，用過程能力與技術要求相比較，分析過程能力滿足技術要求的程度。通常可以用直方圖和控制圖判斷過程的穩定性，並利用直方圖和控制圖的參數計算過程能力。

（一）計量值的過程能力指數的計算

1. 雙側公差且分佈中心和標準中心重合（圖 4-1）

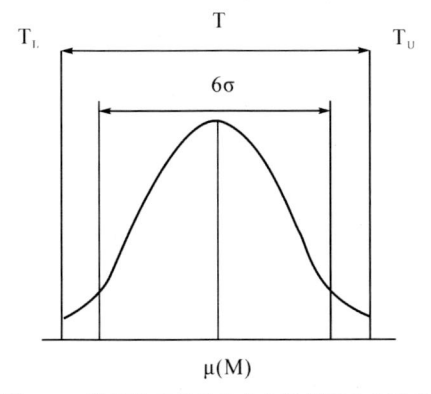

圖 4-1　雙側公差且分佈中心與標準中心重合

質量管理

如圖 4-1 為雙側公差且分佈中心和標準中心重合的情況。此時 C_p 值的計算公式如式 (4-2)：

$$CP = \frac{T}{6\sigma} = \frac{T_U - T_L}{6\sigma} \qquad (4-2)$$

式中：

T_U—質量標準上線；

T_L—質量標準下線。

由於總體標準差 σ 是未知的，因此往往用 σ 的估計值，則過程能力指數的計算公式為

$$CP = \frac{T_U - T_L}{6\hat{\sigma}}$$

σ 的估計方法有以下兩種：

（1）繪製直方圖，對過程的穩定性進行判斷。當過程穩定時，利用所有樣本數據的標準偏差 S 估計總體標準差 σ，其中 S 的計算公式為

$$S = \sqrt{\frac{\Sigma(X - \bar{X})^2}{n-1}}$$

此時，過程能力指數的計算公式為

$$CP = \frac{T_U - T_L}{6S}$$

（2）繪製控制圖。當過程處於統計控制狀態時，計算過程能力指數。用子組極差和標準差的均值 $\bar{R}$、$\bar{S}$ 和控制圖系數估計總體標準差，估計值分別為 $\bar{R}/d_2$ 和 $\bar{S}/c_4$。此時，過程能力指數的計算公式分別為

$$C_p = \frac{T_U - T_L}{6\frac{\bar{R}}{d_2}}$$

$$C_p = \frac{T_U - T_L}{6\frac{\bar{S}}{c_4}}$$

【例 4-1】某零件的屈服強度界限設計要求為 475~525 千帕，從 200 個樣品中測得樣本標準差 (S) 為 6.5 千帕，求工程能力指數。

解：當過程處於穩定狀態，而樣本大小 n = 200 也足夠大時，可以用 S 估計 σ 的過程能力指數

$$C_p = \frac{525 - 475}{6 \times 6.5} = 1.282$$

2. 雙側公差且分佈中心和標準中心不重合

當質量特性分佈中心 μ 和標準中心 M 不重合時，雖然分佈標準差 σ 未變，但卻出現了過程能力不足的現象，如圖 4-2 所示。

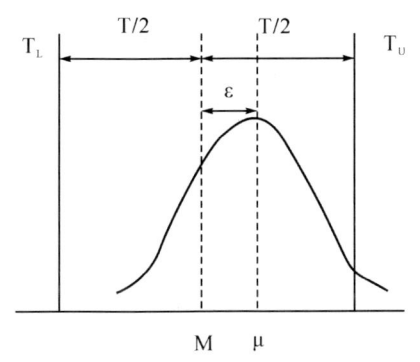

圖 4-2　雙側公差且分佈中心和標準中心不重合

令 ε = ｜M-μ｜，這裡 ε 為分佈中心對標準中心 M 的絕對偏移量。把 ε 對 T/2 的比值稱為相對偏移量或偏移系數，記做 K。則

$$K = \frac{\varepsilon}{T/2} = \frac{|M - \mu|}{T/2}$$

又 $M = \frac{T_U + T_L}{2}$，$T = T_U - T_L$

所以 $K = \dfrac{\left|\frac{1}{2}(T_U + T_L) - \mu\right|}{\frac{1}{2}(T_U - T_L)}$　　　　　　　(4-3)

由上述公式可知：當 μ 恰好位於標準中心時，｜M-μ｜= 0，則 K = 0，這就是分佈中心與標準中心重合的理想狀態；當 μ 恰好位於標準上限或下限時，即 μ = T_U 或 μ = T_L，則 K = 1；當 μ 位於標準界限之外時，即 ε > T/2，則 K > 1。所以 K 值越小越好，K = 0 是理想狀態。

從圖 4-2 可以看出，因為分佈中心 μ 和標準中心 M 不重合，所以實際有效的標準範圍就不能完全利用。若偏移量為 ε，則分佈中心右側的過程能力指數為

$$C_{P上} = \frac{T/2 - \varepsilon}{3\sigma}$$

分佈中心左側的過程能力指數為

$$C_{P上} = \frac{T/2 + \varepsilon}{3\sigma}$$

左側過程能力的增加值補償不了右側過程能力的損失，所以在有偏移值時，只能以兩者中較小值來計算過程能力指數，這個過程能力指數稱為修正過程能力指數，記做 C_{PK}。其計算公式為

$$CPK = \frac{T/2 - \varepsilon}{3\sigma} = \frac{T}{6\sigma}\left(1 - \frac{2\varepsilon}{T}\right)$$

由於 $K = \dfrac{2\varepsilon}{T}$，$CP = \dfrac{T}{6\sigma}$

所以　　$CPK = CP(1 - K)$ (4-4)

當 K=0 時，$C_{PK}=C_P$，即偏移量為 0 時，修正過程能力指數就是一般的過程能力指數；當 K≥1 時，$C_{PK}=0$，這時 C_p 實際上也為 0。

【例 4-2】設零件的尺寸要求（技術標準）為 φ25 毫米±0.021 毫米，隨機抽樣後計算樣本特性值 $\bar{X}$ =24.998 毫米，C_p=1.090，求 C_{PK}。

解：已知 C_p=1.090

$$M = \frac{(25.021 + 24.979)}{2} = 25$$

T =（25.021-24.979）= 0.042

| M-$\bar{X}$ | =（25-24.998）= 0.002

所以

$$CPK = CP(1-K) = 1.090(1 - \frac{0.002}{0.042/2})$$

$$= 1.090 \times (1-0.095) = 0.986$$

3. 單側公差

技術要求以不大於或不小於某一標準值的形式表示，這種質量標準就是單側公差。如強度、壽命等就只規定下限的質量特性界限；又如機械加工中的形狀位置公差、表面粗糙度、材料中的有害雜質及含量等，只規定上限標準，而對下限標準不作規定。

在只給定單側標準的情況下，特定值的分佈中心與標準的距離決定了過程能力的大小。為了經濟的利用過程能力，並把不合格品率控制在 0.3% 左右，按 3σ 分佈原理，在單側標準的情況下，就可用 3σ 作為計算 C_p 值的基礎。

（1）只規定上限時，如圖 4-3 所示，過程能力指數為

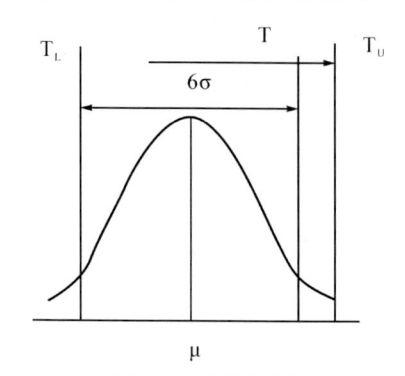

圖 4-3　只規定上限

$$C_{P\pm} = \frac{TU - \mu}{3\sigma} \approx \frac{TU - \bar{X}}{3S}$$ (4-5)

注意：當 $\mu \geq T_U$ 時，則認為 $C_p=0$，這時可能出現的不合格品率高達 50%~100%。

（2）只規定下限時，如圖 4-4 所示，過程能力指數為

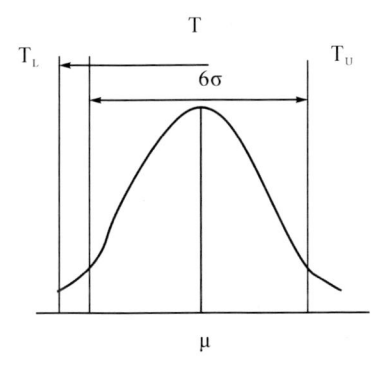

圖 4-4　只規定下限

$$C_{P下} = \frac{\mu - TL}{3\sigma} \approx \frac{\bar{X} - TL}{3S} \tag{4-6}$$

注意：當 $\mu \leq T_L$ 時，則認為 $C_P = 0$，這時可能出現的不合格品率同樣為50%~100%。

【例4-3】某一產品所含某一雜質要求最高不能超過 11.8 毫克，樣本標準偏差 S 為 0.037 毫克，$\bar{X}$ 為 11.7 毫克，求過程能力指數。

解：

$$C_P = \frac{TU - \bar{X}}{3S}$$

$$= \frac{11.8 - 11.7}{3 \times 0.037}$$

$$= 0.901$$

(二) 計件值的過程能力指數的計算

在生產實踐中，往往不是僅以產品的某一質量特性值來衡量產品的質量，而是同時考慮產品的幾個質量特性，這樣產品的最終質量標誌就是「合格」或「不合格」。一批產品的不同合格品率 p 或不合格品數 d，被用來說明該批產品的質量。這時過程能力指數 C_P 的計算不同於以前，它所考慮的技術條件應相應的改為批允許不合格品率上限 p_u 或批不合格品數上限 d_u，是屬於類似單側公差的情況。

(1) 以批不合格品數為檢驗產品質量指標

以不合格產品數來檢驗產品的質量時，設 d_u 為最大允許不合格品數，取 k 組樣本，每組樣本的容量為 n，其中不合格品數分別為：r_1, r_2, ……, r_k，則樣本容量平均不合格品率的值分別為：

$$\bar{n} = \frac{1}{k} \sum_{i=1}^{k} n_i$$

$$\bar{p} = \sum_{i=1}^{k} r_i / \sum_{i=1}^{k} n_i$$

$$\overline{np} = \frac{1}{k}\sum_{i=1}^{k} r_i = \bar{r}$$

則由二項分佈得：

$$\mu = \overline{np}, \quad \sigma = \sqrt{\overline{np}(1-\bar{p})} \tag{4-7}$$

過程能力指數為：

$$C_P = \frac{d_U - \overline{np}}{3\sqrt{\overline{np}(1-\bar{p})}} \tag{4-8}$$

當 $d_U \leq \overline{np}$ 時，取 $C_p = 0$

其中：d_u 是允許不合格品數上限，$\overline{np} = \bar{r}$ 是樣本組平均不合格品數，$\sqrt{\overline{np}(1-\bar{p})}$ 是樣本不合格品數的標準差。

註：每組的樣本容量最好相等，這樣可以減少測量與計算的誤差。

(2) 以批不合格品率為檢驗產品質量指標

當以不合格品率 P 檢驗產品質量，並以 p_μ 作為標準要求時，C_p 值的計算如下：

將式 (4-7) 的 σ 除以 n 得 $\sigma 1 = \sqrt{\frac{1}{n}\bar{p}(1-\bar{p})}$

由於 $p_U = dU/n$，則過程能力指數為

$$C_P = \frac{p\mu - \bar{p}}{3\sqrt{\frac{\bar{p}(1-\bar{p})}{n}}} \tag{4-9}$$

可以看出以批不合格品率為檢驗產品質量指標的過程能力指數 C_p 為式 (4-8) 分子分母同時除以 n。

當 $p_U \leq \bar{p}$ 時，$C_p = 0$

其中：pμ 是產品允許不合格品率上限，$\bar{p}$ 是過程平均不合格品率。

【例 4-4】抽取大小 n = 200 的樣本 10 個，其中不合格數分別為 6、7、4、8、8、10、9、7、9、10，當允許樣本不合格數 $(nP)_\mu$ 為 18 時，求過程能力指數。

解：$\bar{p} = \dfrac{\sum_{i=1}^{k}(np)_i}{kn}$

$$= \frac{6+7+4+8+8+10+9+7+9+10}{10 \times 200}$$

$= 0.039$

$\overline{np} = 200 \times 0.039 = 7.8$

$$C_P = \frac{(np)_\mu - \overline{np}}{3\sqrt{\overline{np}(1-\bar{p})}} = \frac{18 - 7.8}{3\sqrt{7.8 \times (1-0.039)}} = 1.241,9$$

(三) 計點值過程能力指數的計算

有些產品如布、電鍍件表面等的質量是以瑕疵點的多少來評價其質量好壞的，一般說來單位面積的瑕疵點服從泊松分佈。

在計點值情況下仍相當於單側的情況，其 CP 值可以用公式 $C_P = (T_U - \mu)/(3\sigma)$ 求得。

當以缺陷數 c 作為檢驗產品質量的指標，並以 cμ 作為標準要求時，CP 值可以做如下計算：

取樣本 k 個，每個樣本大小為 n，其中缺陷數為 c1，c2，……，ck，則樣本缺陷數的平均值為

$$\bar{c} = \frac{1}{k}\sum_{i=1}^{k} c_i$$

由泊松分佈可得

$$\mu = \bar{c}$$

$$\sigma = \sqrt{\bar{c}}$$

則

$$C_P = \frac{c_\mu - \bar{c}}{3\sqrt{\bar{c}}} \tag{4-10}$$

【例 4-5】抽取大小 n = 100 的樣本 20 個，其中缺陷數分別為：2、0、1、4、3、4、1、0、3、1、2、2、1、5、3、3、4、1、3、2，當允許樣本缺陷數 cμ 為 6 時，求過程能力指數。

解：

$$\bar{c} = \frac{1}{k}\sum_{i=1}^{k} c_i$$

$$= \frac{1}{20} \times (2+0+1+4+3+4+1+0+3+1+2+2+1+5+3+3+4+1+3+2)$$

$$= 2.25$$

$$C_P = \frac{c_\mu - \bar{c}}{3\sqrt{\bar{c}}} = \frac{7 - 2.25}{3\sqrt{2.25}} = 1.056$$

三、過程不合格品率的計算

當質量特性的分佈呈正態分佈時，一定的過程能力指數與一定的不合格品率相對應。例如，當 CP = 1，即 T = 6σ 時，質量特性標準的上下限與 ±3σ 重合。由正態分佈的概率函數可知，此時的不合格品率為 0.27%。

(一) 分佈中心和標準中心重合的情況

首先計算合格品率，由概率分佈函數的計算公式可知，在 TL 和 TU 之間的分佈函數值就是合格品率，即

$$P(T_L \leq X \leq T_U) = \int_{\frac{T_L-\mu}{\sigma}}^{\frac{T_U-\mu}{\sigma}} \frac{1}{\sqrt{2\pi}} e^{-\frac{t_2}{2}} dt$$

$$= \Phi(\frac{T_U - \mu}{\sigma}) - \Phi(-\frac{T_L - \mu}{\sigma})$$

$$= \Phi(\frac{T}{2\sigma}) - \Phi(-\frac{T}{2\sigma})$$

$$= \Phi(3C_P) - \Phi(-3C_P)$$

$$= 1 - 2\Phi(-3C_P)$$

所以不合格品率為

$$P = 1 - P(T_L \leq X \leq T_U) = 2\Phi(-3C_P) \tag{4-11}$$

由以式（4-11）可以看出，只要知道 CP 值就可以求出該過程的不合格品率。

【例 4-6】當 CP = 1 時，求相應的不合格品率 P。

解：$P = 2\Phi \times (-3 \times 1)$

$= 2\Phi \times (-3)$

$= 2 \times 0.001,35$（查正態分佈表）

$= 0.002,7$

P = 0.27%

（二）分佈中心和標準中心不重合的情況（圖 4-5）

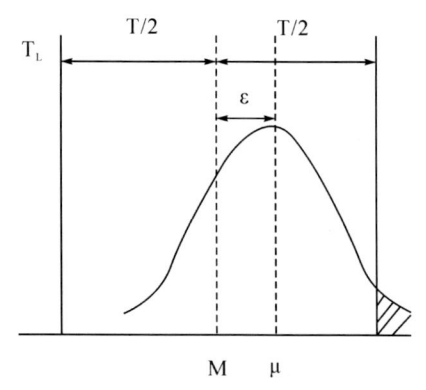

圖 4-5　分佈中心與標準中心不重合

計算合格品率。

$$P(T_L \leq X \leq T_U) = \int_{\frac{T_L-\mu}{\sigma}}^{\frac{T_U-\mu}{\sigma}} \frac{1}{\sqrt{2\pi}} e^{\frac{-12}{2}} dt$$

$$= \Phi(\frac{T_U - \mu}{\sigma}) - \Phi(\frac{T_L - \mu}{\sigma})$$

$$= \Phi(\frac{T_U - M}{\sigma} - \frac{\mu - M}{\sigma}) - \Phi(\frac{T_L - M}{\sigma} - \frac{\mu - M}{\sigma})$$

$$= \Phi(\frac{T}{2\sigma} - \frac{\varepsilon}{\sigma}) - \Phi(-\frac{T}{2\sigma} - \frac{\varepsilon}{\sigma})$$

$$= \Phi(3C_P - \frac{\varepsilon}{\sigma}) - \Phi(-3C_P - \frac{\varepsilon}{\sigma})$$

$$= \Phi(3C_P - 3KC_P) - \Phi(-3C_P - 3KC_P)$$

$$= \Phi(3C_P(1-K)) - \Phi(-3C_P(1+K))$$

$$= \Phi(3C_{PK}) - \Phi[-3C_P(1+K)] \tag{4-12}$$

（因為 $K = \dfrac{2\varepsilon}{T} = \dfrac{2\varepsilon}{6\sigma C_P} = \dfrac{\varepsilon}{3\sigma \cdot C_P}$，所以 $\dfrac{\varepsilon}{\sigma} = 3KC_P$）

不合格品率 $P = 1 -$ 合格品率 $= 1 - P(T_L \leq X \leq T_U)$

$$= 1 - \Phi(3C_{PK}) + \Phi[-3C_P(1+K)] \tag{4-13}$$

【例 4-7】已知某零件尺寸要求為 50 毫米 ±1.5 毫米，抽取樣本的特徵值 $\bar{X} = 50.6$ 毫米，樣本標準偏差為 S＝0.5 毫米，求零件的不合格品率 P。

解：$C_P = \dfrac{T}{6S} = \dfrac{51.5 - 48.5}{6 \times 0.5} = 1.0$

$K = \dfrac{2\varepsilon}{T} = \dfrac{2|M - \bar{X}|}{T} = \dfrac{0.6}{1.5} = 0.40$

$P = 1 - \Phi[3 \times 1(1 - 0.4)] + \Phi[-3 \times 1(1 + 0.4)]$

$\quad = 1 - \Phi(3 \times 1 \times 0.6) + \Phi(-3 \times 1.4)$

$\quad = 1 - \Phi(1.8) + \Phi(-4.2)$

$\quad = 1 - 0.964,1 + 0.000,013,35 = 0.035,913,35$

$\quad \approx 3.59\%$

(三) 查表法

以上介紹了根據過程能力指數 CP 和相對偏移量（系數）K 來計算不合格品率的方法。為了應用方變，可根據 CP 和 K 求總體不合格品率的數值表求不合格品率 P（CP-K-P 數值表法）

【例 4-8】已知某零件尺寸要求為 50 毫米 ±1.5 毫米。抽取樣本求得 $\bar{X} = 50.6$ 毫米，S＝0.5 毫米，求零件的不合格品率 P。

解：查表 4-2，從表中 CP＝1.00，K＝0.40 相交處查出對應的 P 值為 3.59%，這與前面計算出來的數值是完全相同的。故在實際工作中，使用查表法是比較快捷的。

表 4-2 根據過程能力指數 CP 和相對偏移量 K 求總體不合格品率 P 的數值表（%）

P\CP	K												
	0.00	0.04	0.08	0.12	0.16	0.20	0.24	0.28	0.32	0.36	0.40	0.44	0.48	0.52
0.5	13.36	13.43	13.64	13.999	14.48	15.10	15.86	16.75	17.77	18.92	20.19	21.58	23.09	24.71
0.6	7.19	7.26	7.48	7.85	8.37	9.03	9.85	10.81	11.92	13.18	14.59	16.51	17.85	19.69
0.7	3.57	3.64	3.83	4.16	4.63	5.24	5.99	6.89	7.94	9.16	10.55	12.10	13.84	15.74
0.8	1.64	1.66	1.89	2.09	2.46	2.94	3.55	4.31	5.21	6.28	7.53	8.88	10.62	12.48

表4-2(續)

CP \ P	0.00	0.04	0.08	0.12	0.16	0.20	0.24	0.28	0.32	0.36	0.40	0.44	0.48	0.52
0.9	0.69	0.73	0.83	1.00	1.25	1.60	2.05	2.62	3.34	4.21	5.27	6.53	8.02	9.76
1.0	0.27	0.29	0.35	0.45	0.61	0.84	1.14	1.55	2.07	2.75	3.59	4.65	5.94	7.49
1.1	0.10	0.11	0.14	0.20	0.29	0.42	0.61	0.88	1.24	1.74	2.39	3.23	4.31	9.66
1.2	0.03	0.04	0.05	0.08	0.13	0.20	0.31	0.48	0.72	1.06	1.54	2.19	3.06	4.20
1.3	0.01	0.01	0.02	0.03	0.05	0.09	0.15	0.25	0.42	0.63	0.96	1.45	2.13	3.06
1.4	0.00	0.00	0.01	0.01	0.02	0.04	0.07	0.18	0.22	0.36	0.59	0.98	1.45	2.09
1.5			0.00	0.00	0.01	0.02	0.03	0.06	0.11	0.20	0.35	0.59	0.96	1.54
1.6				0.00	0.01	0.01	0.03	0.06	0.11	0.20	0.36	0.63	1.07	
1.7					0.00	0.01	0.01	0.03	0.06	0.11	0.22	0.40	0.72	
1.8						0.00	0.01	0.01	0.03	0.06	0.13	0.25	0.48	
1.9							0.00	0.01	0.01	0.03	0.07	0.15	0.31	
2.0								0.00	0.01	0.02	0.04	0.09	0.20	
2.1									0.00	0.01	0.02	0.05	0.13	
2.2										0.00	0.01	0.03	0.08	
2.3											0.01	0.02	0.05	
2.4											0.00	0.01	0.03	
2.5												0.01	0.02	
2.6												0.00	0.01	
2.7													0.01	
2.8													0.00	

第三節 過程能力分析前沿——非正態分佈

一、非正態分佈出現的原因

在生產實踐中，許多穩定的過程不一定滿足服從正態分佈的前提假設。對於一些本身服從正態分佈的輸出數據而言，如果過程只受隨機因素影響，則該過程處於統計控制狀態，過程輸出一般服從正態分佈；而如果過程還受到系統因素的影響時，過程處於統計失控狀態，此時過程輸出數據不再服從正態分佈。

二、非正態分佈過程能力分析常用思路

（一）數據轉換

例如 Box-Cox 轉換和 Johnson 轉換。這兩種方法都是將非正態數據轉換為正態數據

的行之有效的方法，並且在質量統計軟件中得到廣泛應用。但這種數據轉換過程繁瑣，需要對大量的轉換系數進行估計，容易產生誤差，更重要的是在此基礎上進行的過程能力分析不能完全真實反應過程的全部信息。

（二）指數修正

指數修正以 Clements 方法為代表。Clements 方法以 0.135% 和 99.865% 的分位數之差為過程能力，使用 Pearson 曲線擬合過程輸出數據的分佈形態，相對於 Box-Cox 轉換和 Johnson 轉換，此方法最大的特點是能極大保留過程信息。但 Pearson 曲線不能擬合所有的過程輸出數據，這極大限制了 Clements 方法的使用。

（三）經驗分佈

利用小概率事件域構造質量特性波動範圍，並令此波動範圍的發生概率為 99.73%。這是由於均值、方差、偏度和峰度能夠近似表徵數據的分佈特徵。

本章習題

一、填空題

1. 在工序質量控制中，研究過程能力是為了分析_____。
2. 過程能力指數（Process Capability Indices，簡稱 PCI）是用來度量一個過程能夠滿足產品的性能指標要求的程度，是一個_____的簡單數。
3. 過程能力指數 C_p 值，是用來衡量_____數值。
4. 過程能力指數的計算是在_____前提下，用過程能力與技術要求相比較，分析過程能力滿足技術要求的程度。

二、選擇題

1. 下列中不是影響過程能力因素的是（　　）。
   A. 設備因素　　　　　　　B. 材料因素
   C. 時間因素　　　　　　　D. 測量因素
2. 過程能力指數越大，說明其過程能力越強，越能滿足（　　）性能指標，甚至還會有一定的能力儲備。
   A. 技術　　　　　　　　　B. 工藝
   C. 產品　　　　　　　　　D. 生產
3. 計量值的過程能力指數的計算分為（　　）情況。
   A. 2　　　　　　　　　　B. 3
   C. 4　　　　　　　　　　D. 5
4. （　　）情況屬於計點值過程能力指數的計算。
   A. 強度　　　　　　　　　B. 壽命
   C. 金屬表面粗糙度　　　　D. 布表面瑕疵點

三、判斷

1. 過程能力的測定一般是在非連續成批生產狀態下進行的。　　　　（　　）
2. 過程能力指數越高就越好或越低就越不好。　　　　　　　　　　（　　）
3. 通常可以用直方圖和控制圖判斷過程的穩定性，並利用直方圖和控制圖的參數計算過程能力。　　　　　　　　　　　　　　　　　　　　　　　　（　　）
4. 技術要求以不大於或不小於某一標準值的形式表示，這種質量標準就是雙側公差。　　　　　　　　　　　　　　　　　　　　　　　　　　　　　（　　）

第五章　統計過程控制

　　統計過程控制（Statistical Process Control，簡稱 SPC），是為了貫徹預防為主的原則，應用統計技術過程中的各個階段進行評估和監控，從而滿足產品和滿足服務要求的均勻性（質量的一致性）。統計過程控制是過程控制的一部分，從內容上來說有兩個方面：一是利用控制圖分析過程的穩定性，對過程存在的異常因素進行預警；二是通過計算過程能力指數分析穩定的過程能力滿足技術要求的程度，並對過程質量進行評價。

　　質量管理的一項主要工作是通過收集數據、整理數據，找出波動的規律，把正常波動控制在最低限度，消除系統性原因造成的異常波動。把實際測得的質量特徵與相關標準進行比較，並對出現的差異與異常現象採取相應措施進行糾正，從而使工序處於控制狀態，這一過程就叫做過程質量控制。

第一節　統計過程控制的基本原理

一、質量波動理論

　　在生產製造過程中，無論把環境和條件控制得多麼嚴格，任何一個過程所生產出來的兩件產品都是絕對不可能完全相同的。也就是說，任何一個過程所生產出來的產品，其質量特徵值總是存在一定的差異，這種客觀差異稱為產品質量波動性。

（一）質量因素的分類

　　影響質量的因素稱為質量因素。質量因素可以根據不同的方法分類。

　　1. 按不同來源分類

　　按照質量因素的來源不同，可分為：Man（人員）、Machine（設備）、Material（原材料）、Method（方法）、Environments（環境），簡稱 4M1E。有的還把 Measurement（測量）加上，簡稱 5M1E。

　　2. 按影響大小和性質分類

　　（1）偶然因素

　　偶然因素又稱為隨機因素，是指引起質量波動的不可避免的原因，偶然因素對質量變異的影響很難根除。首先，偶然因素影響微小，僅對產品質量產生的影響微小。其次，偶然因素始終存在，即只要一生產，這些因素就始終在起作用。再次，偶然因素對質量特性的影響逐件不同，這是由於偶然因素是隨機變化的，因此每件產品受到

偶然因素的影響是不同的。最后，偶然因素難以除去，其難度包括在技術上有困難或在經濟上不允許。偶然因素的例子很多，比如，原材料的微小差異，操作的微小差異，等等。

（2）異常因素

異常因素又稱為系統因素或必然因素，也就是由於生產系統出現異常而從而引起質量變異。與偶然因素相對應，異常因素也有四個特點。首先是影響較大，系統因素發生作用時會引起產品質量特性產生較大的變化，甚至有不合格品的產生。其次是不可預期性，就是說，它是由某種原因所產生的，不是在生產過程中始終存在的。再次，系統因素會使得一系列產品受到同一方向的影響，如質量指標受到的影響都是變大或變小。最后，系統因素並不難排除，這是因為這類因素在技術上不難識別和消除，而在經濟上也往往是允許的。系統因素的例子也很多，比如，刀具的嚴重磨損，違反規定的錯誤操作，等等。

（二）質量波動性的分類

1. 偶然波動

偶然因素引起產品質量的偶然波動，又稱隨機波動。一個只表現出偶然波動的過程所產生的值一般都處於中心值兩側（見表5-1中的A），這樣的過程稱為處於統計控制狀態的過程。偶然波動是由許多原因引起的，而每一個原因只能起很小的作用。由於排除一個單一的原因只會對最終結果起到很小的影響，因此從經濟角度考慮，減少偶然波動是非常困難的。

2. 異常波動

異常因素引起產品質量的偶然波動，又稱系統波動。異常波動能引起系統性的失效或缺陷。異常波動可能會引起一種趨勢（見表5-1中的B），如持續地沿著一個方向或另一個方向變化，這是由於某種因素逐漸加深對過程的影響，像磨損和撕裂，或者是溫度的變化等。另一種異常波動的例子是水平的突變（見表5-1中的C），這種類型的變化可能是由於操作人員的變化、使用了新的材料、改變了設備調試等因素導致。異常波動一般由單一的不明原因造成的，而這個原因能引起明顯的後果。因此，及時確定異常波動，檢驗並採取措施消除異常波動的后果是非常重要的。這種措施從經濟角度考慮是值得的。

表 5-1　　　　　　　　　　　波動的形式

實際意義	波動的形式
A. 製造過程處於統計控制狀態，引起波動的只有偶然因素	
B. 製造過程具有某種趨勢，引起波動的既有偶然因素也有異常因素	

表5-1(續)

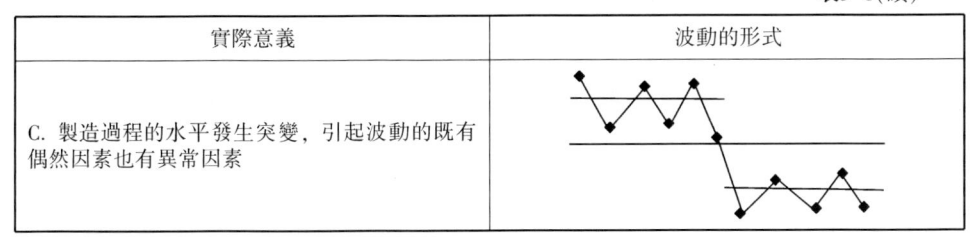

實際意義	波動的形式
C. 製造過程的水平發生突變，引起波動的既有偶然因素也有異常因素	

3. 偶然波動與異常波動的比較分析

當一個過程只有偶然波動時會產生最好的結果。在有異常波動發生的情況下，想要減少過程的波動，第一步就是要消除異常波動。偶然波動與異常波動的比較見表5-2。

表 5-2　　　　　　　　　　偶然波動與異常波動

偶然波動	異常波動
含有許多獨立的原因	含有一個或少數幾個獨立的原因
任何一個原因都只能引起很小的波動	任何一個原因都會引起大的波動
偶然波動不能經濟地從過程中消除	異常波動通常能夠經濟地從過程中消除如果有
當只有偶然波動時，過程以最好的方式在運行	異常波動存在，過程的允許狀態不是最佳的

隨著科技的進步，有些偶然因素的影響可以設法減少，基本可以消除。但從偶然因素的整體來看是不可能完全消除的，因此，偶然因素引起產品質量的偶然波動也是不可避免的。必須承認這一客觀事實，產品質量的偶然波動影響是微小的，同時又是不可避免的。一般情況下，不必特別處理。

異常因素則不然，它對於產品質量影響巨大，可造成產品質量過大的異常波動，以致產品質量不合格，同時它也不難消除。因此，在生產過程中異常因素是注意的對象。只要發現產品質量有異常波動，就應盡快找出，採取措施加以消除，並納入標準，保證不再出現。

在實際生產中，產品質量的偶然波動於異常波動總是交織在一起的，加以區分並非易事。經驗與理論分析表明，當生產過程中只存在偶然波動時，產品質量將形成典型分佈，如果除了偶然波動還有異常波動，產品質量的分佈必將偏離原來的典型分析。因此，根據典型分佈是否偏離就能判斷異常波動是否發生，而典型分佈的偏離可由控制圖看出，控制圖上的控制界限就是區分偶然波動與異常波動的科學界限。控制圖就是區分這兩類產品質量波動，即區分偶然因素與異常因素這兩類質量因素的重要科學方法。

二、幾個常用的隨機變量

在科學研究和生產實踐中，經常遇到各種各樣的數據，按照性質和使用目的的不同，可以分為計量值數據（或稱連續型數據）和計數值數據（或稱離散型數據），針對不同的數據類型採取不同的隨機變量表達。

計量值數據是指可以連續取值的數據，又稱連續型數據。一般是用量具、儀器進行測量取得，其特點是可以在某一範圍內連續取值。在質量管理中會遇到大量的計量

值數據，如長度、體積、重量、溫度、強度等質量特性的數據，都是計量值數據，大多服從正態分佈。

計數值數據是指那些不能連續取值，只能以個數計算的數據。計數的方法又分為計點和計件兩種。當單位產品的質量特徵用缺陷品（不合格品）個數這種離散尺度衡量時，叫做計點方法。例如，1 平方米布上的瑕疵點；一個玻璃瓶上的氣泡個數等。當把單位產品劃分為合格品與不合格品，或者區分一等品、二等品、三等品等時，這種方法稱為計件方法。計數值數據一般服從二項分佈、泊松分佈或超幾何分佈。

(一) 計量值數據

正態分佈是應用最為廣泛的一種連續型概率分佈，在計量值型質量特徵值的控制和檢驗中經常被用來描述（或近似描述）質量變化的規律。

1. 正態分佈隨機變量的定義和性質

設連續型隨機變量 x 的概率密度為

$$f(x) = \frac{1}{\sqrt{2\pi}\sigma} e^{-\frac{(x-u)^2}{2\sigma^2}} \quad -\infty < x < \infty$$

其中 u>0 為常數，σ>0 為常數，則稱 x 服從參數為 u 和 σ 的正態分佈，記為 X～N (u, σ^2)。

正態分佈隨機變量 x 的分佈函數為

$$F(x) = \frac{1}{\sqrt{2\pi}\sigma} \int_{-\infty}^{x} e^{-\frac{(t-u)^2}{2\sigma^2}} dt$$

值得注意的是，若參數 u＝0，σ＝1，即 x～N (0, 1)，則稱 x 為標準正態分佈隨機變量。

正態分佈隨機變量 x 的數學期望和方差分別為

Ex＝u, Dx＝σ^2

實際上，參數 u 作為總體平均值，參數 σ 作為總體標準差，不同的 u、不同的 σ 對應不同的正態分佈。正態曲線呈鐘形，左右對稱，曲線與橫軸間的面積總和為 1，如圖 5-1 所示。

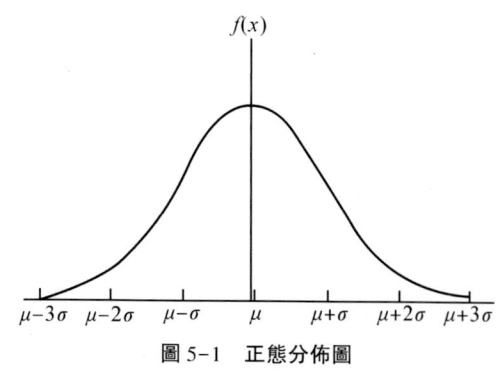

圖 5-1　正態分佈圖

服從正態分佈的變量的頻數分佈完全由 u 和 σ 決定，其特徵是：

（1）μ是正態分佈的位置參數，描述正態分佈的集中趨勢位置。正態分佈以 X＝μ 為對稱軸，左右完全對稱。正態分佈的均數、中位數、眾數相同，均等於 μ。

（2）σ用於描述正態分佈資料數據分佈的離散程度。σ 越大，數據分佈越分散，σ 越小，數據分佈越集中。σ 也稱為是正態分佈的形狀參數，σ 越大，曲線越扁平，反之，σ 越小，曲線越瘦高。

（3）正態曲線下面的幾個代表性的面積說明：全體變量中大約 68.26% 的變量落在 $u \pm \sigma$ 的範圍之內；95.46% 的變量落在 $u \pm 2\sigma$ 的範圍之內；99.73% 的變量落在 $u \pm 3\sigma$ 範圍之內。但是，必須注意，在同樣的兩個已知範圍內，在樣本範圍內所占的百分比與總體範圍內所占的百分比可能不一致。

2. 正態分佈的概率分佈

習慣上，常將標準正態分佈的密度函數記為

$$\varphi(x) = \frac{1}{\sqrt{2\pi}} e^{-\frac{x^2}{2}}, \quad \Phi(x) = \frac{1}{\sqrt{2\pi}} \int_{-\infty}^{x} e^{-\frac{t^2}{2}} dt$$

標準正態分佈的密度函數值和分佈函數表有表可查。

對於一般的正態分佈，可先將其轉化為標準正態分佈，然后求相應的概率值。轉換依據如下：

設 $X \sim N(u, \sigma^2)$，則 $Y = \frac{X - u}{\sigma} \sim N(0, 1)$

因此，一般正態分佈的概率計算公式為：

$$p(x_1 < X \leq x_2) = \Phi(\frac{x_2 - u}{\sigma}) - \Phi(\frac{x_1 - u}{\sigma})$$

$$p(X \leq x) = \Phi(\frac{x - u}{\sigma})$$

$$p(X > x) = 1 - \Phi(\frac{x - u}{\sigma})$$

【例 5-1】公共汽車車門的高度是按男子與車門頂頭碰頭機會在 0.01 以下來設計的。設男子身高 $X \sim N(170, 6^2)$，問車門高度應如何確定？

解：設車門高度為 h 厘米，按設計要求

$P(X < h) \geq 0.99$

下面我們來求滿足上式的最小的 h：

因為

$X \sim N(170, 6^2)$，$\frac{X - 170}{6} \sim N(0, 1)$

故

$P(X < h) = \Phi(\frac{h - 179}{6}) \geq 0.99$，查表得 $\Phi(2.33) = 0.990, 1 > 0.99$

所以

$\frac{h - 170}{6} = 2.33$

即

$h = 170 + 13.98 \approx 184$

所以設計車門高度為 184 厘米時，可使男子與車門碰頭的機會不超過 0.01。

(二) 計數值數據

1. 二項分佈

設無限總體不合格率為 p（合格品率 q=1-p）。對其做隨機抽樣，樣本容量為 n。樣本中不合格品數 x 為一離散型隨機變量，服從二項分佈，其恰為 d 的概率為：

$P(x = d) = C_n^d p^d (1-p)^{n-d}$，其中，d=0，1，2，……n。

二項分佈隨機變量 X 的數學期望和方差分別為：

Ex = np

Dx = np（1-p）

二項分佈隨機變量源於 n 重伯努利（Bernouli）試驗或某總體的 n 次還原抽樣，適用於計件值型質量特徵值的控制與檢驗問題。

【例 5-2】某射手有 5 發子彈，射擊一次命中的概率為 0.9，如果命中了就停止射擊，否則一直射擊到子彈用完，求耗用子彈數 X 的分佈列。

解：X 的所有取值為 1，2，3，4，5。

$P(X = 1) = 0.9$

$P(X = 2) = 0.1 \times 0.9$

$P(X = 3) = 0.1^2 \times 0.9$

$P(X = 4) = 0.1^3 \times 0.9$

「X=5」表示前四次都沒有射中，所以 $P(X = 5) = 0.1^4$，故所求分佈列為：

X	1	2	3	4	5
P	0.9	0.1×0.9	0.1^2×0.9	0.1^3×0.9	0.1^4

2. 泊松分佈

泊松分佈是應用最廣泛的隨機分佈之一，常用來描繪稀有事件計數資料的統計規律性。例如，在一定時間內（或一定空間中），各種稀有事件（如事故、災害、疾病等）要求服務的顧客數、紡紗機上的斷頭數、產品表面的缺陷數、大地震后的余震數等。泊松分佈隨機變量在計點值型質量特徵值的控制和檢驗中有重要應用。

設離散型隨機變量 X 服從泊松分佈，則其取值 k 的概率為：

$P(X = k) = \dfrac{\lambda^k e^{-\lambda}}{k!}$ k=0，1，2，……

其中，λ=np，n 為樣本容量，p 為不合格率（或缺陷率等）。容易知道，λ=np 實際上是樣本中不合格品的平均數（或缺陷等的平均數）。

泊松分佈隨機變量 X 的數學期望和方差分別為：

EX = λ

DX = λ

理論上泊松分佈有可數無限個可能值，但隨著 k 值得增大，P（X=k）迅速變小，有實際意義的是為數有限的較小的幾個 k 值。

【例5-3】某塑料薄膜每 10 平方米平均有 5 個瑕疵點。現抽查了 0.7 平方米這種塑料薄膜，試求下列事件的概率：A = ｛無瑕疵點｝，B = ｛恰好有一個瑕疵點｝，C = ｛最多有一個瑕疵點｝。

解：因為該種塑料薄膜每 10 平方米平均有 5 個瑕疵點，故在 0.7 平方米該種塑料薄膜上平均應有 $5 \times \frac{7}{100} = 0.35$ 個瑕疵點。也就是說，0.7 平方米該種塑料薄膜上的瑕疵點數 X 服從參數 $\lambda = 0.35$ 的泊松分佈，即

$$P(X=k) = \frac{0.35^k e^{-0.35}}{k!} \quad k=0,1,2,\ldots\ldots$$

所以，所求事件的概率依次為：

$P(A) = P(X=0) = e^{-0.35} = 0.704,7$

$P(B) = P(X=1) = 0.35 e^{-0.35} = 0.246,6$

$P(C) = P(X \leq 1) = P(X=0) + P(X=1) = 0.951,3$

3. 超幾何分佈

設有限總體由 N 個產品組成，其中有 D 個不合格品。對該總體作不放回隨機抽樣，樣本容量為 n。樣本中不合格品數為一離散型隨機變量，服從超幾何分佈，其恰為 d 的概率為：

$$P(X=d) = \frac{C_D^d C_{N-D}^{n-d}}{C_N^n}$$

容易知道，d=0，1，2……，min（n，D）。數學期望和方差分別為：

EX = np

$$DX = npq\left(\frac{N-n}{N-1}\right)$$

其中，$p = \frac{D}{N}$ 為總體不合格品率；$q = 1 - p = \frac{N-D}{N}$ 為總體合格品率。

【例5-4】某批產品共 40 件，其中不合格品有 12 件，現從中任取 9 件，以 X 表示其中不合格品的件數，求 X 的概率分佈。

解：9 件樣品中不合格品的件數為超幾何分佈隨機變量。

$$P(X=d) = \frac{C_{12}^d C_{28}^{9-d}}{C_{40}^9} \quad (d=0,1,2,\ldots,9)$$

由於該批產品總體不合格率：

$p = \frac{12}{40} = 0.3$

總體合格率：

q = 1-p = 0.7

因此抽取的 9 件樣品中合格品的件數平均值（即數學期望）：

$EX = 9 \times 0.3 = 2.7$

方差為：

$$DX = 9 \times 0.3 \times 0.7 \times \frac{40-9}{40-1} = 1.50$$

標準差為：

$$\sigma = \sqrt{DX} = 1.23。$$

三、小概率事件原理

用控制圖識別生產過程的狀態，主要是根據樣本數據形成的樣本點在控制界限中的位置以及變化趨勢進行分析和判斷，判斷工序處於受控狀態還是失控狀態。

實踐證明，加工工序屬於穩定狀態，大多數計量數據都服從或近似服從正態分佈，所以控制界限的原理為正態分佈的小概率事件發生的可能。

第二節　質量控制圖

一、控制圖的概述

(一) 控制圖的概念和作用

質量控制圖是 1928 年由沃特·休哈特（Walter Shewhart）博士率先提出。他指出：每一個方法都存在著變異，都受到時間和空間的影響，即使在理想的條件下獲得的一組分析結果，也會存在一定的隨機誤差。

質量控制圖是分析和判斷質量過程處於正常波動狀態還是異常波動狀態的一種有效工具，可用於生產現場的質量統計過程控制，以便質量在生產過程中出現異常波動時及時做出報警。

(二) 控制圖的原理

1. 3σ 原則

質量控制圖可以對工序狀態進行分析、預測、判斷、監控和改進，實現以預防為主的過程質量管理。控制圖的基本模式如圖 5-2 所示。工序質量特性值 x 通常為計量值數據，服從正態分佈，即 $X \sim N(\mu, \sigma^2)$，根據正態分佈的原理可知，按時間順序抽樣的觀測數據點散布在控制界限內的概率約為 99.73%，在控制界限外的概率約為 0.27%。若為受控狀態，則 μ 和 σ 不隨時間變化或者基本不隨時間變化，且工序能力充足。對正態分佈有：

$$P[(\mu - 3\sigma) < X < (\mu + 3\sigma)] = 0.997,3$$

因此，一般根據 3σ 原則確定控制圖的控制界限。

設中心線 CL，控制上限為 UCL，控制下限 LCL，則有：

CL = μ

UCL = $\mu + 3\sigma$

LCL = $\mu - 3\sigma$

在生產過程中，一旦發現觀測數據點越出控制界線或在控制界限內的散步相互不隨機獨立，不符合 $X \sim N(\mu, \sigma^2)$ 的統計規律，就應當懷疑生產過程已受到系統性因素干擾，可能已處於失控狀態。

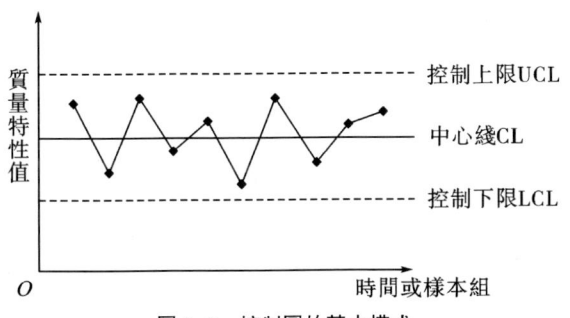

圖 5-2 控制圖的基本模式

2. 兩類錯誤

利用控制圖對生產過程質量狀態進行統計推斷也可能犯錯誤。

第一類錯誤，又稱為棄真。若以 3σ 原則確定控制界限，當生產過程處於受控狀態，工序能力充足，質量特性值或其統計量服從正態分佈時，將有 99.73% 的質量特性值落在控制界限之內，而質量特性值落在控制界限外的概率雖然只有 0.27%，但由於樣本的隨機性，0.27% 的小概率事件也有可能發生。當這種小概率事件發生時，將會導致「生產過程失控」的錯誤判斷，這種因為虛發信號而造成的錯誤判斷稱為第一類錯誤。第一類錯誤的概率記做 α，在 3σ 控制圖中，α 為 0.27%。

第二類錯誤又稱為取偽，與第一類錯誤相反，當系統性質量因素影響生產過程而工序質量失控時，由於樣本的隨機性，仍會有一定比例的質量特性值落在控制界限之內，當這種情況發生時，會產生「生產過程正常」的錯誤判斷。第二類錯誤的概率記做 β，那麼 $1-\beta$ 稱為控制圖的檢出力，應該用正態分佈規律來進行計算。

控制圖的兩類錯誤都將造成生產過程的混亂和經濟損失。改變控制界限能夠改變兩類錯誤的概率，但由圖 5-3 可觀察出，α 和 β 兩者是此消彼長的，改變控制界限無法令兩者同時減少，不能完全避免兩類錯誤。

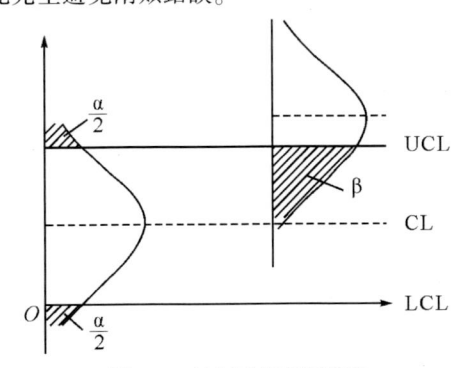

圖 5-3 控制圖的兩類錯誤

(三) 控制圖的分類

1. 控制圖按不同用途分類

根據不同用途，控制圖分成兩類，即分析用控制圖與控制用控制圖。

分析用控制圖。依據收集的數據計算控制線、作出控制圖，並將數據在控制圖上打點，以分析生產過程是否處於統計穩定狀態；若過程不處於穩定狀態，則須找出原因，採取措施，調整過程，使之達到穩定狀態。過程處於穩定狀態后，才可將分析用控制圖的控制線延長作為控制用控制圖。

控制用控制圖。控制用控制圖是由分析用控制圖轉化而成的。當判斷過程處於統計穩定狀態后，用控制用控制圖監控生產過程，使生產過程保持在統計穩定狀態，預防不合格產品的產生；在監控中若發現過程異常，則應找出原因，採取措施，使過程恢復到原來的狀態。控制用控制圖的控制線來自分析用控制圖，不必隨時計算。但當影響過程質量波動的因素發生變化或質量水平已有明顯提高時，應及時用分析用控制圖計算出新的控制線。

2. 控制圖按質量特性值的性質分類

控制圖按質量特性值或其統計量的觀測數據的性質劃分為計量值控制圖和計數值控制圖。

表 5-3 是兩類共五種常用控制圖的介紹。

表 5-3　　　　　　　　　　控制圖的種類及主要用途

種類	名稱	表示符號	控制界限 中心線	控制界限 控制界限	主要用途
計量值控制圖	平均值-極差控制圖	$\bar{X} - R$	$\bar{\bar{X}}$ $\bar{R}$	$\bar{\bar{X}} \pm A_2 \bar{R}$ $D_4 \bar{R}, D_3 \bar{R}$	適用於長度、重量、強度等計量值數據控制
	中位數-極差控制圖	$\tilde{X} - R$	$\bar{\tilde{X}}$ $\bar{R}$	$\bar{\tilde{X}} \pm m_3 A_2 \bar{R}$	適用範圍同上，是現場工人常用的圖，但檢出能力不如 $\bar{x} - R$
	單值-移動極差控制圖	$X - R_S$	$\bar{X}$ $\bar{R}_S$	$\bar{X} \pm 2.66 \bar{R}_S$ $3.27 \bar{R}_S, 0$	適用於檢驗時間遠比加工時間短的場合，如車床加工軸等
計數值控制圖	不合格品數控制圖	np	$\bar{d} = \overline{np}$	$\bar{d} \pm 3\sqrt{\bar{d}(1-\bar{p})}$	適用於一般半成品或零部件，要求每次檢測的樣本大小 n 要相等
	不合格品率控制圖	p	$\bar{p}$	$\bar{p} \pm 3\sqrt{\bar{p}(1-\bar{p})}$	適用於關鍵零部件需全數檢查的場合，樣本大小 n 可以不等
	缺陷數控制圖	C	$\bar{C}$	$\bar{C} \pm 3\sqrt{\bar{d}(1-\bar{p})}$	適用於控制一般缺陷數的場合，要求每次檢測的樣本大小 n 要相等
	單位缺陷數控制圖	μ	$\bar{\mu}$	$\bar{\mu} \pm 3\sqrt{\dfrac{\bar{p}(1-\bar{p})}{n}}$	用來控制每單位缺陷數需全數檢驗的場合，樣本大小 n 可以不相等

註：表中 A_2、m_3、D_3、D_4 均為控制圖系數，可從表 5-4 中選擇。

表 5-4 控制圖參數表

n	A_2	m_3	D_3	D_4	E	d_2	d_3
2	1.88	1	-	0.026,7	2.66	1.128,4	0.853
3	1.023	1.16	-	2.575	1.772	1.692,6	0.888
4	0.729	1.092	-	2.282	1.457	2.058,8	0.88
5	0.577	1.198	-	2.115	1.29	2.325,9	0.864
6	0.483	1.135	-	2.004	1.184	2.534,4	0.848
7	0.41	1.214	0.076	1.924	1.109	2.704,4	0.883
8	0.373	1.16	0.136	1.364	1.054	2.847,2	0.82
9	0.337	1.224	0.784	1.816	1.01	2.970,1	0.808
10	0.308	1.176	0.223	1.777	0.975	3.007,5	0.797

二、控制圖的設計

（一）控制圖的設計可以分為五個步驟

（1）收集數據。在工序能力充足的情況下，連續採集工序近期數據。一般按採集的時間順序將數據分為若干組，每組樣本容量相同，數據總數不少於 100。

（2）確定控制界限。根據表 5-3 中的算法，計算控制界限，控制界限參數可查表 5-4。

（3）繪製控制圖。在實際應用中，常為使用控制圖的工位預先設計好標準的控制圖表格，以便於現場統計填寫和繪製控制圖。

（4）修正控制界限。在實際採集數據構造樣本時，生產過程的受控狀態可能會有所變化，個別數據的測試和記錄也可能會有差錯。因此，需要找出異常點，分析原因。如確系某種系統性原因造成的，則將其剔除。然后根據剩下的那些樣本統計量觀察值，重新計算控制界限，繪製控制圖。

（5）控制圖的使用和改進。對於修正后的控制圖，在實際使用中應當繼續改進，以更好地保證和提高質量控制的能力和水平。

（二）三種常用的計量值控制圖

1. 平均值-極差控制圖（$\bar{X} - R$ 控制圖）

$\bar{X} - R$ 控制圖，對於計量數據而言，是最常見、最基本、應用最廣泛的控制圖。其中 $\bar{X}$ 控制圖主要用於觀察分佈均值隨時間的變化，R 控制圖用於觀察分佈的分散情況隨時間的變化。另外，$\bar{X}$ 控制圖不僅對 μ 的變化具有檢定能力，而且對 σ 的變化也具有檢定能力；但 R 圖對 μ 的變化沒有檢定能力。同時，應用 $\bar{X}$ 控制圖比單獨使用 $\bar{X}$ 控制圖或 R 圖檢出過程質量偏移的能力大。

【例 5-5】某工廠生產一種零件，零件長度尺寸要求（49.50 ± 0.10）毫米，每隔

一小時，從生產過程中抽取 5 個零件，測量其長度，共收集 25 個樣本，數據如表 5-5 所示。為對該過程實施連續監控，試設計平均值-極差控制圖。

表 5-5　　　　　　　　　　　零件長度表

樣本號	x_1	x_2	x_3	x_4	x_5	平均值	中位數	極差
1	49.47	49.46	49.52	49.51	49.47	49.486	49.47	0.06
2	49.48	49.53	49.55	49.49	49.53	49.516	49.53	0.07
3	49.5	49.53	49.47	49.52	49.48	49.5	49.5	0.06
4	49.47	49.53	49.5	49.51	49.47	49.496	49.5	0.06
5	49.47	49.55	49.45	49.53	49.56	49.512	49.53	0.11
6	49.45	49.49	49.49	49.53	49.57	49.506	49.49	0.12
7	49.5	49.45	49.49	49.53	49.55	49.504	49.5	0.1
8	49.5	49.5	49.53	49.51	49.47	49.502	49.5	0.06
9	49.5	49.45	49.51	49.57	49.5	49.506	49.5	0.12
10	49.5	49.48	49.57	49.55	49.53	49.526	49.53	0.09
11	49.47	49.44	49.54	49.55	49.5	49.5	49.5	0.11
12	49.49	49.5	49.5	49.52	49.55	49.512	49.5	0.06
13	49.46	49.48	49.53	49.5	49.5	49.494	49.5	0.07
14	49.53	49.57	49.55	49.51	49.47	49.526	49.53	0.1
15	49.45	49.47	49.49	49.52	49.54	49.494	49.49	0.09
16	49.48	49.53	49.5	49.51	49.5	49.504	49.5	0.05
17	49.5	49.48	49.52	49.55	49.5	49.51	49.5	0.07
18	49.5	49.51	49.47	49.53	49.52	49.506	49.51	0.06
19	49.5	49.49	49.52	49.5	49.54	49.51	49.5	0.05
20	49.5	49.52	49.53	49.45	49.51	49.502	49.51	0.08
21	49.52	49.47	49.57	49.5	49.52	49.516	49.52	0.1
22	49.5	49.52	49.49	49.53	49.47	49.502	49.5	0.06
23	49.5	49.47	49.48	49.56	49.5	49.502	49.5	0.09
24	49.48	49.5	49.49	49.53	49.5	49.5	49.5	0.05
25	49.5	49.55	49.57	49.54	49.46	49.524	49.54	0.11
平均						49.506,2	49.506	0.08

解：

各組的均值 $\bar{x_i}$ 與總均值 $\bar{\bar{x}}$ 。

$$\bar{x}_i = \frac{x_1 + x_2 + \cdots + x_n}{n},$$

其中 n 為每組樣本量，本例中 $n = 5$
第一組：
$$\bar{x}_1 = \frac{49.47 + 49.46 + 49.52 + 49.51 + 49.47}{5} = 49.486$$

同理，可計算出其他 24 組均值並填入表 5-5 中。
總均值
$$\bar{\bar{x}} = \frac{\sum_{i=1}^{k} \bar{x}_i}{k} = \frac{\sum_{i=1}^{25} \bar{x}_i}{25} = 49.506,2$$

計算各組極差 R_i 與平均極差 $\bar{R}_i$。
$$R_i = x_{\max} - x_{\min}$$

其中，$x_{\max}$ 為組內最大值，$x_{\min}$ 為組內最小值。
第一組：
$$R_1 = 49.52 - 49.46 = 0.06,$$

同理，可計算出其他 24 組極差並填入表 5-5 中。
平均極差：
$$\bar{R}_i = \frac{\sum_{i=1}^{k} R_i}{k} = \frac{\sum_{i=1}^{25} R_i}{25} = 0.08$$

計算控制圖的上下控制限與中心線。
由樣本量 $n = 5$，查控制圖系數表得 $A_2 = 0.577$，故 $\bar{x}$ 控制圖的上下控制限與中心線為：

$CL_{\bar{x}} = \bar{\bar{x}} = 49.504,4$

$UCL_{\bar{x}} = \bar{\bar{x}} + A_2\bar{R} = 49.506,2 + 0.577 \times 0.08 = 49.550,5$

$LCL_{\bar{x}} = \bar{\bar{x}} - A_2\bar{R} = 49.504,4 - 0.577 \times 0.08 = 49.462,0$

由樣本量 $n = 5$，查控制系數表得：$D_3 = 0$，$D_4 = 2.115$，故 R 控制圖的上下控制限與中心線為：

$CL_R = \bar{R} = 0.08$

$UCL_R = D_4\bar{R} = 2.115 \times 0.08 = 0.169,2$

$LCL_R = D_3\bar{R} = 0$

繪製均值控制圖與極差控制圖（圖 5-4）。

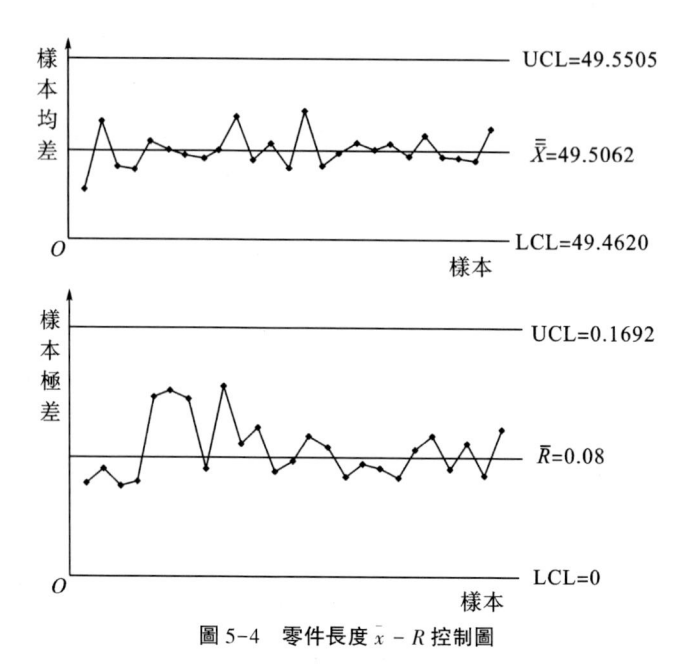

圖 5-4 零件長度 $\bar{x} - R$ 控制圖

根據控制圖的判斷準則（后面會有介紹）對 R 控制圖和 $\bar{X}$ 控制圖分進行分析，可知生產過程處於統計受控狀態，因此，將控制圖的上下限於中心線向右延長即可用於對生產過程進行連續監控。

2. 中位數–極差控制圖（$\tilde{X} - R$ 控制圖）

$\tilde{X} - R$ 控制圖與 $\bar{X} - R$ 控制圖相似，只是用 $\tilde{X}$ 圖代替了 $\bar{X}$ 圖。由於中位數的計算比均值簡單，所以多用於現場需要把測定數據直接打在控制圖上的場合。

【例 5-6】利用表 5-5 的數據設計 $\tilde{X} - R$ 控制圖。

（1）計算中位數均值。

$$\bar{\tilde{x}} = \frac{\sum_{i=1}^{k} \tilde{x}_i}{k} = \frac{\sum_{i=2}^{25} \tilde{x}_i}{25} = 49.506$$

（2）計算控制圖的上下控制限和中心線。

由樣本量 $n = 5$，查控制圖系數表得：參數 $m_3 = 1.198$、A_2、D_3、D_4 同例 5-1，所以：

$CL_R = \bar{\tilde{x}} = 49.506$

$UCL_R = \bar{\tilde{x}} + m_3 A_2 \bar{R} = 49.506 + 1.198 \times 0.577 \times 0.08 = 49.561,2$

$LCL_R = \bar{\tilde{x}} - m_3 A_2 \bar{R} = 49.506 - 1.198 \times 0.577 \times 0.08 = 49.450,7$

R 圖同例 5-1，從略。

（3）繪製控制圖（略）。

(4) 控制圖分析。

與例 5-1 比較，$\tilde{x}$ 圖中上下控制限的間距略大於 $\bar{x}$ 圖中上下控制限間距，表明了 $\tilde{x}$ 圖的檢出力比 $\bar{x}$ 圖稍遜，但使用方便是其優點。

3. 單值-移動極差控制圖

$X-R_S$ 控制圖中，R_s 為移動極差，當樣本量為 1 時，可用相鄰的兩個樣本數據之差的絕對值（稱為移動極差）來代替極差 R。

$X-R_S$ 控制圖多用於下列場合：從過程中只能獲得一個測定值；過程比較穩定、產品的一致性較好，不需要測多個值；因費用、時間、產品批量小等限制只能得到一個測定值，而又希望盡快發現並消除異常原因的場合。

$X-R_S$ 控制圖的優點是直接將測量值打在圖上，判斷迅速；缺點是獲取的信息少，判斷過程變化的靈敏度差，不能直接發現離散的變化。

【例 5-7】某倉庫為了實現對生產線原料的準時供給，記錄了每次的配送時間，如表 5-6，試設計控制圖。

表 5-6　　　　　　　　　　　配送時間　　　　　　　　　　單位：分

序號	時間	移動極差	序號	時間	移動極差
1	10.5		14	9.7	0.1
2	9.8	0.7	15	9.8	0.1
3	9.6	0.2	16	10	0.2
4	11.4	1.8	17	9.8	0.2
5	9.7	1.7	18	9	0.8
6	9.7	1.7	18	9	0.8
7	11.4	1.7	20	8.9	0.7
8	11.8	0.4	21	9.1	0.2
9	10	1.8	22	10	0.9
10	10.2	0.2	23	11.9	1.9
11	11	0.8	24	10	1.9
12	9.7	1.3	25	10.1	0.1
13	9.8	0.1	合計	263.2	18.4

由於是對每次配送時間進行分析，故採用單值-移動極差控制圖。

解：

計算移動極差 R_{si} 及其均值 $\bar{R}_s$ 和配送時間均值，填入表中。

$R_{S2} = |x_1 - x_2| = |10.5 - 9.8| = 0.7$；其余 23 組同樣計算。

$$\bar{R}_s = \frac{R_{S2} + R_{S3} + \cdots + R_{S25}}{25-1} = 0.767$$

$$\bar{x} = \frac{x_1 + x_2 + \cdots + x_{25}}{25} = 10.1$$

計算控制圖上下控制限和中心線。

單值控制圖上下控制限及中心線為：

$CL_x = \bar{x} = 10.1$

$UCL_x = \bar{x} + 2.66\bar{R}_S = 10.1 + 2.66 \times 0.767 = 12.140$

$LCL_x = \bar{x} - 2.66\bar{R}_S = 10.1 - 2.66 \times 0.767 = 8.060$

移動極差控制圖上下控制限和中心線為：

$CL_{R_S} = \bar{R}_S = 0.767$

$UCL_{R_S} = D_4\bar{R}_S = 3.267 \times 0.767 = 2.505$

$LCL_{R_S} = 0$

繪製控制圖（見圖5-5）。

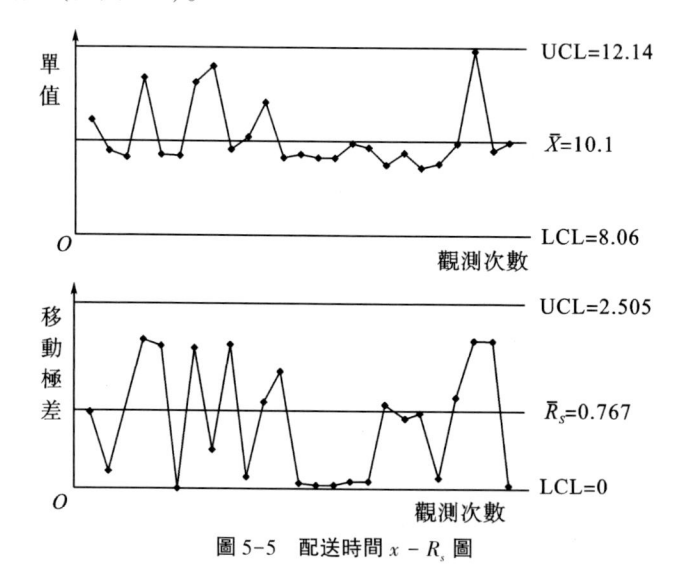

圖5-5　配送時間 $x - R_s$ 圖

從單值控制圖中可以看到，超過9個連續的點出現在中心線同一側，根據控制圖是否處於受控狀態的判斷原則，可以說明質量過程存在異常因素，而由於是配送過程，這種異常可能是一種向好的變化，應該注意識別，結合配送實際對異常原因進行分析。

(三) 兩種常用的計數值控制圖

1. 不合格品數和不合格品率控制圖（np 圖與 p 圖）

有些產品的質量特性僅能用合格與不合格、通過與不通過來表示，是以「件」為單位來統計不合格數量的。這些數據也是隨機變量，但不服從正態分佈而是服從二項分佈。

根據產品的不合格率與不合格數，可以構造類似 X 圖的控制圖，這種基於二項分佈構造的不合格品數控制圖與不合格品率控制圖，稱為 np 圖與 p 圖。np 圖僅在分批樣

本量相等的情況下使用；p 圖可以用於分批樣本量不等的場合。

【例 5-8】生產過程產品檢測數據如表 5-7 所示，試設計 np 控制圖及 p 控制圖。

表 5-7　　　　　　　　　　　　工序產品檢測數據

批次	檢驗數	不合格數	批次	檢驗數	不合格數
1	220	17	14	220	14
2	220	18	15	220	20
3	220	18	16	220	21
4	220	21	17	220	17
5	220	18	18	220	15
6	220	13	19	220	18
7	220	17	20	220	19
8	220	19	21	220	22
9	220	11	22	220	17
10	220	14	23	220	9
11	220	16	24	220	15
12	220	12	25	220	18
13	220	10	合計	5,500	409

解：計算平均批不合格數 $\bar{d}$，平均批容量 $\bar{n}$，平均不合格率 $\bar{p}$。

$$\bar{d} = \frac{\sum_{i=1}^{k} d_i}{k} = 16.36$$

$$\bar{n} = \frac{\sum_{i=1}^{k} n_i}{k} = 220$$

$$\bar{p} = \frac{\bar{n}}{\bar{n}} = \frac{16.36}{220} = 0.074,36$$

進一步計算得：

$$3\sqrt{\bar{p}(1-\bar{p})} = 0.053,06$$

$$3\sqrt{\bar{n}\bar{p}(1-\bar{p})} = 11.674,1$$

計算控制圖上下控制限和中心線。

對於 p 控制圖：

$$CL_p = \bar{p} = 0.743,6$$

$$UCL_p = \bar{p} + 3\sqrt{\bar{p}(1-\bar{p})} = 0.743,6 + 0.053,06 = 0.127,4$$

$$LCL_p = \bar{p} - \sqrt{\bar{p}(1-\bar{p})} = 0.743,6 - 0.530,6 = 0.021,3$$

對於 np 控制圖：$CL_{np} = \bar{d} = n\bar{p} = 16.36$

$$UCL_{np} = \bar{d} + 3\sqrt{\bar{d}(1-\bar{p})} = 16.36 + 11.674,1 = 28.03$$

$$LCL_{np} = \bar{d} - 3\sqrt{\bar{d}(1-\bar{p})} = 16.36 - 11.674,1 = 4.69$$

繪製控制圖（np 控制圖見圖 5-6，p 控制圖從略）。

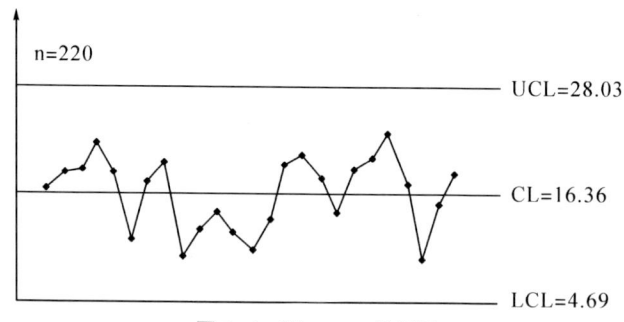

圖 5-6　例 5-8 np 控制圖

注意，在 np 圖和 p 圖中，如果控制下限為負數，則取零。對於不合格數控制圖的使用來說，要求各批容量相同，如果稍有差異仍可使用，但是如果各批容量差異較大，則需要改用不合格率控制圖或設計控制限跟隨容量變化的階梯型不合格數控制圖。

2. 缺陷數和單位缺陷數控制圖

有些產品是以產品上的缺陷、瑕疵（不合格點）的數量來表示，對缺陷數的控制就形成記點控制圖。記點控制圖可分為缺陷數控制圖（C 圖）和單位缺陷數控制圖（μ 圖）。

【例 5-9】對某產品的同一部位 50 平方厘米進行檢驗，共檢驗 25 個產品，25 個產品該部位缺陷見表 5-8，試作 C 控制圖和 μ 控制圖。

表 5-8　　　　　　　　　　缺陷數檢驗數據　　　　　　　　單位：平方厘米

樣本號	樣本量	缺陷數	樣本號	樣本量	缺陷數
1	50	7	14	50	3
2	50	6	15	50	2
3	50	6	16	50	7
4	50	3	17	50	5
5	50	22	18	50	7
6	50	8	19	50	2
7	50	6	20	50	8
8	50	1	21	50	0

表5-8(續)

樣本號	樣本量	缺陷數	樣本號	樣本量	缺陷數
9	50	0	22	50	4
10	50	5	23	50	14
11	50	14	24	50	4
12	50	3	25	50	3
13	50	1	合計		141

解：計算平均樣本容量 $\bar{n}$、平均缺陷數 $\bar{C}$ 和平均單位缺陷數 $\bar{\mu}$。

$$\bar{n} = \frac{\sum_{i=1}^{k} n_i}{k} = 50$$

$$\bar{C} = \frac{\sum_{i=1}^{k} C_i}{k} = \frac{141}{25} = 5.64$$

$$\bar{\mu} = \frac{\bar{C}}{\bar{n}} = \frac{5.64}{50} = 0.112,8$$

計算控制圖上下控制限和中心線。

對於 C 控制圖：

$CL_c = \bar{C} = 5.64$

$UCL_c = \bar{C} + 3\sqrt{\bar{C}} = 5.64 + 3\sqrt{5.64} = 12.76$

$LCL_c = \bar{C} - 3\sqrt{\bar{C}} = 5.64 - 3\sqrt{5.64} = -1.48$

因為缺陷數不能為負數或小數，所以對 C 控制圖做如下調整：

$CL = 5.64,\quad UCL = 13,\quad LCL = 0$

對於 μ 控制圖：$CL_\mu = \bar{\mu} = 0.112,8$

$$UCL_\mu = \bar{\mu} + 3\sqrt{\frac{\bar{\mu}}{\bar{n}}} = 0.112,8 + 3\sqrt{\frac{0.112,8}{50}} = 0.255,3$$

$$LCL_\mu = \bar{\mu} - 3\sqrt{\frac{\bar{\mu}}{\bar{n}}} = 0.112,8 - 3\sqrt{\frac{0.112,8}{50}} = -0.029,7$$

由於單位缺陷數不能為負值，所以對 μ 控制圖作如下調整：

$CL = 0.112,8,\quad UCL = 0.255,3,\quad LCL = 0$

繪製控制圖（C 控制圖見圖 5-7，μ 控制圖從略）。

從 C 控制圖中可見，有三個樣本點落在了控制界限範圍外，此時需要查明是何種原因造成這種現象，如果確定是由系統性原因造成的，則應該將這三個樣本點剔除，然后重新設計控制圖。

圖 5-7　C 控制圖

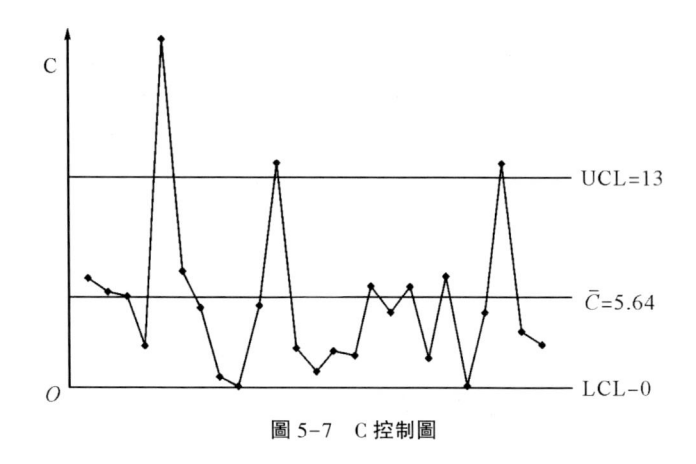

三、控制圖的分析與判斷

用控制圖監視和識別生產過程的質量狀態，就是根據樣本數據形成的樣本點的位置及變化趨勢對生產過程的質量進行分析和判斷。控制圖是在生產過程中，對工序質量進行預防為主、面向生產現場的重要監控工具。

（一）質量過程受控狀態的判斷

生產過程受控狀態的典型表現是同時符合樣本點全部處在控制界限內和在控制界限內排列無異常兩個條件。原則上，如果不符合上述任何一個條件，就表示生產過程已處於失控狀態。

1. 質量波動在控制圖上的正常情況
（1）所有的樣本點都在控制界限內。
（2）樣本點位於中心線兩側的數目大致相同。
（3）離中心線越近樣本點越多。在中心線上、下各一個 σ。
（4）樣本點散布是獨立隨機的。

2. 受控狀態下小概率出現樣本點超出控制界限的情況
（1）連續 25 樣本點在控制界線內。
（2）連續 35 樣本點中只有 1 個超出界限。
（3）連續 100 樣本點中至多 2 個超出界限。
（4）以上情況均屬於質量過程處於受控狀態。

（二）質量過程失控狀態的判斷

失控狀態下控制圖的典型特點是樣本點超出控制限，或樣本點雖然在控制界限內，但排列不隨機，呈現一定的傾向性。出現以下情況則可判斷質量過程處於失控狀態。

1. 樣本點超出控制界限的情況（圖 5-8）

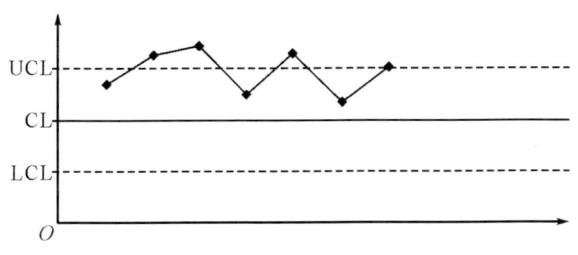

圖 5-8　樣本點超出控制界限

2. 樣本點在界限內散布呈非隨機獨立現象的情況

（1）多點連續出現在中心線一側。

將連續出現的樣本點用折線相連構成鏈，鏈的長度表示在鏈上樣本點的個數。在中心線一側出現 5 個點鏈時應注意質量過程發展，出現 6 個點鏈時應開始做原因調查，出現 7 個點鏈時就可判斷生產過程已經失控，如圖 5-9 所示。此外，當出現至少有 10 個樣本點位於中心線同一側的 11 點鏈，至少有 12 個樣本點位於中心線同側的 14 點鏈，至少有 14 個樣本點位於中心線同側的 17 點鏈，以及至少有 16 個樣本點位於中心線同側的 20 點鏈等情況時，也可判斷生產過程已經失控。

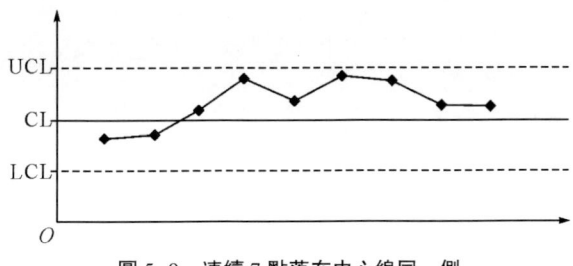

圖 5-9　連續 7 點落在中心線同一側

（2）出現連續 8 點上升或下降的鏈（圖 5-10）。

此準則是針對過程平均值的傾向設計的，在判定過程平均值的較小傾向上要比連續多點落在中心線同一側更加靈敏。

對於遞減的下降傾向，后面的點一定要低於或等於面前的點，否則傾向中斷，需要重新計算，遞增的傾向同樣如此。

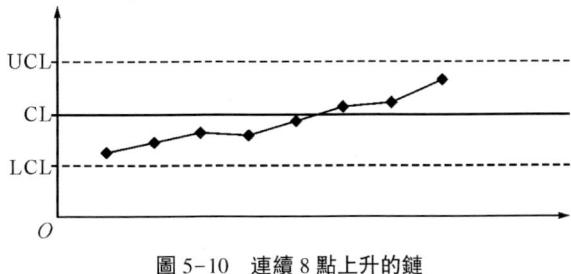

圖 5-10　連續 8 點上升的鏈

(3) 多點接近控制界線。

上下控制界限內側一個 σ 的範圍稱為警戒區。如 3 點鏈中至少有 2 點落在警戒區內，7 點鏈中至少有 3 點落在警戒區內，10 點鏈中至少有 4 點落在警戒區內，則可判斷生產過程失控，如圖 5-11 所示。

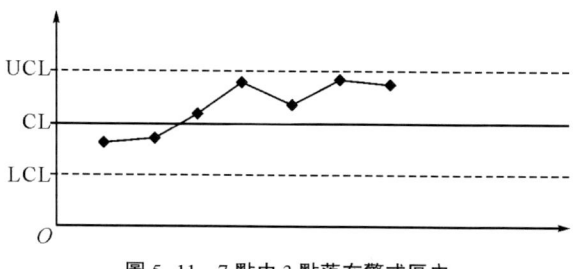

圖 5-11　7 點中 3 點落在警戒區內

(4) 樣本點散布出現下列四種趨勢或規律：
①出現週期性變化。
②水平突變。
③水平漸變。
④離散度變大。

上述現象產生的原因可能是複雜多樣的，但都表示生產過程已出現系統性因素的干擾，質量過程失控，需要查明原因，及時採取措施，恢復受控狀態。

第三節　多變量控制圖

一、多變量控制圖的提出

在實際生產中，由於通過獨立監測兩個參數 X_1、X_2 的變化情況來判斷過程的受控狀態將違背控制圖的基本原理。

對單變量控制圖，當過程處於受控狀態時，X_1 和 X_2 超出其 3σ 控制限的概率，即出現第一類錯誤的概率都是 0.002,7。但是，若它們都處於受控狀態，而且，X_1 和 X_2 同時處於受控狀態的概率是 (0.997,3)×(0.997,3) = 0.994,607,29，這時出現第一類錯誤的概率為 1−0.994,6 = 0.005,4，是單變量情況的兩倍，且這兩個變量同時超出控制限的聯合概率是 (0.002,7)×(0.002,7) = 0.000,007,29，比 0.002,7 小得多，因此，在同時監測 X_1 和 X_2 的受控狀態時，使用兩個獨立的均值 X 控制圖已經偏離了常規控制圖的基本原理，這時出現第一類錯誤的概率以及根據受控狀態下數據點的狀態得到正確分析結論的概率都不等於由控制圖基本原理所要求的水平。

在統計過程控制中，經常會遇到需要同時監控多個質量特性的情形，如果對每個質量特性分別用一元統計控制圖進行監控，容易對過程做出錯誤判斷，在這種情況下，就需要採用多元控制圖，即多變量控制圖。

隨著變量的個數的增多，這種偏離將會更加嚴重。一般來說，假設一個工序有 p 個統計獨立的參量，如果每一個 x 控制圖犯第一類錯誤的概率都等於 α，則對於聯合控制過程來說，第一類錯誤實際的概率是：

$$\alpha = 1 - (1 - \alpha)^p \tag{5-1}$$

當過程處於受控狀態時，所有 p 個參量都同時處於控制限以內的概率為：

$$p\{\text{所有 p 個參數處於控制線以內}\} = (1 - \alpha)^p \tag{5-2}$$

顯然，即使對於變量個數 p 不是很大的情況，在聯合控制過程中的這種偏離也可能是嚴重的。特別是如果 p 個變量不是相互獨立的，在元器件生產中，這種是常見的情況，式（5-1）和式（5-2）就不成立了，也就沒有很簡單的方法測量這種偏離。

二、多變量控制圖的概念

多元質量控制圖是實施多元質量控制的重要工具，它是對多個質量特性同時加以管理和控制的一種統計質量管理方法，是一元質量控制圖的延伸和推廣，在解決問題的思想和處理問題的方法上，帶有自身的特點和明顯的超越性。多元質量控制圖的發展得益於哈羅德·霍特林（1947）的探索性研究工作，提出基於 T^2 統計量的多元控制圖，適用於協方差矩陣 Σ 未知的情形，彭姆·嘎爾和彭伊·拉嘎森（1968）提出了基於 χ^2 統計量的二維控制圖，適用於協方差矩陣 Σ 已知的情形。

三、多變量控制的基本假設

假設某一生產過程中需要實施統計過程監控的質量特性共有 p 個（p ≥ 2），由這些質量特徵共同組成的隨機向量，且服從均值向量 $X = (x_1, x_2, x_3, x_4, \ldots\ldots x_p)^T$ 服從均值向量為 u、協方差矩陣 Σ 的 p 維正態分佈 $N_p(u, \Sigma)$，只有均值向量 u 和協方差矩陣 Σ 同時保持穩定，才能認為該過程處於統計受控狀態。如果其中一個或幾個變量的均值、方差以及變量之間的相關關係發生明顯的變化，則均值向量 u 和協方差矩陣 Σ 就會產生波動，相應的多元控制圖上就會出現失控信號，顯示生產過程統計失控。

為了描述方便，假設上述過程的所以樣品（具有 p 個質量特徵）來自某個特定的 p 維正態分佈主體，現從中隨機抽取 K 個樣本（每個樣本稱為一個子組），每個樣本由 n 個獨立的樣本組成，則第 i 個樣本的第 j 個樣品的觀測向量為 $X_{ij} = (x_{ij1}, x_{ij2}, x_{ij3}\ldots\ldots x_{ijp})$。如下用 $\bar{X}(k)$ 表示第 i 個樣本的 n 個樣品的均值向量；用 $\bar{\bar{X}}(k)$ 表示樣本的均值向量的均值，簡記為 $\bar{\bar{X}}$；用 S_i 表示第 i 個樣本的 n 個樣本的協方差矩陣；用 $\bar{S}(k)$ 表示 k 個樣本的協方差矩陣的均值，簡記為 $\bar{S}$。顯然有

$$\bar{X}_i = \left(\frac{1}{n}\sum_{j=1}^{n} x_{ij1}, \frac{1}{n}\sum_{j=1}^{n} x_{ij2}, \ldots\ldots, \frac{1}{n}\sum_{j=1}^{n} x_{ijp}\right)^T$$

$$\bar{\bar{X}} = \left(\frac{1}{k}\sum_{i=1}^{k} \bar{x}_{i1}, \frac{1}{k}\sum_{i=1}^{k} \bar{x}_{i2}, \ldots\ldots, \frac{1}{k}\sum_{i=1}^{k} \bar{x}_{ip}\right)^T$$

$$S_i = \frac{1}{n-1}\sum_{j=1}^{n} (x_{ij} - \bar{X}_i)(x_{ij} - \bar{X}_i)^T$$

且

$$\overline{S} = \frac{1}{k}\sum_{i=1}^{k} S_i$$

四、多元均值控制圖

多元均值控制圖是多元統計過程控制中使用最為廣泛的統計控制圖，包括總體協方差矩陣 Σ 已知時的多元 χ^2 控制圖和總體協方差矩陣 Σ 未知時的多元 T^2 控制圖。

1. 多元 χ^2 控制圖

當總體的協方差矩陣已知（記為 Σ_0）時，一般採用 χ^2 控制圖對均值向量進行監控。這時，使用每個樣本均值 $\overline{X}_i (1 \leq j \leq k)$ 與目標值 μ_0 的 n 倍馬氏距離 $\chi_i^2 = n(\overline{X}_i - \mu_0)^T \Sigma_0^{-1}(\overline{X}_i - \mu_0)$ 作為樣本統計量（χ^2 統計量），也即各個樣本在控制圖上的打點值。可以證明，當實際的分佈中心 $\mu = \mu_0$ 時，該統計量服從自由度為 p 的 χ^2 分佈，由其建立的控制圖稱為 χ^2 控制圖。給定置信度 $1-\alpha$，多元 χ^2 控制圖的控制上限為

$$UCL = \chi^2_{1-\alpha}(p)$$

針對每個樣本，計算相應的樣本統計量 $\chi_i^2 (1 \leq i \leq k)$，如果至少存在某個樣本（如第 j 個樣本）使得 $\chi_j > UCL(1 \leq j \leq k)$ 成立，則可以認為該生產過程失控，否則認為過程受控。

2. 多元 T^2 控制圖

當總體的協方差矩陣 Σ 未知時，需要利用有限的樣本信息對 Σ 進行估計。定義 T_i^2 統計量為 $T_i^2 = n(\overline{X}_i - \mu_0)^T S_i^{-1}(\overline{X}_i - \mu_0)$，當實際分佈中心為 μ_0 時，統計量 $\frac{n-p}{p(n-1)}T_i^2$ 服從第一自由度為 p、第二自由度為 n-p 的 F 分佈。

如果分佈中心 μ 也是未知的且每個樣本的協方差矩陣 $S_i (1 \leq i \leq k)$ 存在波動，則用各個樣本均值向量 $\overline{X}_i$ 的均值 $\overline{\overline{X}}$ 代替總體均值 μ，用各個樣本的協方差矩陣 S_i 的均值 $\overline{S}$ 代替協方差矩陣 Σ，並定義 $T_i^2 = n(\overline{X}_i - \overline{\overline{X}})^T \overline{S}^{-1}(\overline{X}_i - \overline{\overline{X}})$ 作為第 i 個樣本的打點值。給定置信度 $1-\alpha$，多元 T^2 控制圖的控制上限為

$$UCL = \frac{p(n-1)}{n-p} F_{1-\alpha}(p, n-p)$$

針對每個樣本，計算相應的樣本統計量 $T_i^2 (1 \leq i \leq k)$，如果至少存在某個樣本（如第 j 個樣本）使得 $T_j^2 > UCL(1 \leq j \leq k)$ 成立，則可以認為該生產過程失控，否則認為過程受控。

多元 T^2 控制圖的優點是能夠較為全面地考察各個變量之間的相關性，並在變量相關的條件下給出置信度 $1-\alpha$；缺點是控制圖顯示異常後，無法直接知道是哪個或哪些變量引起的異常。

第四節　研究前沿

　　質量和安全是生產過程的命脈，也是倍受企業和專家學者關注的重要研究課題。近20年來，統計過程控制取得了長足的發展和進步，隨著傳感器、計算機和自動化技術的發展，大量的過程數據被採集和保存下來。如何從數據中提取有用信息來保證產品的質量和過程的安全是近年來統計過程控制的研究熱點，研究方向從早期的針對單變量的質量控制擴大到針對多變量的過程性能監控，研究對象從離散製造業擴展到連續過程和間歇過程。統計過程控制的研究和應用領域已涉及石油化工、鋼鐵製造、採礦、機械加工、電子元件、註塑、制藥、食品加工、環境以及金融等領域。然而，統計過程控制還面臨著一些問題亟待解決，這些問題可能引導統計過程控制近期的發展方向。

　　非線性過程的研究。實際過程均具有非線性特徵，對於非線性較弱的過程，應用線性算法即可實現監控。然而，隨著過程複雜性的增加，系統的非線性特徵更加明顯，如混合過程、網路控制系統等，應用線性算法不僅增加模型階次，還會造成錯誤的決策。目前非線性算法較少，且大部分非線性算法是在線性算法基礎上進行的改進，因此非線性算法的研究非常必要。

　　故障預報的研究。目前故障檢測方法是在故障達到一定程度以後進行報警。對於緩慢變化的故障，在超出控制限之前，過程的變化趨勢是明顯的，因此可以根據變化趨勢預報故障的發生。故障預報能夠在故障處於萌芽狀態時進行報警，大大改善監控性能。然而，統計過程控制在故障預報方面的研究還很少。

　　故障診斷的研究。僅僅檢測到故障是不夠的，故障診斷是消除故障的關鍵。相對於故障檢測算法，故障診斷算法僅有貢獻圖法、費舍爾判別等方法。對於並發故障的研究也比較少。判斷故障源需要較多的過程知識和經驗，因此基於知識的方法有可能成為統計過程控制的結合對象。此外，各種模式分類技術從類的角度出發，有利於故障的分類，也有可能在統計過程控制領域找到用武之地。

　　自適應算法的研究。許多生產過程並不是靜態的。由於原料性質的改變、外界環境的變化、過程負荷的改變、設備的磨損等因素，導致工業過程的操作條件是有變動的，而傳統的多變量統計方法假定在所考慮的時間尺度上，數據都是靜態不變的。所以，有必要對傳統的算法做進一步改進以克服系統的非靜態特性。有學者提出通過更新數據的歸一化參數的方法來適應均值和方差的變化。另外一種是採用遞歸的方法，這些基於遞歸的方法其基本原理是將新的測量數據以一定的權值包含到待處理的數據矩陣中，這些權值一般是指數減小。也就是說，隨著過程的進行，歷史數據對當前數據矩陣的影響是逐漸減少的。因此自適應算法的研究具有重要意義。

　　非參數方法。關於相對小的數據集中，最大化所需信息，已經提出了很多SPC方法。伴隨著工業化的發展和現代技術的應用，對很多行業來說，獲得大量數據已非難事，這也是運用SPC方法所必須的。在大量數據的環境下，非參數方法是一個發展方

向。此外，當具有大量數據時，為防止探測出實際應用並不重要的小的不穩定性，應避免採用標準方法。

拓廣統計過程控制的範圍。為了更好地理解波動，應該擴大 SPC 的範圍，包括各種各樣的方法，而不僅僅是控制圖。應該考慮多階段的生產過程和測量過程，儘管在該方向有了一些研究成果，但還不夠。在當前的製造環境中，往往在每個製造單位都要進行多次測量，這就需要提供能充分利用這些信息的方法。例如，在自動化製造過程中，可以很容易地從最終檢驗中發現的缺陷追溯到裝配過程的早期階段。

多數 SPC 方法集中在監控過程的均值（或均值向量），從過程改進的觀點來看，監控過程的波動（方差）更重要。在監控過程波動方面已有不少研究成果，但仍有大量工作可做，特別是多變量問題。另外，在監控過程波動的早期研究結果中，很少強調減少波動的探測。

多元控制圖中失控信號的診斷仍是一個難題，更多的工作也許需要可視化的示圖方法。

現代工業正從屬性數據的應用轉移到計量數據的應用。涉及屬性數據方面仍有一些亟待解決的問題，特別是當不合格率很低情況下的質量控制問題。

控制圖設計和經濟模型的發展趨勢是結合統計約束。結合過程改進的經濟模型的開發將是重要的發展方向。

應用程序的開發。如果沒有適當的程序，就不可能利用許多新的方法。隨著企業網路的建立，開發適合企業特點的 SPC 應用軟件也是一個熱點。

案例研究。這將為學術界和工業界提供相互結合、取長補短的機會，也將展示應用統計質量控制的成效。

吸收其他領域的研究成果，為 SPC 所用。如在統計過程控制引入神經網路技術、模糊數學，乃至經濟學、財經學等學科的成果。

過程監控技術統計方法的研究，使得最有用的數學結果更加接近質量實踐。

案例分析

為了實現企業「國內一流、國際先進」的要求，上海菸草集團責任有限公司從 2000 年開始引入統計過程控制（SPC）方法，並於 2003 年率先在上海卷菸廠開始實施卷菸製造流程西格瑪水平測評和六西格瑪管理改進。近五年來企業通過對 SPC 應用的深化與創新，結合先進的信息化技術，實現製造過程的自動數據分析、智能報警、提示調整等功能，形成對製造過程的智能化控制，並根據生產與管理的不同需求，建立了具有不同層級的立體化結構的生產過程管理模式。

上海卷菸廠通過不斷的研究與實踐，在整個生產流程中實施和推廣 SPC 的應用。自 2010 年底開始，在制絲、卷包及成型等生產現場陸續安裝了 SPC 控制系統，使生產各環節的過程能力獲得穩定提高。

上海卷菸廠還通過自主研發，建立了一套完整的製造過程 SPC 控制系統，並將系統運用至卷菸製造過程的各個過程中。工作人員在中控室及現場都能方便使用 SPC 控制系統，即時、同步、清晰地掌握各個過程的實際情況，使整個生產過程透明化、清

晰化。SPC 控制系統可以根據不同的製造過程，進行不同過程的控制圖的切換，其中左側部分為過程的關鍵質量特性的控制圖，右側為關鍵過程特性的控制圖，如圖 5-12 所示。實際製造過程中可以同時對這兩組關鍵控制特性進行監控，而且出現異常時，能夠及時判斷質量特性的異常是由於何種過程特性的異常造成的，實現對製造過程的即時監控。

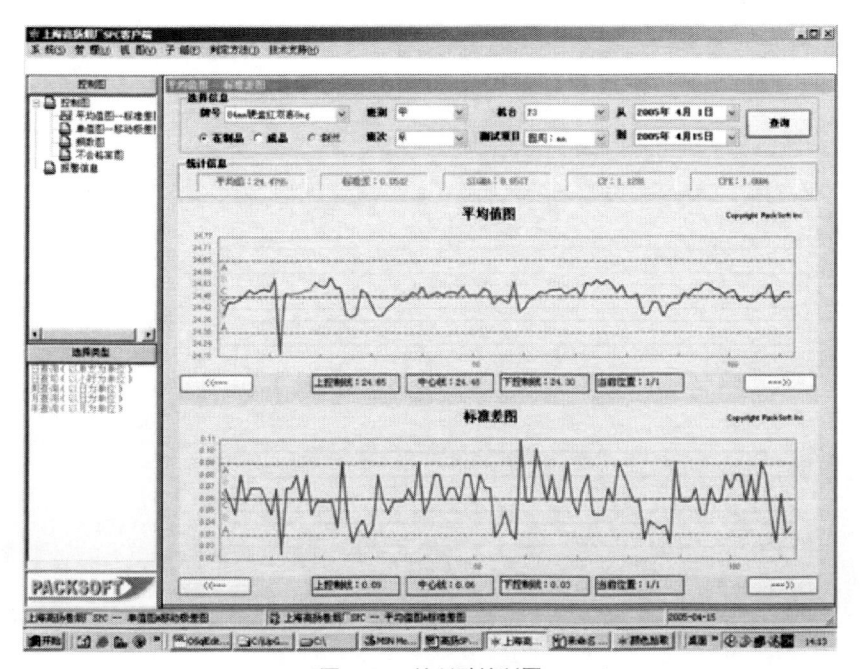

圖 5-12　控制點控制圖

當控制圖上有異常出現時，系統自動進行判異，出現異常的點會在對應的控制圖中使用紅色進行標示。同時，進行自動的報警、自動提示與記錄，如圖 5-13 所示。

在異常提示與記錄區域中，詳細記錄了異常發生時間、工段、關鍵控制參數點、異常類型及異常數據值等信息，例如，在 2011 年 8 月 18 日 8 時 13 分，切烘絲工段的熱風溫度出現異常，其發生了判異準則 2，即出現了連續 9 點中心線同一側現場，其第一個異常點的值為 119.729。詳細的數據記錄為現場原因的分析提供了充足的參考和依據。系統還提供了方便的歷史數據的查詢功能，能反應出關鍵指標較長時間跨度上的變化情況，幫助發現長期趨勢性的變化趨勢。

SPC 系統提供的動態信息，不但能及時發現異常，觸發異常報警，還可提供現場故障原因的輔助診斷。

通過 SPC 的運用，尤其是在各牌號卷菸生產過程中的推廣，上海卷菸廠的整個生產水平獲得了長足的提高和進步，各牌號均獲得較高的過程能力，並能夠保持過程具有良好的穩定性。

上海卷菸廠通過 SPC 方法的創新應用，實現了卷菸製造過程的智能化控制，通過

質量管理

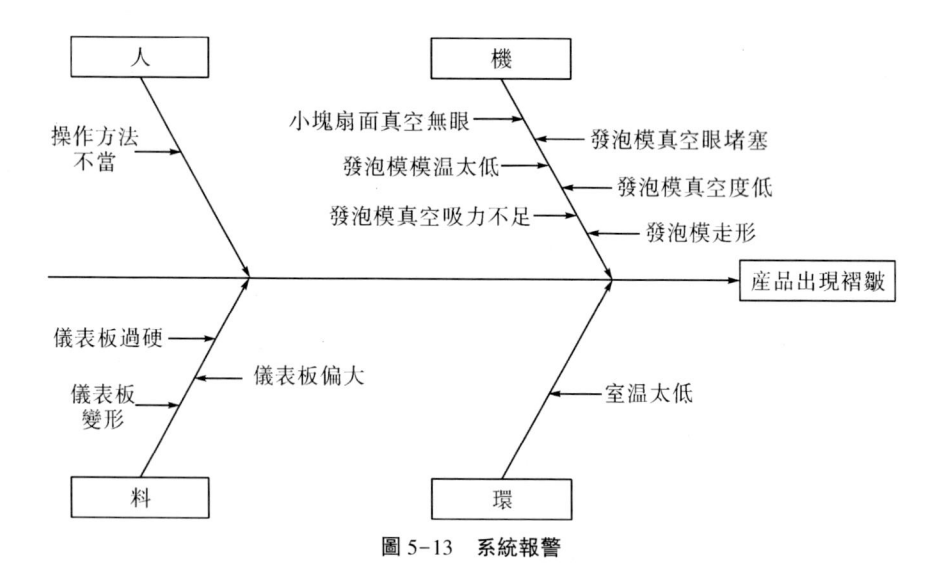

```
         人                          機
    操作方法              小塊扇面真空無眼      發泡模真空眼堵塞
      不當                發泡模模溫太低        發泡模真空度低
                          發泡模真空吸力不足    發泡模走形
    ─────────────────────────────────────────→ 產品出現褶皺
    儀表板過硬
         儀表板偏大                  室溫太低
    儀表板
      變形
         料                          環
```

圖 5-13　系統報警

生產現場的及時預警、提供輔助原因診斷、快速糾偏，促進了過程能力提升，對工廠提升產品質量、降低生產成本起到了舉足輕重的作用，同時也對企業的管理方式和理念產生了深遠影響。

一是實現兩個轉變。轉變一是實現生產過程產品質量特性人工調整、調節干預為主的操作模式向設備自動調節為主、控制圖監控設備自動調節能力為輔的設備操作模式的轉變。隨著工廠新一輪技改項目的實施，工廠所配備的設備具備了對部分產品關鍵質量特性的在線檢測與自動調節功能，設備製造的精度與原先相比有了大幅度的提升。以往單純依靠人工檢測、調整的操作習慣與模式已經與之不相適應，因此實現這一轉變對生產過程的穩定受控具有十分重要的現實意義。轉變二是將原先以控制點為單位的過程質量數據監控、分析、應用模式，轉變為以控制點、控制流程以及控制系統三層次複合聯動的過程質量數據監控、分析、應用模式。此種轉變就是將原先工廠相對孤立的質量數據分析模式通過多層次控制圖的建立與應用，為管理層提供更為全面的、指導性更強的質量數據支持。因此此種轉變將對工廠數據應用分析能力與管理水平的提升起到切實有效的推動作用。

二是應用效果上取得突破。早在 2000 年上海卷菸廠在對穩定生產過程、提升產品質量相關工作進行深入思考與審視的基礎上，開始嘗試將 SPC 統計技術運用於生產實踐。在多年 SPC 統計工具的應用過程中，針對製絲、卷接工序中的部分關鍵指標、質量特性值，雖然都設計並使用相關控制圖，但由於種種原因這些控制圖僅僅停留於過程指標的趨勢監控，並沒有發揮 SPC 方法的控制作用，相應的應用效果也無法與過程評價取得緊密聯繫。近年來，通過 SPC 方法的深入應用，工廠將現場用控制圖應用效果與相關質量特性過程能力以及製造過程西格瑪水平的提升建立指標聯動評價機制，從而使控制圖實際應用的效果能從過程能力與西格瑪水平指標上得到切實的反應與體現。

三是注重標準化轉化。隨著 SPC 方法創新應用的深入探索，企業更清晰地認識到 SPC 方法應用工作對於企業整體來說是一項系統工程。該工程既涉及控制圖的定制、判異準則、異常處理方法的建立等方面工作，更涉及為配套 SPC 方法應用所帶來的操作規程、維修模式以及數據分析應用評價等一系列方式、方法的調整與重建，因此與之配套的標準化工作的層層推進對控制圖切實應用起到至關重要的作用。對 SPC 方法的實施過程中，需要注重成果的標準化轉化工作，經過歸納與總結，建立了廠級的《卷菸製造過程 SPC 實施導則》與《卷菸製造過程 SPC 實施指南》，進一步規範了 SPC 在卷菸製造行業的實施方法，也為進一步深入推廣運用奠定了基礎。

資料來源：上海菸草集團有限公司. 統計過程控制（SPC）管理的應用實踐——上海菸草集團有限責任公司案例 [J]. 上海質量, 2013, (1): 52-54.

本章習題

1. 簡述質量控制的基本原理。
2. 控制圖的控制界限是根據什麼原理確定的？
3. 如何根據控制圖判斷質量過程的狀態？
4. 質量控制圖按特性值分為哪幾種類型？每種類型適用於什麼場合？
5. 某加工廠的設計某質量特徵值為 35（質量單位），在生產過程中按時間順序隨機抽取 $n = 10$ 的 10 組樣本，測得其質量數據如表 5-9 所示。試製作 $\bar{X} - S$ 控制圖，並判斷是否存在異常因素。

表 5-9　　　　　　　　　　質量數據表

樣本	X_1	X_2	X_3	X_4	X_5	X_6	X_7	X_8	X_9	X_{10}
1	36.9	37.3	37.0	37.6	36.3	36.1	36.7	36.6	36.4	36.9
2	35.6	37.2	36.5	35.7	36.0	36.4	35.7	35.9	36.8	37.0
3	36.4	35.4	36.6	36.4	35.0	35.5	35.9	36.8	35.6	34.1
4	35.5	36.6	36.7	36.4	36.7	37.4	37.0	37.6	36.7	36.7
5	36.8	35.3	36.0	35.6	35.9	35.4	36.6	36.3	35.0	35.0
6	35.7	34.0	36.6	36.0	35.9	35.7	35.6	36.2	37.6	35.6
7	36.9	36.1	34.0	34.9	36.3	35.1	36.8	34.4	35.9	37.7
8	37.8	36.7	35.6	36.4	36.7	36.5	35.7	36.3	37.0	35.7
9	35.1	35.7	36.3	36.2	35.0	35.5	36.6	35.3	34.9	36.3
10	36.3	36.9	37.9	37.1	35.3	35.3	35.8	35.5	36.4	35.9

第六章 抽樣檢驗

第一節 抽樣檢驗的概念

一、抽樣調查基本概念

抽樣是按照規定的抽樣方案和程序從一批產品或一個過程中抽取一部分單位產品組成樣本，根據對樣本的檢驗結果來判斷產品批或過程是否合格的活動。在生產實踐中，工序與工序、庫房與車間、生產者與使用者之間進行產品交接時，要把產品劃分為批。一個產品批都是由一定數量的單位產品構成的。抽樣檢驗就是從產品批裡抽取一部分產品進行檢驗，然后根據樣本中不合格品數或質量特性的規定界限，來判斷整批產品是否合格。經過抽樣檢驗判為合格的產品批，不等於批中每個產品都合格；經過抽樣檢驗判為不合格的產品批，不等於批中全部產品都不合格。

二、批質量判斷過程

批質量是指檢驗批的質量。計數抽樣檢驗批質量有批中不合格單位產品所占的比重，即批不合格品率，或者批中每百個單位產品平均包含的不合格品數以及批中每百個單位產品平均包含的不合格數。

（一）批不合格品率

批不合格品率 P 定義為批中不合格單位產品所占的比例，即

$$p = \frac{D}{N}$$

式中，N——批量；

D——批中的不合格數。

（二）批不合格品百分數

批不合格品百分數定義為批的不合格品數除以批量再乘以 100，即

$$100p = \frac{D}{N} \times 100\%$$

通常將不合格品百分數看做批不合格品率的百分數表示。

（三）過程平均

定時期或一定量產品範圍內的過程水平的平均值，它是過程處於穩定狀態下的質

量水平。在抽樣檢驗中常將其解釋為「一系列連續提交批的平均不合格品率」。「過程」是總體的概念，過程平均不能計算，但可以根據過去抽樣檢驗的數據來估計過程平均。假設從 k 批產品中順序抽取大小分別為 n_1, n_2, ⋯, n_k 的 k 個樣本，其中出現的不合格品數分別為 d_1, d_2, ⋯, d_k。如果 d_1/n_1, d_2/n_2, ⋯, d_k/n_k 之間沒有顯著差異，則過程平均計算公式為

$$\bar{p} = \frac{d_1 + d_2 + \cdots + d_k}{n_1 + n_2 + \cdots + n_k} \times 100\%$$

式中，$\bar{p}$——樣本的平均不合格率，它是過程平均不合格率的一個估計值。

第二節　抽樣特性曲線

一、OC 曲線的概念

1. OC 曲線用途

OC 曲線反應了一種抽樣方案的特性，由它可以判別抽樣方案的優劣。

【例6-1】某批產品 N = 20，各項數據見表 6-1。用抽樣方案為（1│0）來驗收，試作出該方案的 OC 曲線。

表 6-1　　　　　　　　　　抽樣方案舉例

批中的不合格品數	不合格品率（%）	接收概率	批中的不合格品數	不合格品率（%）	接收概率	批中的不合格品數	不合格品率（%）	接收概率
0	0	1.00	7	35	0.65	14	70	0.30
1	5	0.95	8	40	0.60	15	75	0.25
2	10	0.90	9	45	0.55	16	80	0.20
3	15	0.85	10	50	0.50	17	85	0.15
4	20	0.80	11	55	0.45	18	90	0.10
5	25	0.75	12	60	0.40	19	95	0.05
6	30	0.70	13	65	0.35	20	100	0

由上列數據可做出該方案的 OC 曲線，如圖 6-1 所示。

該方案的 OC 曲線是直線，取一特殊點 p = 50%，此時的接收概率 L = 0.5，即接收與拒收的可能性相等，顯然這樣的方案在實踐中是行不通的。

2. 理想的 OC 曲線

所謂理想的 OC 曲線應具有如下特徵：當產品的不合格率小於規定值 P_0 時，以概率 1 接收；當產品的不合格品率大於規定值 P_0 時，以概率 1 拒收，即如圖 6-2 所示。

但是可以用一簡單例子說明理想 OC 曲線的不存在。例如一批產品 N = 1,000，p = 0.001 設抽樣方案為（1│0），則我們無法找到接收概率等於 1 的點，即使改變方案為（2│0），（5│0）……，由此可見要實現上述理想的 OC 曲線是不可能的。

圖 6-1　該方案的 OC 曲線

圖 6-2　理想的 OC 曲線

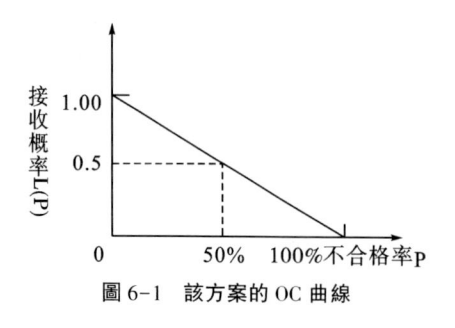

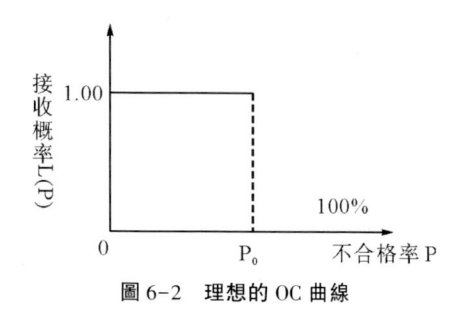

既然理想的 OC 曲線不存在，在實踐中是否可以設計抽樣特性比較好的 OC 曲線呢？回答是肯定的，它可以通過設計適當的抽樣特性函數 L（P）來實現優良的 OC 曲線，其應具有圖 6-3 所示的形狀特徵。

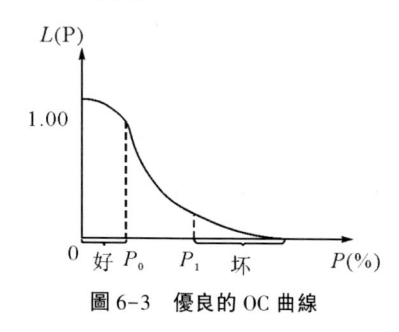

圖 6-3　優良的 OC 曲線

二、抽樣特性函數

抽樣特性函數是作出 OC 曲線的依據：下面討論不同情形下抽樣特性函數的求法。

1. 總體為有限時

設一批產品批量為 N，抽樣方案是（n｜c），該批產品的不合格品率為 p，求抽樣特性函數 L（p）。

因批量為 N，不合格品率為 p，故批中不合格品總數應為 Np，記為 D＝Np。從 N 個中抽取 n 個樣本，其中正好包含 d 個不合格品的概率為：

$$P\{x=d\} = \frac{\binom{D}{d}\binom{N-D}{n-d}}{\binom{N}{n}}$$

當採用方案（n｜c）抽樣時，只要樣本中的不合格品數不超過 c，則認為該批產品是合格的而被接收，即 d＝0，1，2……c 都是允許的，由此我們可以列出該方案的抽樣特性函數 L（p）：

$$L(p) = \frac{\binom{D}{d}\binom{N-D}{n}}{\binom{N}{n}} + \frac{\binom{D}{1}\binom{N-D}{n-1}}{\binom{N}{n}} + \cdots\cdots + \frac{\binom{D}{c}\binom{N-D}{n-c}}{\binom{N}{n}} = \sum_{d=0}^{c} \frac{\binom{D}{d}\binom{N-D}{n-d}}{\binom{N}{n}}$$

計算函數值時，可借助於超幾何分佈 H（N，n，p，d）或階乘對數表，當 n/N< 0.1 時，也可以用二項分佈求近似值值。

2. 總體為無限時

當總體為無限時，從中抽取一個產品后，可以認為對總體沒有多大的影響，這時 L（p）的計算如下：

設有一批產品（N→∞），其不合格品率為 p，如從產品中隨機地抽取 n 個產品中恰好有 d 個不合格品的概率是

$$P\{x=d\} = \binom{n}{d}p^d q^{n-d} = \binom{n}{d}p^d(1-p)^{n-d}$$

設抽樣方案為（n｜c），它的抽樣特性函數為：

$$L(P) = \binom{n}{0}p^0 q^n + \binom{n}{1}p^1 q^{n-1} + \cdots\cdots + \binom{n}{c}p^c q^{n-c} = \sum_{d=0}^{c}\binom{n}{d}p^d q^{n-d}$$

三、影響 OC 曲線的因素

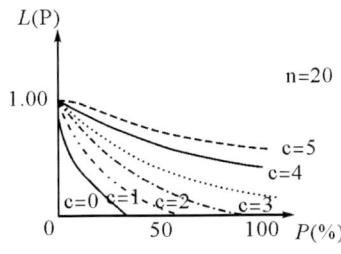

批量大小 N、樣本量 n 和合格判斷數 c 對 OC 曲線的影響是不同的。

抽樣方案不變，批量大小 N 不同對 OC 曲線的影響，如圖 6-4 所示。

合格判斷數不變，樣本量 n 不同對 OC 曲線的影響，如圖 6-5 所示。

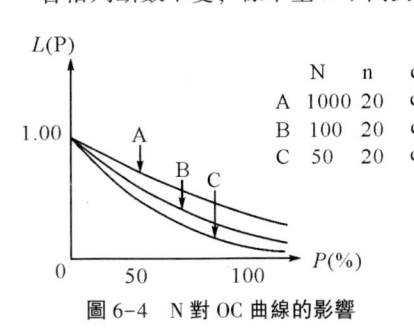

圖 6-4 N 對 OC 曲線的影響

圖 6-5 n 對 OC 曲線的影響

樣本大小不變，合格判斷數變化時對 OC 曲線的影響，如圖 6-6 所示。

圖 6-6 c 對 OC 曲線的影響

由以上三圖可以看到，批量 N 對 OC 曲線的影響不大，而樣本量 n 及合格判斷數 c 是影響 OC 曲線的兩個主要因素。

四、抽樣檢驗的兩種判斷錯誤

從前面接收概率的計算中，如按某一抽樣方案驗收，產品批的不合格品率為 P，其接收概率為 o<L（p）<1（p≠100%或 0），如果我們確定 p_0 為合格質量水平（即當產品批的不合格品率 $p<p_0$，即認為是合格的），則其接收概率為 L（p_0）而非 100%，這時有 1−L（p_0）的錯判率，記為 α。如果錯判發生，生產者合格的產品將會被退回，所以 α 對生產者不利，故稱其為 Producer's Risk，如圖 6-7 所示。

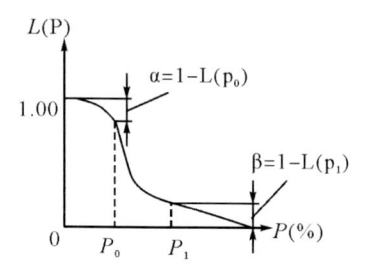

圖 6-7 抽樣檢驗的兩種錯誤判斷錯誤

如我們設定不合格品率 p_1 為不合格批的質量水平（當產品批的不合格率 $P<p_1$ 時，即認為是不合格的），很顯然，一般情況下，L（p_1）≠0，記之為 β=L（p_1，如果錯判發生，顧客將接收不合格的產品），因此 β 對顧客不利，故稱 Consumer's Risk。

在抽樣檢驗中，α、β 都是不可避免的，但可通過調整 p_0、p_1 或抽樣方案中的 n 與 c 來改變它們。在現成的抽樣方案中都是依既定的 α、β 來選擇方案的。常用的 α、β 數值有 0.01、0.05、0.10 等。至於如何選擇 α 和 β，則由供需雙方根據實際情況來商定。

第三節 抽樣檢驗方案及應用

一、抽樣檢驗方案

（一）抽樣方案的組成

一個抽樣方案由三個基本參數組成：N——批量大小，n——樣本量，c——不合格產品數或產品質量特性不合格的臨界值，記作（N, n, c）。

（二）抽樣方案的分類

1. 按質量特性分類

計量型抽樣方案——以不合格數來衡量一批產品的好壞，在抽樣方案中，是以不合格產品數作為判別界限的，記作（n, c）。

計量型抽樣方案——以產品的某一質量特徵來衡量一批產品的好壞，在抽樣方案中，是以質量特性的某一限值作為判別界限的，記作（n，x_L 或 x_U 或 x_L 和 x_U）。

2. 按樣本個數劃分

按抽取樣本的個數可分為：一次抽樣、二次抽樣、多次抽樣和序貫抽樣。

3. 按調整和非調整分類

調整型抽樣方案——根據產品質量的變化，隨時調整抽樣方案，如美國 MIL-STD-105D、日本 JIS-9015 及中國 GB/T 2828.1 都屬於調整型，他們規定如原來採用正常抽樣方案，當產品質量變壞時，改用加嚴抽樣方案，當產品質量比正常時有所提高時，可採用放寬抽樣方案。

標準型抽樣方案——此種方案的特點是對於某批產品可自由選取兩種錯判的概率 α 與 β，與調整型相比，要達到同樣的質量要求，它需要抽取的產品較多，Dodge-Romig 方案屬於標準型。

二、抽樣檢驗方法應用

(一) 計數抽樣檢查的程序

1. 基本術語

（1）單位產品

為實施抽樣檢查的需要而劃分的基本單位稱為單位產品。例如一個齒輪、一臺電視機、一雙鞋、一個發電機組等。它與採購、銷售、生產和裝運所規定的單位產品可以一致，也可以不一致。

（2）樣本和樣本單位

從檢查批中抽取用於檢查的單位產品稱為樣本單位。而樣本單位的全體則稱為樣本。而樣本大小則是指樣本中所包含的樣本單位數量。

（3）接收質量限（AQL）

當一個連續系列批被提交驗收抽樣時，可允許的最差過程平均質量水平為接收質量限，用符號 AQL 表示。

（4）檢查和檢查水平（IL）

用測量、試驗或其他方法，把單位產品與技術要求對比的過程稱為檢查。檢查有正常檢查、加嚴檢查和放寬檢查等。

當過程平均接近 AQL 時所進行的檢查，稱為正常檢查。

當過程平均顯著劣於 AQL 時所進行的檢查，稱為加嚴檢查。

當過程平均顯著優於 AQL 時所進行的檢查，稱為放寬檢查。

由放寬檢查判為不合格的批，重新進行判斷時所進行的檢查稱為特寬檢查。

（5）抽樣檢查方案

樣本大小或樣本大小系列和判定數組結合在一起，稱為抽樣方案。而判定數組是指由合格判定數和不合格判定數或合格判定數系列和不合格判定數系列結合在一起。

抽樣方案有一次、二次和五次抽樣方案。一次抽樣方案是指由樣本大小 n 和判定

數組（A_c，R_e）結合在一起組成的抽樣方案。

A_c為合格判定數。判定批合格時，樣本中所含不合格品（d）的最大數稱為合格判定數，又稱接收數（$d \leq A_c$）。

R_e為不合格判定數，是判定批不合格時，樣本中所含不合格品（d）的最小數，又稱拒收數（$d \geq R_e$）。

二次抽樣方案是指由第一樣本大小 n_1，第二樣本大小 n_2 和判定數組（A_{c1}，A_{c2}，R_{e1}，R_{e2}）結合在一起組成的抽樣方案。

五次抽樣方案則是指由第一樣本大小 n_1，第二樣本大小 n_2，…第五樣本大小 n5 和判定數組（A_1，A_2，A_3，A_4，A_5，R_1，R_2，R_3，R_4，R_5）結合在一起組成的抽樣方案。

2. GB/T 2828.1 的應用範圍

GB/T 2828.1 只適用於技術抽樣的場合，主要用於連續批的逐批檢查，但也可用於孤立批的檢查，其抽樣方案主要適用於下列檢驗/檢查範圍：

（1）最終產品；

（2）原材料和零部件；

（3）在製品和庫存產品；

（4）外購或外協產品；

（5）維修操作；

（6）記錄或數據；

（7）管理程序等。

凡有供需雙方發生產品驗收檢驗/檢查場合，均可應用。

3. GB/T 2828.1 的應用程序

GB/T 2828.1 的應用程序如表 6-2 所示。

表 6-2　　　　　　　　計數抽樣方法程序（GB/T 2828.1）

抽檢程序	逐批檢查計數抽檢方案	
	適用於連續批	適用於孤獨批
1	規定單位產品的技術要求	規定雙方的風險質量
2	規定不合格的分類	規定抽樣方案類型
3	規定接收質量限	選擇抽樣方案
4	規定檢查水平	抽樣取樣本
5	組成與提出檢查批	檢查樣本
6	規定檢查的嚴格度	判斷批質量
7	選擇抽樣方案類型	做出處理
8	檢索抽樣方案	
9	抽取樣本	
10	檢查樣本	
11	判斷逐批檢查合格或不合格	
12	逐批檢查后的處置	

4. 應用 GB/T 2828.1 的五個要素

應用 GB/T 2828.1 確定適當的抽樣方案，必須事先確定好五個要素，即批量（N）、接收質量限（AQL）、檢查水平（IL）、檢查次數和嚴格度。

（1）批量（N）

GB/T 2828.1 根據實踐經驗和經濟因素，規定批量分為 15 檔。如 2~8 為第一檔，9~15 為第二檔，16~25 為第三檔……一直到≥500,001 第 15 檔為止（詳見表 6-8）。

（2）接受質量限（AQL）

GB/T 2828.1 中把 AQL 從 0.010 至 1,000 按 R_5 優先數系分為 26 級，其公比大約為 1.5，詳見 GB/T 2828.1 抽樣方案表（圖 6-8、圖 6-9、圖 6-10）。

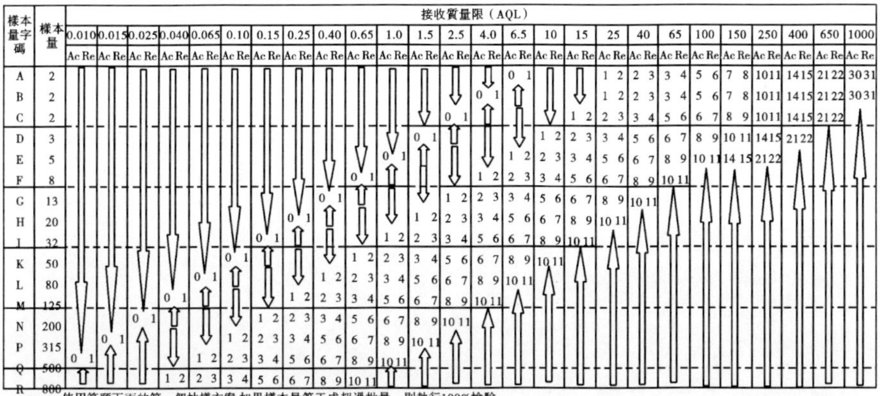

⇩ —使用箭頭下面的第一個抽樣方案，如果樣本量等于成超過批量，則執行100%檢驗。
⇧ —使用箭頭下面的第一個抽樣方案。
Ac —接收量。
Re —拒收數。

圖 6-8　GB/T 2828 放寬檢驗

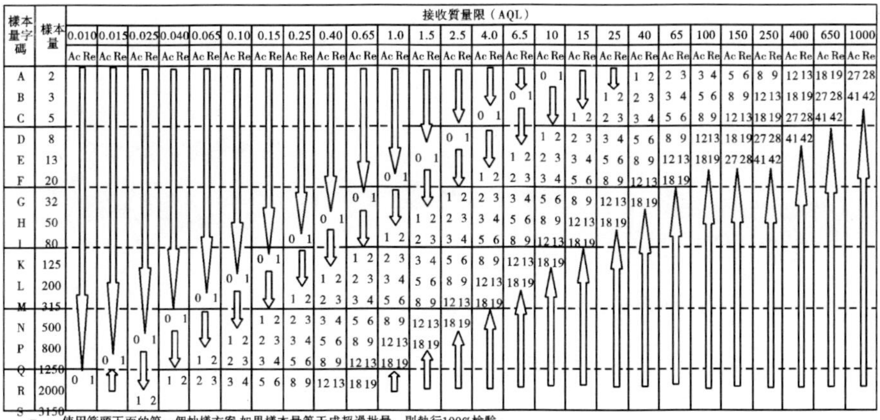

⇩ —使用箭頭下面的第一個抽樣方案，如果樣本量等于成超過批量，則執行100%檢驗。
⇧ —使用箭頭下面的第一個抽樣方案。
Ac —接收量。
Re —拒收數。

圖 6-9　GB/T 2828 加嚴檢驗

樣本量字碼	樣本量	接收質量限（AQL）																									
		0.010	0.015	0.025	0.040	0.065	0.10	0.15	0.25	0.40	0.65	1.0	1.5	2.5	4.0	6.5	10	15	25	40	65	100	150	250	400	650	1000
		Ac Re	Ac Re	Ac Re	Ac Re	Ac Re	Ac Re	Ac Re	Ac Re	Ac Re	Ac Re	Ac Re	Ac Re	Ac Re	Ac Re	Ac Re	Ac Re	Ac Re	Ac Re	Ac Re	Ac Re	Ac Re	Ac Re	Ac Re	Ac Re	Ac Re	Ac Re
A	2	↓	↓	↓	↓	↓	↓	↓	↓	↓	↓	↓	↓	↓	↓	0 1	↓	↓	1 2	2 3	3 4	5 6	7 8	10 11	14 15	21 22	30 31
B	3	↓	↓	↓	↓	↓	↓	↓	↓	↓	↓	↓	↓	↓	0 1	↑	↓	1 2	2 3	3 4	5 6	7 8	10 11	14 15	21 22	30 31	44 45
C	5	↓	↓	↓	↓	↓	↓	↓	↓	↓	↓	↓	↓	0 1	↑	↓	1 2	2 3	3 4	5 6	7 8	10 11	14 15	21 22	30 31	44 45	↑
D	8	↓	↓	↓	↓	↓	↓	↓	↓	↓	↓	↓	0 1	↑	↓	1 2	2 3	3 4	5 6	7 8	10 11	14 15	21 22	30 31	44 45	↑	↑
E	13	↓	↓	↓	↓	↓	↓	↓	↓	↓	↓	0 1	↑	↓	1 2	2 3	3 4	5 6	7 8	10 11	14 15	21 22	30 31	44 45	↑	↑	↑
F	20	↓	↓	↓	↓	↓	↓	↓	↓	↓	0 1	↑	↓	1 2	2 3	3 4	5 6	7 8	10 11	14 15	21 22	↑	↑	↑	↑	↑	↑
G	32	↓	↓	↓	↓	↓	↓	↓	↓	0 1	↑	↓	1 2	2 3	3 4	5 6	7 8	10 11	14 15	21 22	↑	↑	↑	↑	↑	↑	↑
H	50	↓	↓	↓	↓	↓	↓	↓	0 1	↑	↓	1 2	2 3	3 4	5 6	7 8	10 11	14 15	21 22	↑	↑	↑	↑	↑	↑	↑	↑
I	80	↓	↓	↓	↓	↓	↓	0 1	↑	↓	1 2	2 3	3 4	5 6	7 8	10 11	14 15	21 22	↑	↑	↑	↑	↑	↑	↑	↑	↑
K	125	↓	↓	↓	↓	↓	0 1	↑	↓	1 2	2 3	3 4	5 6	7 8	10 11	14 15	21 22	↑	↑	↑	↑	↑	↑	↑	↑	↑	↑
L	200	↓	↓	↓	↓	0 1	↑	↓	1 2	2 3	3 4	5 6	7 8	10 11	14 15	21 22	↑	↑	↑	↑	↑	↑	↑	↑	↑	↑	↑
M	315	↓	↓	↓	0 1	↑	↓	1 2	2 3	3 4	5 6	7 8	10 11	14 15	21 22	↑	↑	↑	↑	↑	↑	↑	↑	↑	↑	↑	↑
N	500	↓	↓	0 1	↑	↓	1 2	2 3	3 4	5 6	7 8	10 11	14 15	21 22	↑	↑	↑	↑	↑	↑	↑	↑	↑	↑	↑	↑	↑
P	800	↓	0 1	↑	↓	1 2	2 3	3 4	5 6	7 8	10 11	14 15	21 22	↑	↑	↑	↑	↑	↑	↑	↑	↑	↑	↑	↑	↑	↑
Q	1250	0 1	↑	↓	1 2	2 3	3 4	5 6	7 8	10 11	14 15	21 22	↑	↑	↑	↑	↑	↑	↑	↑	↑	↑	↑	↑	↑	↑	↑
R	2000	↑	↑	1 2	2 3	3 4	5 6	7 8	10 11	14 15	21 22	↑	↑	↑	↑	↑	↑	↑	↑	↑	↑	↑	↑	↑	↑	↑	↑

⇩ —使用箭頭下面的第一個抽樣方案,如果樣本量等于成超過批量，則執行100%檢驗。

⇧ —使用箭頭下面的第一個抽樣方案。

Ac —接收量。

Re —拒收數。

圖 6-10　GB/T 2828 正常檢驗

AQL 的確定，原則上應由產需雙方商定，也可以在相應的標準或技術條件中規定。具體地說，可以有定性確定與定量確定。

定性確定 AQL 的方法：

①單位產品失效后會給整體帶來嚴重危害的，AQL 值選用較小數，反之，可選用較大的；

②A 類不合格原則上不用抽樣檢查，B 類不合格的 AQL 值小，C 類不合格的 AQL 值大；

③產品檢查項目少時，宜選用較小的 AQL，檢查項目多宜選用較大的 AQL；

④產品價格較高時，用較小的 AQL，反之，可用較大的 AQL；

⑤電氣性能宜用小的 AQL，機械性能居中，外觀質量可用較大的 AQL；

⑥同一產品中，B 類不合格用較小的 AQL，C 類不合格用較大的 AQL，重要檢驗項目的 AQL 較小，次要項目的 AQL 較大等。

定量確定 AQL 的方法：

①計算法

根據損益平衡點 $P=P_b$ 時盈虧平衡公式計算。即：

$$A = R = \frac{I}{P_b} + c$$

式中：A——接收不合格品單位產品的損失；

R——拒收單位產品的費用；

P_b——不合格品率；

I——檢查一個單位產品的費用；

C——將一個不合格品代之以一件合格品的費用。

還可得出：

$$P_b = \frac{I}{A-c}$$

再根據計算出來的 P_b 求出相應的質量平衡點 KP_b，找出對應的 AQL，即：

$$KP_b = \frac{P_b}{AQL}$$

②統計平均法

通過統計過程平均不合格品率 $\bar{P}$，瞭解本單位的生產能力。如某單位某年的各月樣本不合格品率統計見表 6-3。

表 6-3　　　　　　　　各月樣本不合格品率統計

月份	1	2	3	4	5	6	7	8	9	10	11	12
P_i（%）	0.79	0.83	0.85	0.85	0.92	0.93	0.81	0.82	0.78	0.90	0.97	0.94

表 6-3 中 11 月的 P 最大為 0.97，則取 AQL=1，即絕大多數可高概率通過。

③因素圖解法

先將 AQL 值的確定因素分解成四個指標，每個指標又分成三種程度不同的情況加以區分。

發現可能忽略的缺陷的方法：

a. 簡單、容易地發現；

b. 經過一般檢查才能發現；

c. 經拆卸等較複雜的手段才能發現。

排除這些缺陷所需的成本或消耗：

a. 不花或極少花費成本與時間消耗；

b. 中等的成本和時間消耗；

c. 長時間、高成本、損失較大。

缺陷一旦產生后在本企業帶來的后果：

a. 可以容忍；

b. 需返修，某些情況下需拆卸產品本身；

c. 要換件（即需報損某些零部件），影響交貨期。

有缺陷的產品一旦銷售出去以后帶來的后果：

a. 用戶不滿；

b. 用戶要求索賠；

c. 製造廠信譽損失。

當確定了上述四種指標中的某一情況以后，如圖 6-11 中，按小圖所示次序依次查找，即可查得合格質量水平 AQL 值。

質量管理

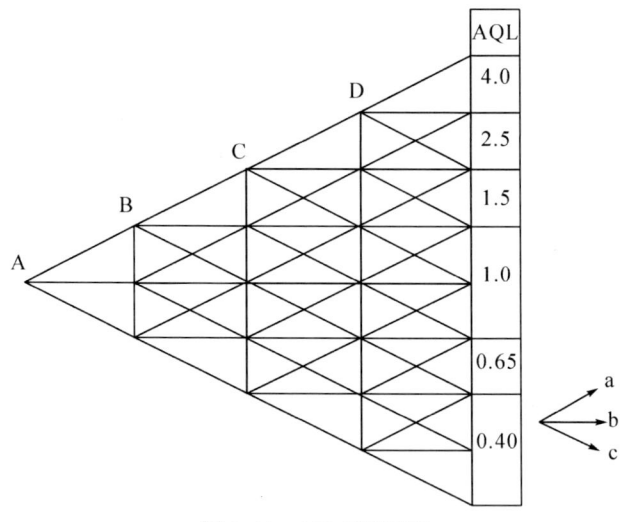

图 6-11 AQL 因素圖解

④經驗判定法

如按產品的使用要求，可參照表 6-4 中 AQL 值。

如按產品性能，可參照表 6-5 確定 AQL 值。

如按檢驗項目多少確定 AQL 可參照表 6-6。

表 6-4

使用要求	特高	高	中等	低
AQL	≤0.1	0.15~0.65	1.0~2.5	≥4.0
實例	導彈、衛星、飛船等	飛機、艦艇、主要工業品	一般車船、重要工業品	生活用品

表 6-5

性能	電氣	機械	外觀
AQL	0.4~0.65	1.0~1.5	2.5~4.0

表 6-6

檢驗項目數		1~2	3~4	5~7	8~11	12~19	20~48	>48
AQL	重要	0.25	0.40	0.60	1.0	1.5	2.5	4.0
	一般	0.05, 0.10	1.5	2.5	4.0	≥6.5		

（3）檢查水平（IL）

所謂檢查水平就是按抽樣方案的判斷能力而擬定的不同樣本大小。顯然樣本大小 n 大些，其判斷能力就大些。因此，如檢驗費用較低，就可把 n 選大些。

GB/T 2828.1 對檢查水平分為一般檢查水平和特殊檢查水平兩類。

一般檢查水平用於沒有特別要求的場合它又分為Ⅰ、Ⅱ、Ⅲ級，一般如無特殊說明，則先選取第Ⅱ級檢查水平。

特殊檢查水平用於希望樣本大小 n 較少的場合。GB/T 2828.1 規定有 S—1、S—2、S—3、S—4 共四級，一般用於檢查費用極高場合，如破壞性檢查，壽命試驗，產品的單價又較昂貴。其中 S—1、S—2 又適用於加工條件較好，交驗批內質量較均勻的狀況，而 S—3、S—4 則適用於交驗批內質量均勻性較差的場合。

選擇檢查水平一般遵循下列一些原則：

①當沒有特殊規定時，首先選用一般檢查水平Ⅱ級；

②為了保證 AQL，使劣於 AQL 的產品批盡可能少地漏過去，宜用高的檢查水平，以保護消費者利益；

③檢查費用較低時，宜用高水平，使抽檢樣本多些，誤判就少些；

④產品質量不夠穩定，有較大波動時，宜用高的檢查水平；

⑤檢查是破壞性的或嚴重降低產品性能的，可採用低檢查水平；

⑥產品質量較穩定時可用低水平。

總之，檢查水平的選定涉及技術、經濟等各方面因素，必須綜合研究，才能合理選定。

（4）選定抽檢樣本次數

GB/T 2828.1 規定抽取樣本的次數為三種，即一次、二次和五次。

一次抽檢方案最簡單，也很容易掌握，但它的樣本 n 較大，所以其總的抽檢量反而大一些。

二次和五次抽檢方案較複雜些，需要有較高的管理水平才能很好實施，每次抽取的樣本大小 n 較小，但每次抽取樣本大小都相同，並且在產品質量很好或很差時，用不著抽滿規定次數即可判定合格與否，所以，總的抽檢量反而會小些。

當檢查水平相同時，一次、二次與五次抽檢方案的判斷結果基本相同。

三種抽檢方案的抽取樣本大小是不同的，所以它們之間一般存在著下列關係：

$n_1 : n_2 : n_5 = 1 : 0.63 : 0.25$

$2n_2 = 1.26n_1$

$5n_3 = 1.25n_1$

（5）抽驗方案的嚴格度

抽檢方案的嚴格度是指採用抽檢方案的寬嚴程度。GB/T 2828.1 規定了三種寬嚴程度，即正常檢查、加嚴檢查和放寬檢查。

正常檢查適用於當過程平均質量狀況接近 AQL 時；

加嚴檢查適用於當過程平均質量狀況明顯地比 AQL 劣時；

放寬檢查適用於當過程平均質量狀況明顯地比 AQL 優時。

如無特殊規定，一般均先用正常檢查。

從正常檢查轉到加嚴檢查。連續 5 批或少於 5 批中有 2 批是不接收時，則從下一批檢查轉到加嚴檢查。

從加嚴檢查到正常檢查。當進行加嚴檢查后，如質量好轉，連續五批均合格，則從下一批轉到正常檢查。

從正常檢查到放寬檢查。從正常檢查轉為放寬檢查，要全部滿足以下三個條件：

①當前的轉移得分至少是 30 分。按 GB/T 2828.1 規定，在正常檢驗/檢查開始時，應將轉移得分定位 0，而在檢驗每個后繼的批后更新轉移得分，規則如表 6-7 所示。

表 6-7 　　　　　　　　　　轉移得分計算表

一次抽樣方案	二次和多次抽樣方案
接收數≥2 時，如 AQL 加嚴一級后該批被接收，則得 3 分，否則為 0 分	如該批在檢驗第一樣本后被接收則得 3 分，否則為 0 分
接收數為 0 或 1 時，該批接收則得 2 分，否則為 0 分	使用多次抽樣方案時，如該批在檢驗第一樣本或第二樣本后被接收則得 3 分，否則為 0 分

②生產正常；質量穩定。

③主管質量部門同意轉到放寬檢查。

從放寬檢查到正常檢查。在進行放寬檢查時，如出現下列任一情況，則從下批起又轉為正常檢查。

①一批不被接受；

②生產不穩定或延遲；

③認為恢復正常檢驗正當的其他情況。

如在初次加嚴檢驗的一系列連續批中未接收批的累計數達到 5 批，應及時停止檢驗，直到供方採取改進措施，並認為有效時，才能恢復加嚴檢驗。

5. GB/T 2828.1 的應用示例

【例 6-1】已知提交檢驗的產品，每批批量 N＝1,000，採用檢查水平Ⅱ和一次正常檢查方案，檢查主要性能指標 a、b、c 三個項目，現確定 a 參數 AQL＝1.0，b 參數的 AQL＝0.1，c 參數的 AQL＝0.01，試用 GB/T 2828.1 進行抽樣檢查。

解：由 N＝1,000，檢查水平Ⅱ，查表 6-8 樣本大小字碼表為 J。

表 6-8　　　　　　　　　　　　　　　樣本大小字碼表

批量範圍	特殊檢查水平				一般檢查水平		
	S-1	S-2	S-3	S-4	I	II	III
2~8	A	A	A	A	A	A	B
9~15	A	A	A	A	A	B	C
16~25	A	A	B	B	B	C	D
26~50	A	B	B	C	C	D	E
51~90	B	B	C	C	C	E	F
91~150	B	B	C	D	D	F	G
151~280	B	C	D	E	E	G	H
281~500	B	C	D	E	F	H	J
501~1,200	C	C	E	F	G	J	K
1,201~3,200	C	D	E	G	H	K	L
3,201~10,000	C	D	F	G	J	L	M
10,001~35,000	C	D	F	H	K	M	N
35,001~150,000	D	E	G	J	L	N	P
150,001~500,000	D	E	G	J	M	P	Q
≥500,001	D	E	H	K	N	Q	R

根據 J，查 GB/T 2828.1 中正常一次抽樣方案表，查知樣本大小 n＝80。當 a 參數 AQL＝1.0，判定數組為 [2, 3]。當 b 參數 AQL＝0.1，判定數組為 [0, 1]，但因查時為箭頭向下（↓）才找到的 [0, 1]，因此 n＝125。當 c 參數的 AQL＝0.01，同理判定數組為 [0, 1]，n＝125。

這樣 a、b、c 三個參數所查 n 不等，要分別進行判斷：

當 AQL＝0.01，n_c＝125，所以 n_c＞N 則說明對 c 參數要全數檢查，判定數組仍用 [0, 1]，說明只要有一個不合格品則拒收。因此，應首先檢驗 c 參數。

若 AQL＝0.01 檢查 c 參數合格後，再從 N 中隨機抽取 n_b＝125 個樣品進行 b 參數檢查，判定數組也仍用 [0, 1]。如 AQL＝0.1 時，檢查 b 參數仍為合格批，再從 125 個產品中隨機抽取 n_a＝80 進行 a 參數檢查，判定數組為 [2, 3]，若只有 2 個不合格品就接收，若出現 3 個不合格品則拒收。

若標準規定 a、b、c 三個參數檢查順序不能變更，也可先抽 n_a＝80 檢查，a 參數合格后再補抽 $n_2 = n_b - n_c$＝45，檢查 b 參數也合格，再全數檢查 c 參數。

上述兩種檢查方法中，只要 a、b、c 三個參數中有一個參數的檢查未通過，都應停止檢查，可以判該批產品為不合格。

6. GB/T 2828.1 的特點

GB/T 2828.1 具有下列十個特點。

（1）它等同採用國際標準 ISO 2859.1：1999《計數抽樣檢驗程序 第 1 部分，按接收質量限（AQL）檢索的逐批檢驗抽樣計劃》。

（2）它是調整型計數抽樣方法，可按轉移規則調整抽樣方案的寬嚴程度。

（3）它具有 7 個檢驗水平，26 個 AQL 值可在 15 個批量（N）範圍中獲取 17 個樣本量（n）。

（4）AQL 值和樣本量（n）分別採用優先系數 R_5 和 R_{10} 系列。

（5）可滿足一次、二次和五次三種計數抽樣方法。

（6）批量（N）和樣本量（n）之間的關係建立在綜合考慮風險和經濟要求基礎上，並沒有嚴格的計算關係。

（7）它的主表結構簡單勻稱，使用方便。

（8）生產風險不固定。

（9）已確定了不合格批的處理方法。

（10）使用方法要求的質量用 AQL 表示，從長遠來看可保證其長期的平均質量。

(二) 計量抽樣檢查的程序

1. 程序基本術語

（1）規格限

規定的用以判定單位產品或服務計量質量特徵是否合格的界限值。

規定的合格計量質量特徵最大值為上規格限（U）；規定的合格計量質量特徵最小值是下規格限（L）。

僅對上或下規格限規定了可接收質量水平的規格限稱為單側規格限；同時對上或下規格限規定了可接收質量本平的規格限是雙側規格限。

對上、下規格限分別規定了可接收質量水平的雙側規格限是分立雙側規格限。對上、下規格限規定了一個總的可接收質量水平雙側規格限為綜合雙側規格限。

（2）s 法和 σ 法

利用樣本平均值和樣本標準差來判斷批是否接收的方法叫 S 法。利用樣本平均值和過程標準差來判斷批是否接收的方法稱 σ 法。

（3）上、下質量統計量

上規格限、樣本均值和樣本標準差（或過程標準差）的函數是上質量統計量，符號為 Q_U。

$$Q_U = \frac{U - \bar{X}}{s} \text{ 或 } Q_U = \frac{U - \bar{X}}{\sigma}$$

式中：$\bar{X}$ 樣本均值；s——樣本標準差；σ——過程標準差。

下規格限，樣本均值和樣本標準差（或過程標準差）的函數是下質量統計量，符號為 Q_L。

$$Q_L = \frac{\bar{X} - L}{s} \text{ 或 } Q_L = \frac{\bar{X} - L}{\sigma}$$

通過比較 Q_U 或 Q_L 和接收常數，可用於判定批的可接收性。

（4）可接收質量水平（AQL）

為了進行抽樣檢查，而對一系列連續提交批，認為滿意的過程平均最低質量水平，符號為 AQL。

（5）接受常數（K）

由可接受質量水平和樣本大小所確定的用於判斷批是否接受的常數。它給出了可接收批的上質量統計量和（或）下質量統計量的最小值。符號分為 k、k_u 和 k_L。

（6）最大樣本標準差（MSSD）和最大過程標準差（MPSD）

按綜合雙層規格限進行計量抽樣檢驗時，可接收批的樣本標準差的最大值為最大樣本標準差，符號為 MSSD。

按綜合雙側規格限進行抽樣檢驗時，可接收批的過程標準差的最大值是最大過程標準差，符號為 MPSD。

第七章　質量經濟性分析

第一節　質量的經濟特性

一、質量經濟性的概述

(一) 質量經濟性的含義

　1. 質量經濟性的定義

　　所謂產品質量的經濟性，就是追求產品在整個生命週期內，給生產者、消費者（或用戶）以及整個社會帶來的總損失最小。

　　質量經濟性主要是通過對產品質量與投入、產出之間的關係分析，對質量管理進行經濟性分析和經濟效益評價，以達到滿足顧客需求的同時為企業創造最佳的經濟效益，即從經濟性角度出發，應用成本收益分析方法，對不同的質量水平和不同的質量管理改進措施進行分析和評價，從中挑選出既滿足顧客需求又花費較低成本的質量管理方案。

　　質量經濟性強調產品不僅要滿足適用性要求，還應該講求經濟性，也就是說要講求成本低，要研究產品質量同成本變化的關係。質量與費用的最佳選擇，受到許多內部和外部因素的影響，一方面要保證產品的質量好，使用戶滿意；另一方面要保證支付的費用盡可能低。這就是質量與經濟的協調，是質量經濟性的表現。在計算和考慮成本時，不能只講企業的製造成本，還要考慮產品的使用成本，即從滿足整個社會需要出發，用最少的社會勞動消耗，取得最好的社會經濟效果。

　2. 質量經濟管理的發展

　　1951 年，美國質量管理專家朱蘭（J. M. Juran）博士在《朱蘭質量手冊》中首先提出質量經濟性的概念。朱蘭認為「因廢品而導致的成本很高，猶如一座金礦，可對其進行大力開採」，形象地將其比喻為「礦中黃金」。朱蘭還指出，企業所能察覺到的質量損失只是冰山浮在水面上的一角，大部分隱患和損失都在水面之下未暴露出來，此即著名的「水下冰山觀點」。

　　之后，許多質量管理專家也致力於質量成本管理方面的研究與實踐。1960 年，供職於美國通用電氣公司的費里曼（H. Freeman）發表論文《如何應用質量成本》，1961 年，時任美國通用電氣公司質量經理的費根鮑姆在《全面質量管理》一書中指出「全面質量管理是為了能夠在最經濟的水平上，在充分滿足顧客要求的條件下，進行市場研究、設計、生產和服務，把企業各部門的研製質量、維持質量和提高質量的活動結

合在一起，成為一個有效的體系」。費里曼和費根鮑姆提出了完整的質量成本分類法，即把質量成本分為預防成本、鑒定成本、內部損失成本和外部損失成本四大類。1964年，美國空軍合同要求提出《質量成本分析實用手冊》。1967年，由美國質量管理協會（ASQC）編寫的《質量成本——是什麼和如何做》在企業質量成本管理中得到了最廣泛的應用。20世紀80年代，ASQC相繼發布了有關質量成本削減、供應商質量成本管理等指南。目前，已在世界範圍內廣泛開展質量經濟管理的理論研究與實際應用工作。

(二) 產品質量經濟性分析原則

(1) 必須把企業自身的效益同顧客利益和社會效益結合起來考慮。

(2) 必須明確目標函數。產品質量的經濟性分析是一種定量分析方法。因此，必須先明確期望達到的目標。目標不同，分析的結果也會不同。就企業而言，一般常以利潤最大或成本最低作為質量優化的目標函數。

(3) 必須明確比較對象。在分析中，比較對象問題往往受到忽視。然而，比較對象不同，分析的結論也可能有很大的差異。因此，企業在進行產品質量經濟分析時，必須弄清楚比較對象是什麼。

(4) 必須明確比較條件。企業的內外部條件，往往構成質量經濟分析中目標函數的約束條件，如市場需求、生產能力、資金供應等。但這些條件有的是剛性的，一時不能改變的，而有的則具有一定的彈性。他們對經濟分析有著不同的影響。

(5) 必須明確比較範圍。比較的時間範圍和空間範圍如何，對經濟分析的結果也有很大的影響。時間範圍主要是分長期還是短期。第一，應估計一段時間內社會、市場、技術等因素的發展及其影響；第二，還應考慮到貨幣資金的時間價值。空間範圍則主要是指是從部門的角度考慮還是從全企業的角度考慮，即局部與整體的關係。在經濟分析中，應當堅持整體優化的原則，在整體優化的前提下考慮局部優化問題。

(三) 產品質量經濟性分析步驟

企業開展質量經濟分析的一般步驟如下：

(1) 確定採用的分析指標。

①質量指標，包括合格品率、返修率、交貨期、保修期、可靠性、維修性等。

②經濟指標，包括利潤、銷售成本、原材料費用、廣告費用、市場佔有率、售價、成本利潤率等。

(2) 明確質量改進的方向。分析企業不同時期的質量指標、效益指標的變化狀況和趨勢，研究企業質量成本和效益的現狀，並與同行業的先進水平及顧客需求相比較，從中發現本企業產品質量存在的問題，明確質量改進的方向。

(3) 提出改進方案。根據產品質量存在的問題及改進方向，提出各種可行的改進方案。

(4) 進行方案比選。對提出的各種質量改進方案，按選定的評價方法和指標，運用質量經濟分析方法進行分析評估，以確定最佳改進方案。

(5) 控制質量成本。就選定的最佳方案確定目標成本和目標利潤，並進行控制。

控制時按 PDCA 循環和實施情況進行必要的調整，以保證目標的實現。

(6) 組織實施。將選定的方案落實到各有關部門，組織各部門制訂具體實施方案，以確保其實現。

二、質量水平及其經濟性

在確定產品的質量水平時，除滿足國家規定的有關技術方針、政策等之外，其原則是盡量為企業帶來更多的利潤。企業的利潤一般決定於產品的價格與產品成本的差額，而成本和價格往往又決定於產品的質量水平，這就是所謂的最佳質量水平。因此，最佳質量水平絕非最高質量水平。圖 7-1 表示了價格、成本、利潤和質量水平的一般關係。由圖中可以看出，質量水平為 M 時，利潤為最高，也就是最佳質量水平。質量水平低於 A 或者高於 B 時，都將產生虧損，a、b 兩點即為盈虧點。

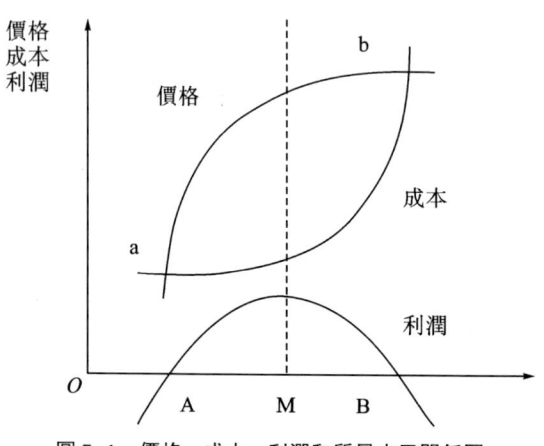

圖 7-1　價格、成本、利潤和質量水平關係圖

實際上，企業並非都選擇最佳質量水平 M 為目標，通常是在 a、b 兩點之間的某個質量水平。這要根據市場需求和企業的技術水平、設備能力以及銷售渠道等因素綜合考慮。

三、提高質量經濟性的途徑

質量經濟性是質量管理中的重要課題，質量經濟性的目的就是追求產品在整個生命週期內，給生產者、消費者以及整個社會帶來的總損失最小。提高質量經濟性，最有效的途徑就是提高產品的壽命週期的經濟性，產品的壽命週期包括三個時期：開發設計過程、生產製造過程和使用過程。

(一) 提高產品設計和開發過程的質量經濟性

在產品的設計和開發中，不僅要注意技術問題，而且也要注意它的經濟性，做到技術和經濟的統一。

1. 做好市場需求的預測

由於產品的質量水平與市場需求有緊密的聯繫，因此要對產品在市場上的需求量

及變化規律進行科學的預測。每一個產品從進入市場到最后退出市場,都有一個發展過程,可以分為導入期、增長期、成熟期和衰退期四個階段。一般要進行市場調查,瞭解產品的目標市場,顧客關心的是產品的適用性及使用費用,因此在產品的開發和設計階段必須考慮產品的使用費用。

2. 進行可行性分析

設計中要有完善的技術和經濟指標,要對總體方案進行可行性分析,做到技術上先進、經濟上合理、生產上可行,綜合考慮質量的社會經濟效益。

3. 注意產品質量和價格的匹配

質量和價格有時是矛盾的,要提高質量往往會增加成本,成本增加又會引起價格的提高。如果成本增加不恰當,導致價格過高,超過社會的一般購買力,產品就會滯銷。反之,產品質量低劣,即時價格再低,也會沒有人購買。因此,質價匹配是一個十分重要的問題,不能盲目追求先進性,忽視經濟性。

4. 重視零部件功能的匹配

產品的某一個零部件失效又無法替換,而其他部件儘管運行正常,最後也不得不整機丟棄或銷毀,給消費者或顧客帶來經濟上的損失。因此,在產品設計時,最好將易損零件的壽命和整機壽命或修理週期設計成整數倍的關係。

(二) 提高生產過程的經濟性

在生產過程中維持質量特性分佈的中心值,縮小質量特性的波動性,歸根究柢在於實施統計過程控制,改善 5M1E。

1. 員技能提高

質量管理人員與企業人事部門合作,共同制訂與生產過程有關的各類人員的培訓方案。實施特殊作業、檢驗、計量等人員的執證上崗制度,提高其專業技能。

2. 機器設備的更新與維護保養

質量管理人員與設備管理部門合作,協助制訂機器設備的購置、改良、租賃計劃,參與設備維護保養制度的制定。

3. 原輔材料的採購

質量管理人員與物資供應部門合作,參與供應商評級與關鍵材料的評標等活動,監控各種原輔材料、外協配套件的選購。

4. 工藝方案的選擇

質量管理人員與技術管理部門合作,參與工藝計劃的技術經濟評價,審核工藝路線、工藝規程是否與產品質量要求相符合。

5. 檢測系統的建立與完善

質量管理人員與計量管理部門合作,協助制訂計量器具的購置和檢定計劃,參與計量器具的週期檢驗。

6. 作業環境的建立

質量管理人員與生產管理部門合作,協助制定工作環境標準,參與現場管理,推進 6σ 活動。

(三) 提高產品使用過程的質量經濟性

產品壽命週期費用不僅與設計和製造成本有關，還與使用成本有關。因此，要努力提高產品使用過程的質量經濟性。產品使用過程的經濟性，是指產品的使用壽命期間的總費用。使用過程的費用主要包括兩部分內容：

(1) 產品使用中，由於質量故障帶來的損失費用。對可修復性產品一般是停工帶來的損失，而對不可修復的產品，如宇宙飛行、衛星通訊、海底電纜等，則會帶來重大的經濟損失。

(2) 產品在試用期間的運行費用，運行費用包括使用中的人員費用、維修服務費、運轉動力費、消耗性的零配件及原料使用費等。

質量問題其實也是經濟問題，質量相同，消耗的資源價值約少，經濟性就越好，資源消耗價值約多，經濟性就越差，因此，在產品開發、製造以及使用過程中，都應該講求質量經濟性。

第二節　質量成本構成分析

一、質量成本的含義

ISO 標準對質量成本的定義是：「為了確保和保證滿意的質量而發生的費用以及沒有達到滿意的質量所造成的損失。」一個組織為了提高其產品質量，就必須開展質量管理活動，所有這些活動都必須支付一定的費用。質量成本就是指要將產品質量保證在規定的質量水平上所需的費用。

每個企業都要進行成本管理和核算。企業中常見的成本類型有生產成本、銷售成本、運輸成本、設計成本等，這些成本也可分為可變成本和固定成本。但是，質量成本不同於其他成本概念，它有特定的含義。曾有許多錯誤的觀念，認為一切與保持和提高質量直接或間接有關的費用，都應計入質量成本，結果導致管理上的混亂，成本項目設置很不規範，使企業之間缺乏可比性。

二、質量成本構成

(一) 按成本的經濟用途分類

質量成本是由兩部分構成的，即運行質量成本和外部質量保證成本。而內部運行質量成本包括：預防成本、鑒定成本、內部故障成本、外部故障成本，其構成如圖 7-2 所示。

1. 內部運行質量成本

運行質量成本指質量體系運行后，為達到和保持所規定的質量水平所支付的費用。運行質量成本是一個組織質量成本研究的主要對象。內部運行質量成本包括預防成本、鑒定成本、內部損失成本和外部損失成本四部分。

```
                                    ┌─── 預防成本
                  ┌── 運行質量成本 ──┤
                  │                 ├─── 鑒定成本
質量成本 ─────────┤                 │
                  │                 ├─── 內部故障成本
                  └── 外部質量保證成本
                                    └─── 外部故障成本
```

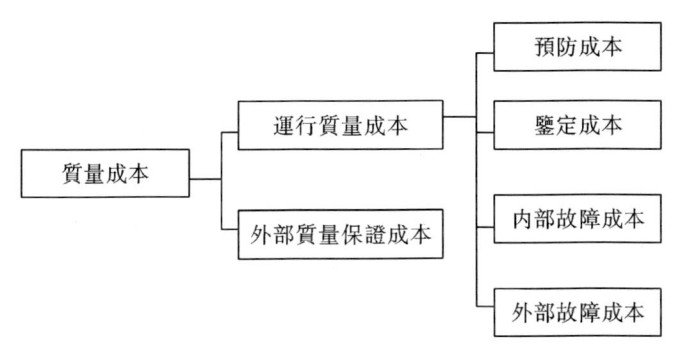

圖 7-2　質量成本的構成圖

（1）預防成本，是指致力於預防產生故障或不合格品所需的各項費用。大致包括：

質量培訓費：質量管理理論和質量控制方法與技術的培訓費。

質量工作費：企業質量體系中為預防發生故障、保證和控制產品質量所需的各項費用。

顧客調查費：為了掌握顧客的需求所開展的相關調查研究和分析所支出的費用。

質量評審費：產品開發和服務設計的評審費用。

質量獎勵費：對質量管理做出突出貢獻的組織和個人的獎勵費用。

供應商評價費：為實施供應鏈管理而對供方進行的評價活動所支出的費用。

工資及附加費：質量管理專業人員的工資及附加費用。

其他預防費：除上述所列費用外，其他用於預防產品發生故障和不合格的各項費用。

（2）鑒定成本，是指評定產品是滿足規定質量要求所需的費用，鑒定、試驗、檢查和驗證方面的成本。一般包括：

計量服務費用：用於計量有關的費用，包括檢驗、試驗以及過程監測時所用到的儀器、儀表的校準和維護費用。

檢驗費用：進貨檢驗、工序檢驗、成品檢驗等發生的費用。

工資及附加費：專職檢驗、計量人員的工資及其他附加費用。

材料費用：用於質量測試或試驗的材料的費用。

其他鑒定費用：與鑒定有關的外包費用等。

（3）內部故障成本，是指在交貨前產品或服務未滿足規定要求所發生的費用。一般包括：

廢品損失：產成品、半成品、在製品因達不到要求且無法修復或在經濟上不值得修復造成報廢所損失的費用。

返工或返修損失：為修復不合格品使之達到質量要求或預期使用要求所支付的費用。

質量降級損失：因產品質量達不到規定的質量所損失的費用。

其他內部故障費用：因質量問題發生的停工損失和質量事故處理費等。

（4）外部故障成本，是指交貨后，由於產品或服務未滿足規定的質量要求所發生的費用。一般包括：索賠損失、退貨或退換損失、保修費用、訴訟損失費、降價損失等。

2. 外部質量保證成本

外部質量保證成本是指在合同環境條件下，根據用戶提出的要求，為提供客觀證據所支付的各種費用。其組成項目有：

（1）為提供附加的質量保證措施、程序、數據等所支付的費用。

（2）產品的驗證試驗和評定的費用，如經認可的獨立試驗機構對特殊的安全性能進行檢測試驗所發生的費用。

（3）為滿足用戶要求，進行質量體系認證所發生的費用。

(二) 質量成本特性曲線與質量成本優化

1. 質量成本特性曲線

質量成本各組成部分之間具有一定的相關性，如圖7-3所示，圖中三條曲線分別為預防和鑒定成本、內外部故障成本之和以及質量總成本。當預防成本和鑒定成本增加時，內外部故障成本就會下降，因此，質量總成本曲線就呈U型。由圖7-3可以看出，內外部故障成本隨質量水平的提高而降低；預防和鑒定成本隨質量水平的增加而提高。

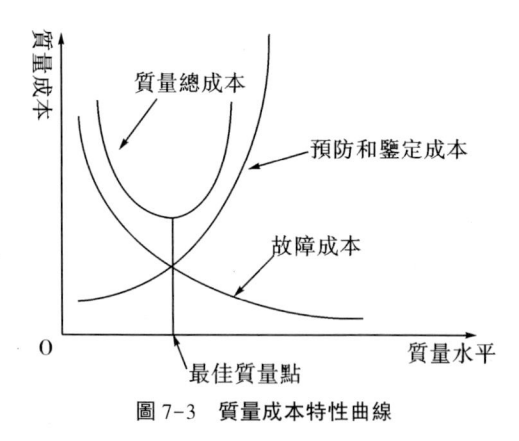

圖7-3 質量成本特性曲線

如圖7-3，質量總成本曲線從左往右看，最左邊預防和鑒定費用比較少，導致產品合格品率較低，產品質量水平較低，內部和外部故障成本較大，質量總成本也很大，且隨著預防成本和鑒定成本的逐漸增加，產品質量水平隨之提高，內外部故障成本減少，總成本也隨之降低。但如果預防和鑒定成本繼續增加，內外部損失成本不斷降低，但此時的質量總成本是不斷增加的。在質量水平不斷增加的過程中，質量總成本曲線有一個最低點，此最低點所對應的質量水平為最佳質量水平。

2. 質量成本優化

為了便於分析質量總成本的變化規律，將圖7-3中質量總成本曲線最低點處局部放大，放大的圖如圖7-4所示。

質量總成本曲

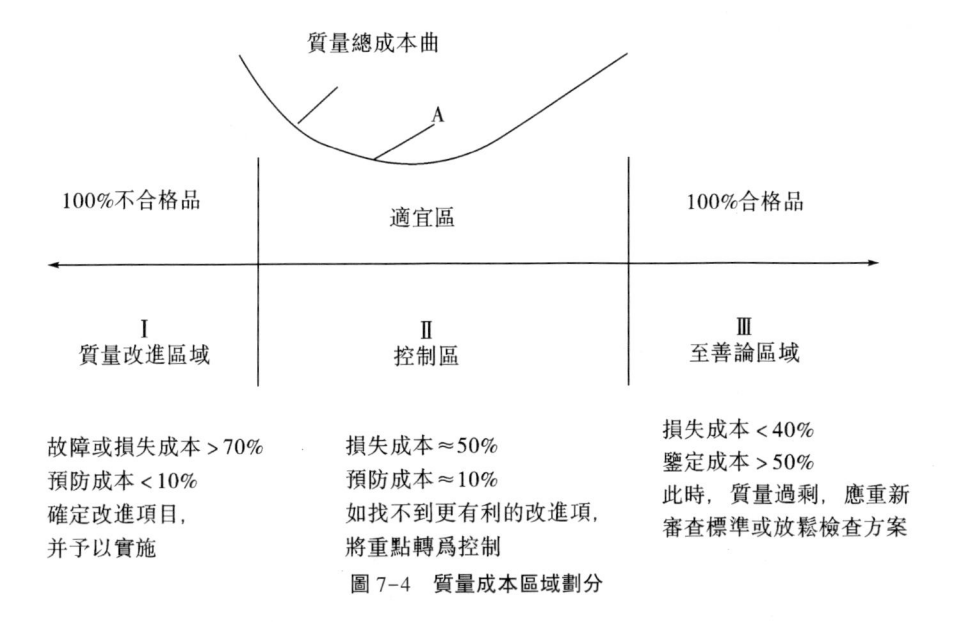

A

100%不合格品　　　適宜區　　　100%合格品

Ⅰ
質量改進區域

Ⅱ
控制區

Ⅲ
至善論區域

故障或損失成本＞70%
預防成本＜10%
確定改進項目，
并予以實施

損失成本≈50%
預防成本≈10%
如找不到更有利的改進項，
將重點轉為控制

損失成本＜40%
鑒定成本＞50%
此時，質量過剩，應重新
審查標準或放鬆檢查方案

圖 7-4　質量成本區域劃分

圖中把 A 點處附近的曲線劃分為Ⅰ、Ⅱ、Ⅲ等三個區域，它們分別對應著質量成本各項費用的不同比例。

(1) Ⅰ區是質量損失成本較大的區域，一般來說，內外部損失成本占質量總成本的 70%，而預防成本不足 10% 的屬於這個區域。這時，損失成本是影響達到最佳質量成本的主要因素。因此質量管理工作的重點應放在加強質量預防措施，加強質量檢驗，以提高質量水平，降低內外部損失成本，這個區域稱為質量改進區。

(2) Ⅱ區是質量成本處於最佳水平的區域。這時內外損失成本約占總成本的 50%，而預防成本達總成本的 10%。如果用戶對這種質量水平表示滿意，認為已達到要求，而進一步改善質量又不能給企業帶來新的經濟效益，則這時的質量管理的重點應是維持或控制現有的質量水平，是總成本處於最低點 A 附近的區域，這個區域稱為質量控制區。

(3) Ⅲ區是鑒定成本較大的區域。鑒定成本成為影響質量總成本的主要因素。這時質量管理的重點在於分析現有的標準，降低質量標準中過嚴的部分，減少檢驗程序和提高檢驗工作效率，使質量總成本趨於最低點 A，這個區域稱為質量至善區或質量過剩區。

根據上述的分析，可以大致地歸納出質量成本達到優化的幾項措施：

(1) 處於最佳點 A 的左面時，即當質量總成本處於質量改進區時，應增加預防費用，採取質量改進措施，以降低質量總成本；當處於質量最佳區時，應維持現有的質量措施，控制住質量水平的最佳狀態。若處於最佳點 A 的右面，即處於質量過剩區時，則應撤消原有的過嚴質量要求措施，減少一部分鑒定和預防費用，使質量總成本退回到最低點 A 處。

(2) 增加預防成本，可在一定程度上降低鑒定成本。

(3) 增加鑒定成本,可降低外部損失,但可能增加內部損失成本。

另外還要注意的是,為了實現質量成本優化,不能單獨降低質量成本構成中的每項成本,還應考慮各項成本之間的相互關係。因此,為了確定某項質量成本的最佳水平,還應考慮其他成本所處的情況。

三、質量成本核算

(一) 質量成本科目設置

中國的質量成本核算目前尚未正式納入會計核算體系,因此,質量成本項目的設置必須符合財務會計及成本的規範要求,不能打亂國家統一規定的會計制度和原則。質量成本項目的設置必須便於質量成本還原到相應的會計科目中去,以保證國家會計制度、原則的一致性。

質量成本一般分為三級科目。一級科目:質量成本。二級科目:預防成本、鑒定成本、內部故障(損失)成本、外部故障(損失)成本。三級科目:質量成本細目。國家標準 GB/T 13339-91《質量成本管理導則》中推薦了 21 個科目,企業可依據實際情況及質量費用的用途、目的、性質進行增減。

不同企業生產經營特點不同,具體成本項目也不同。從目前世界各國及國內各行業對質量成本項目的設置情況來看,質量成本二級科目內容的設置基本相同。在設置具體質量成本項目,即三級科目時,要考慮便於核算並使科目的設置和現行會計核算制度相適應,便與實施。

表 7-1 和表 7-2 列出了國內外幾種具有代表性的質量成本項目設置。

表 7-1　　　　　　　國內質量成本項目名稱對比表

	有色冶金企業	電纜企業	機械企業	機械部門行業	航空儀表企業
預防成本	1. 培訓費 2. 質量工作費 3. 產品評審費 4. 質量情報費 5. 質量攻關費 6. 質量獎勵費 7. 改進包裝費 8. 技術服務費	1. 質量培訓費 2. 質量管理辦公及業務活動費 3. 新產品評審費 4. 質量管理人員工資等費用 5. 固定資產折舊及大修理費用 6. 工序能力研究費 7. 質量獎勵費 8. 提高和改進措施費	1. 培訓費 2. 質量工作費 3. 產品評審費 4. 質量獎勵費 5. 工資及附加費 6. 質量改進措施費	1. 質量培訓費 2. 質量審核費 3. 新產品評審費 4. 質量改進費 5. 工序能力研究費 6. 其他	1. 質量培訓費 2. 質量管理人員工資 3. 新產品評審活動費 4. 質量管理資料費 5. 質量管理會議費 6. 質量獎勵費 7. 質量改進措施費 8. 質量宣傳教育費 9. 差旅費(因質量)

表7-1(續)

	有色冶金企業	電纜企業	機械企業	機械部門行業	航空儀表企業
鑒定成本	1. 原材料檢驗費 2. 工序檢驗費 3. 半成品檢驗費 4. 成品檢驗費 5. 存貨復檢費 6. 檢測手段維修費	1. 進貨檢驗和試驗費 2. 新產品質量鑒定費 3. 半成品及成品檢驗和試驗費 4. 檢驗、試驗辦公費 5. 檢測房屋設備折舊及大修理費 6. 檢測設備、儀器維修費 7. 檢驗試驗人員工資獎勵費用	1. 檢測試驗費 2. 零件工序檢驗費 3. 特殊檢驗費 4. 成品檢驗費 5. 目標堅定費 6. 檢測設備評檢費 7. 工資費用	1. 進貨檢驗費 2. 工序檢驗費 3. 材料、樣品試驗費 4. 出廠檢驗費 5. 設備精度檢驗費	1. 原材料入廠檢驗費 2. 工序檢驗費 3. 元器件入廠檢驗費 4. 產品驗收定檢費 5. 元器件篩選費 6. 設備儀器管理費
內部故障成本	1. 中間廢品 2. 最終廢品 3. 殘料 4. 二級品折價損失 5. 返工費用 6. 停工損失費 7. 事故處理費	1. 材料報廢及處理損失 2. 半成品、在製品、成品報廢損失 3. 超工藝損耗損失 4. 降級和處理損失 5. 返修和復試損失 6. 停工損失 7. 分析處理費用	1. 返檢、復檢費 2. 廢品損失 3. 車間三包損失 4. 產品降級損失 5. 工作失誤損失 6. 停工損失 7. 事故分析處理	1. 返修損失 2. 廢品損失費 3. 篩選損失費 4. 降級損失費 5. 停工損失費	1. 產品提交失敗損失 2. 綜合廢品損失 3. 產品定檢失敗損失 4. 產品這家損失 5. 其他
外部故障成本	1. 索賠處理費 2. 退貨損失 3. 折價損失 4. 返修損失費	1. 保修費用 2. 退貨損失費 3. 折價損失及索賠費用 4. 申訴費用	1. 索賠損失 2. 退貨損失 3. 折價損失 4. 保修損失 5. 用戶建議費	1. 索賠費 2. 退貨損失費 3. 折價損失費 4. 保修費	1. 索賠損失 2. 退貨損失 3. 返修費用 4. 事故處理費 5. 其他

表 7-2　　　　　　　　　　　　國外質量成本項目名稱對比表

	美國 （費根鮑姆）	美國 （丹尼爾·M. 倫德瓦爾）	瑞典 （蘭納特· 桑德霍姆）	法國 （讓·馬麗· 戈格）	日本 （市川龍三氏）
預防成本	1. 質量計劃工作費用 2. 新產品的審查評定費用 3. 培訓費用 4. 工序控制費用 5. 收集和分析質量數據的費用 6. 質量報告費	1. 質量計劃工作費用 2. 新產品評審費用 3. 培訓費用 4. 工序控制費用 5. 收集和分析質量數據的費用 6. 匯報質量的費用 7. 質量改進計劃執行費用	1. 質量方面的行政管理費 2. 新產品評審費 3. 質量管理培訓費 4. 工序控制費 5. 數據收集分析費 6. 推進質量管理費 7. 供應商評價費	1. 審查設計 2. 計劃和質量管理 3. 質量管理教育 4. 質量調查 5. 採購質量計劃	1. 質量管理計劃 2. 質量管理技術 3. 質量管理教育 4. 質量管理事務
鑒定成本	1. 進貨檢驗費 2. 零件檢驗與試驗費 3. 成品檢驗與試驗費 4. 測試手段維護保養費 5. 檢驗材料的消耗或勞務費 6. 檢測設備的保管費	1. 來料檢驗 2. 檢驗和試驗費用 3. 保證試驗設備精確性的費用 4. 耗用的材料和勞務 5. 存貨估價費用	1. 來料檢驗 2. 工序檢驗 3. 檢測手段維護標準費 4. 成品檢驗費 5. 質量審核費 6. 特殊檢驗費	1. 進貨檢驗 2. 製造過程中的檢驗和試驗 3. 維護和校準 4. 確定試製產品的合格性	1. 驗收檢驗 2. 工序檢查 3. 產品檢查 4. 試驗 5. 再審 6. PM（維護保養）
內部故障成本	1. 廢品損失 2. 返工損失 3. 復檢費用 4. 停工損失 5. 降低產量損失 6. 處理費用	1. 廢品損失 2. 返工損失 3. 復試費用 4. 停工損失 5. 產量損失 6. 處理費用	1. 廢品損失 2. 返工損失 3. 復檢費用 4. 降級損失 5. 減產損害 6. 處理費用 7. 廢品分析費用	1. 廢品 2. 修理 3. 保證 4. 拒收進貨 5. 不合格品的處理	1. 出廠前的不良品（報廢、修整、外協中不良設計變更） 2. 無償服務 3. 不良品對策
外部故障成本	1. 處理用戶申訴費 2. 退貨損失 3. 保修費 4. 折價損失 5. 違反產品責任法所造成的損失	1. 申訴管理費 2. 退貨損失 3. 保修費用 4. 折讓費用	1. 受理顧客申訴費 2. 退貨 3. 保修費用 4. 折扣損失		

（二）質量成本核算方法

　　質量成本核算的實質就是對企業質量費用的投入與質量效益的產出進行核算。目前，國內外企業對質量成本核算主要採用三種基本方法，分別是統計核算方法、會計核算方法、會計與統計核算方法。

1. 統計核算方法

統計核算法就是採用貨幣、實物量、工時等多種計量單位，收集和整理在經濟活動中能夠反應經濟現象特徵和規律性的數據資料，運用一系列的統計指標和統計圖表，運用統計調查的方法取得資料，並通過對統計數據的分組、整理獲得所要求的各種信息，以揭示質量經濟性的基本規律。

2. 會計核算方法

會計核算方法採用貨幣作為統一度量；採用設置帳戶、復式記帳、填製憑證、登記帳簿、成本計算和分析、編製會計報表等一列專門方法，對質量管理全過程進行連續、系統、全面和綜合的記錄和反應；嚴格地以審核無誤的憑證為依據，質量成本資料必須準確、完整，整個核算過程與現行成本核算類似。

3. 會計與統計相結合的核算方法

會計與統計相結合的核算方法是根據質量成本數據的來源不同，而採取靈活的處理方法。其特點是：採用貨幣、實物、工時等多種計量工具；採取統計調查、會計記帳等方法收集數據；方式靈活機動，資料力求完整。

在核算過程中，應將上述三中核算方法協調使用，使之互補，形成質量成本核算體系。質量成本是一種專項成本，具有現行財務成本的一些特徵，但它更是一種經營管理成本，其出發點和歸宿點都是為質量經營管理服務。因此，它不可能拘泥於現行財務成本核算的規章制度，而應體現自己的特殊性。所以，質量成本核算方法的理想選擇是：以貨幣計量為主，適當輔之以實物計量、工時計量及其他指標，如合格品率、社會貢獻率等；主要通過會計專門方法來獲取質量成本資料，但在具體運用這些專門方法時，可根據具體情況靈活處理，如對有些數據的收集不必設置原始憑證，也不必進行復式記帳，帳簿記錄也可大大簡化。質量成本的歸集和分配應靈活多樣。對那些用會計方法獲得的信息，力求準確、完整；而對通過統計手段、業務手段獲取的資料，原則上只要求基本準確，也不要求以原始憑證作為獲取信息的必備依據。

四、質量成本管理

(一) 質量成本管理的含義

質量成本管理就是對質量成本進行預測、計劃、分析、控制與考核等一系列有組織的活動。質量成本管理的目的是通過核算質量成本，考察不良質量對企業經濟效益總的影響，為質量改進確立方向，最終降低質量成本。質量成本的預測、計劃、分析、控制、考核是質量成本管理的主要環節。它們相互銜接，構成質量成本的閉環管理系統。

隨著社會經濟的發展和科學技術的進步，人們對產品質量的要求越來越高，這往往會給企業帶來在保證產品質量上所支付的費用增加。但如果企業能加強質量成本的管理，就可惡意在改進產品質量的同時，降低產品成本，做到物美價廉，使企業既能滿足顧客的需要，又能取得應有的經濟效益。因此，大力開展質量成本工作，對提高產品質量和提高經濟效益都有很重要的意義。

(二) 質量成本管理的內容

1. 質量成本的預測與計劃

(1) 質量成本預測

為了編製質量成本計劃，首先需要對質量成本進行預測，即根據企業的歷史資料、質量方針目標、國內外同行業的質量成本水平、產品的質量要求和用戶的特殊要求等，通過分析各種質量要素與質量成本的變化關係，對計劃期的質量成本做出估計。這些質量成本的預測資料將是編製質量成本計劃的基礎，也為質量改進計劃的制訂提供了依據。

質量成本預測工作的程序如下：

①調查和收集信息資料。主要包括：用戶資料、競爭對手資料、企業資料、宏觀政策等。

②對收集的資料進行整理。對收集到的數據、資料、信息進行匯總、分析、判斷，並組織有關部門和人員對數據和信息進行系統的評審、研究和確認，提出正式報告，作為領導決策的依據。

③提出質量改進措施計劃。根據上述數據、資料和信息，確定預測期的質量成本結構和水平，編製質量成本計劃，並提出相應的質量改進措施。

質量成本的預測主要可以採用經驗判斷法、計算分析法和比例預算法。此三種方法各有其特點，企業在預測時，根據實際情況可結合使用。

(2) 質量成本計劃

質量成本計劃是在預測的基礎上，針對質量與成本的依存關係，用貨幣形式確定生產符合性產品質量要求時，在質量上所需的費用計劃。質量成本計劃的內容包括：主要產品單位質量成本計劃；全部產品成本計劃；質量費用計劃；質量成本構成比例計劃；質量改進措施計劃。

質量成本計劃的工作程序如下：

①進行市場調查和預測，收集有關質量成本的數據；

②確定企業要達到的質量成本目標；

③編製具體的質量成本計劃；

④質量成本計劃分解與反饋；

⑤批准計劃，組織實施。

2. 質量成本的分析與報告

(1) 質量成本分析

質量成本分析的目的，是通過質量成本核算所提供的數據信息，對質量成本的形成、變動營運進行分析和評價，以找出影響質量成本的關鍵因素和管理上的薄弱環節。

質量成本分析的內容主要包括：質量總成本分析和質量成本構成分析。

①質量成本總額分析。計算本期質量成本總額，並與上期質量成本總額進行比較，以瞭解其變動情況，進而找出變化原因和發展趨勢。

②質量成本構成分析。分別計算預防成本、鑒定成本、內部故障成本以及外部故

障成本各占運行質量成本的比率，運行質量成本和外部保證質量成本各占質量成本總額的比率。通過這些比率分析運行質量成本的項目構成是否合理，以便尋求降低質量成本的途徑，並探尋適宜的質量成本水平。

質量成本分析方法主要有：指標分析法、質量成本趨勢分析法、排列圖分析法和靈敏度分析法。

①指標分析法。指標分析法主要包括質量成本目標指標、質量成本結構指標和質量成本相關指標。

質量成本目標指標，指在一定時期內質量成本總額及四大構成項目（預防、將定、內部故障、外部故障）的增減值或增減率。

質量成本結構指標，指預防成本、鑒定成本、內部故障成本、外部故障成本各占質量總成本的比例。

質量成本相關指標，指質量成本與其他有關經濟指標的比值，這些指標主要包括：

$$百元商品產值的質量成本 = \frac{質量成本總額}{商品產值總額} \times 100$$

$$百元銷售收入的質量成本 = \frac{質量成本總額}{銷售收入總額} \times 100$$

$$百元總成本的質量成本 = \frac{質量成本總額}{產品成本總額} \times 100$$

$$百元利潤的質量總成本 = \frac{質量成本總額}{產品銷售總利潤} \times 100$$

②質量成本趨勢分析法。趨勢分析就是要掌握質量成本在一定時期內的變動趨勢。其中又可分短期趨勢與長期趨勢兩類，短期的如一年內各月變動趨勢，長期的如五年以上每年的變動趨勢，分別如圖 7-5 和圖 7-6。

圖 7-5　某年百元產值故障成本趨勢圖

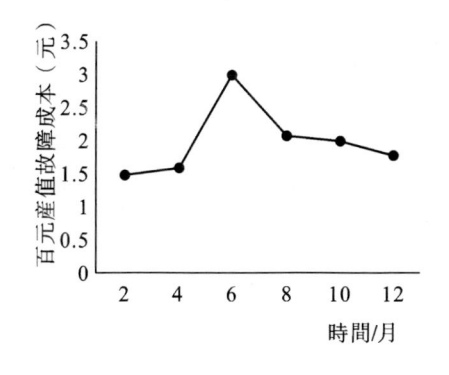

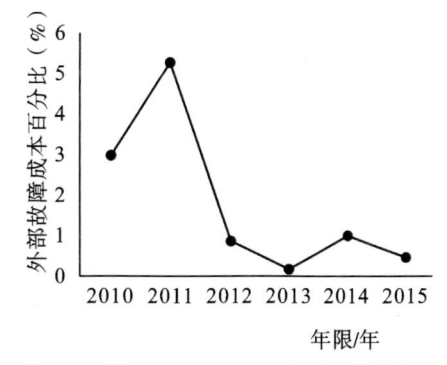

圖 7-6　某公司 2010—2015 年外部故障成本占質量成本的比例趨勢圖

③排列圖分析法。排列圖分析就是應用全面質量管理中的排列圖原理對質量成本進行分析的一種方法。採用排列圖進行分析，不僅可以找出主要矛盾，而且可以層層深入，連續進行追蹤分析，以便最終找出真正的問題。

④靈敏度分析法。靈敏度分析就是指把質量成本四大項目的投入與產出在一定時

間內的變化效果或特定的質量改進效果，用靈敏度 α 表示如下：

$$\alpha = \frac{計劃期內外部故障成本之和 - 基期相應值}{計劃期預防成本與鑒定成本之和 - 基期相應值}$$

(2) 質量成本報告

質量成本報告是根據質量成本分析的結果，向領導及有關部門匯報時所做的書面陳述，以作為制定質量方針目標、評價質量體系的有效性和進行質量改進的依據。質量成本報告也是企業質量管理部門和財會部門對質量成本管理活動或某一典型事件進行調查、分析、建議的總結性文件。質量成本報告的形式一般包括：報表式、圖示式、陳述式和綜合式等。

質量成本報告的主要內容包括：

①質量成本計劃執行和完成的情況與基期的對比分析；
②質量成本四個組成項目構成比例變化的分析；
③質量成本與相關經濟指標的效益對比分析；
④典型事例及重點問題的分析與解決措施；
⑤效益判斷的評價和建議。

質量成本分析與報告案例：

某兵器廠質量成本分析報告

兵器工業某廠的質量成本分析是作為企業經濟活動分析的組成部分，在季、月度裡隨生產成本同時進行分析，為檢查計劃和改進管理，提供確切具體的信息。

1. 開展分析的準備工作

對於分析的準備，他們認為，無論進行任何類別方式的分析，都必須事先佔有素材、數據。要充分利用數據進行全面分析，從中找出問題所在，引起人們重視。為了提高分析價值，推動管理，必須做好以下工作：

（1）注重平時的素材數據的收集。

（2）重視會計結果，要進行一般性的對比，基數和結構的分析。要善於從一般中發現數據反常，抓住反常現象，再作調查。

（3）對專題分析，要根據要求確定分析側重點，抓住關鍵進行剖析。

（4）對影響質量的主要原因，尋求改進措施，要進行投資計算，改後效果計算，借以充實分析內容。同時，注意分析形式，要形象、直觀、有效、文字簡潔、圖表兼用，要真正使分析達到論虛說實，有的放矢。

2. 分析方法及形式

以 2012 年 3 月份分析為例，在月度分析中，多用列表法，進行有關經濟指標和結構的比重比率分析，也可進一步從質量成本的形成責任區域分析，找出發生的主要單位、主要產品或零件。

（1）質量成本與產值等指標的比例分析

經過質量成本與產品總成本比例分析發現（見表 7-3），質量成本占總成本的 5.97%，比上一年同期（5.25%）上升了 0.72%。

表 7-3　　　　　質量成本與產值等指標的比例分析表（2012 年 3 月）

資料 （3月實際）	工業產值完成 294 萬元	實現銷售收入 333.80 萬元	全部商品總成本 349.95 萬元	質量成本 20.89 萬元
比例計劃	質量成本與工業總產值比 （20.89/294）×100% = 7.11% 質量成本與總成本比 （20.89/349.95）×100% = 5.97% 內部損失占產值之比 （9.27/294）×100% = 3.15%		質量成本與銷售收入比 （20.89/333.8）×100% = 6.26% 內部損失占銷售收入比 （9.27/333.8）×100% = 2.77%	

（2）質量成本要素分析

經過結構分析，發現內部損失占總質量成本的 44.36%（見表 7-4），比計劃的 37.5% 超過 6.86%，超過三年來任何時期的比值。

表 7-4　　　　　質量成本要素分析資料表（2012 年 3 月）

在項內的地位	成本要素	金額（元）	結構比（%）占本項比例	結構比（%）占總質量成本的比例	備註
	一、預防費用	26,886.71	100.00	12.87	
2	1. 質量工作費	7,537.20	28.03	3.61	
1	2. 質量培訓費	9,696.03	36.06	4.64	6
6	3. 質量獎勵費	835.00	3.11	0.40	
3	4. 產品評審費	4,112.00	15.29	1.97	
4	5. 質量措施費	3,305.48	12.29	1.58	
5	6. 工資及附加費	1,401.00	5.21	0.67	
	二、鑒定費用	53,008.70	100.00	25.37	
	1. 檢測試驗費	5,409.08	10.20	2.59	
	2. 特殊試驗費	13,296.24	25.08	6.36	4
	3. 檢測設備折舊	3,709.87	7.00	1.78	
	4. 辦公費	1,132.66	2.14	0.54	
	5. 工資及附加費	29,460.85	55.58	14.10	2
	三、內部損失	92,681.91	100.00	44.36	
	1. 廢品損失	79,800.99	86.10	38.19	1
	2. 返修損失	4,041.35	4.36	1.93	
	3. 停工損失	1,349.36	1.46	0.65	

表7-4(續)

在項內的地位	成本要素	金額（元）	結構比（％） 占本項比例	結構比（％） 占總質量成本的比例	備註
	4. 事故分析處理	6,633.77	7.16	3.18	
	5. 產品降級損失	856.44	0.92	0.41	
	四、外部損失	36,354.78	100.00	17.40	
	1. 索賠費用	0.00	0.00	0.00	
	2. 退貨損失	0.00	0.00	0.00	
	3. 保修費	25,854.78	71.12	12.37	3
	4. 訴訟費	0.00	0.00	0.00	
	5. 產品降價損失	10,500.00	28.88	5.03	5
合計		208,932.10	100.00		

（3）內部損失區域分析

從責任區域分析，找到四車間、二十一車間為內部損失的主要單位（見表7-5），約占內部總損失（9.27萬元）的72.2%（見圖7-7）。因此進一步檢查該單位廢品單，並針對問題提出控制措施。

表7-5　　　　　　　　　　內部損失區域分析工作表　　　　　　　　　（單位：元）

單位	內部其他損失	廢品損失	合計	備註
一車間	322.00	3,876.20	4,198.20	
二車間	117.16	1,508.88	1,626.04	
三車間	30.09	455.34	485.43	
四車間	6,666.43	37,479.47	44,145.90	
五車間	230.00	5,714.64	5,944.64	
六車間	322.30	364.26	686.56	
七車間	0.00	4,262.49	4,262.49	
八車間	93.00	91.37	184.37	
二十一車間	3,041.52	19,873.92	22,915.44	
二十五車間	0.00	5,502.77	5,502.77	
二十六車間	248.14	550.83	798.97	
下料工段	0.00	13.06	13.06	
輔助車間	279.20	107.76	386.96	
經營部門	1,531.08	0.00	1,531.08	
合計	12,880.92	79,800.99	92,681.91	92,681.91

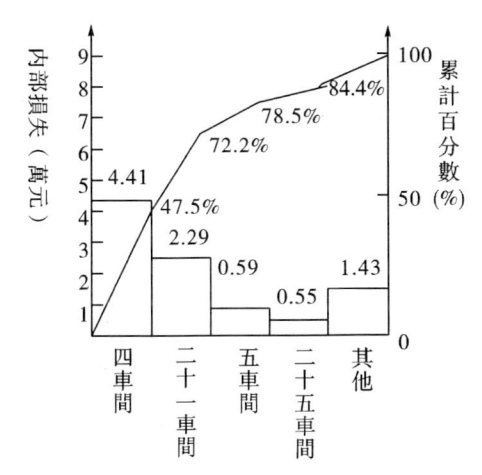

图 7-7　各车间部门内部损失排列图

3. 发现问题的处理

分析不是企业管理的目的，利用分析资料，达到提高质量，改进管理，才是核算分析工作的根本目的。因此，本著「算为管用」的原则，先把分析发现的主要矛盾，及时的送给厂主管领导，同时抄送质管部门；然后是抓住主要问题，协助管理部门进一步了解情况，提出积极可行的改进措施，并给予适当的经费支持，促其实现。

例如，2012 年 3 月，经过分析发现，四车间报废冰箱损失 4.24 万元，占厂冰箱废损的 57%，当月蒸发器报废 1,073 件，损失 2.26 万元，废品率达 12.34%，占该产品的 60.28%。主要原因是操作工艺执行不严，责任性差。他们将这一严重情况及时反馈给领导和质办，并建议实行工序内控指标，凡合格率达 85%以上给予优质奖，每张材料加奖一元。于是，质办制定了内控经奖办法，并坚持上岗检查。执行第一个月，废品由 3 月份 1,073 件下降到 113 件。

又如，在两年前从质量成本计算中发现，冰箱箱体发泡工序物耗超定额 2.8 千克的 45%，且约有 20%出现箱体填充不实，因此报废损失很大。经质量成本 QC 小组进一步调查了解，进行分析，找出其主要原因是人工配料不准，搅拌不均；其次是一台一配料，只能多配，但配多了凝固后不能再用，等等，既影响质量，又增大消耗。归结一点是工艺落后，因此，积极组织进口发泡机的调运、安装调试工作，并做好模具的检修，使该工程提前了三个半月投产。这一措施取得的效果是，质量合格品率上升到 95%以上，物耗降到定额 2.8 千克，按月产 2,000 台计算，仅发泡材料就节约 14.25 万元。

4. 质量成本的控制与考核

（1）质量成本控制。质量成本控制是以降低成本为目标，把影响质量总成本的各个质量成本项目控制在计划范围内的一种管活动。质量成本控制是以质量计划所制定的目标为依据，通过各种手段以达到预期效果。

质量成本控制贯穿质量形成的全过程，进行质量成本控制的一般步骤如下：

①事前控制。事先確定質量成本項目控制標準，按質量成本計劃所定的目標作為控制的依據，分解、展開到單位、班組、個人，採用限額費用控制等方法作為各單位控制的標準，以便對費用開支進行檢查和評價。

②事中控制。按生產經營全過程進行質量成本控制，即按開發、設計、採購、製造、銷售服務幾個階段提出質量費用的要求，分別進行控制，對日常發生的費用對照計劃進行檢查對比，以便發現問題和採取措施，這是監督控制質量成本目標的重點和有效的控制手段。

③事后控制。查明實際質量成本偏離目標值的問題和原因，在此基礎上提出切實可行的措施，以便進一步為改進質量、降低成本進行決策。

（2）質量成本考核。質量成本考核就是定期對質量成本責任單位和個人考核其質量成本指標完成情況，評價其質量成本管理的成效，並與獎懲掛勾已達到鼓勵鞭策、共同提高的目的。質量成本的考核應定期進行，並與經濟上的獎懲辦法相結合，這樣充分發揮它的作用。

建立科學完善的質量成本指標考核體系，是企業質量成本管理的基礎。實踐證明，企業建立質量成本指標考核體系應該堅持四個原則：全面性原則、系統性原則、有效性原則和科學性原則。在進行質量成本考核時，應注意可控質量成本和不可控質量成本的劃分，質量成本按其是否可控，可劃分為可控質量成本和不可控質量成本；凡質量成本的發生屬於某一部門或個人權責範圍內，而且能夠加以控制的，叫這個部門或個人的可控質量成本；反之，質量成本的發生不屬於某一部門或個人權責範圍內，而且不能加以控制的，叫這個部門或個人的不可控質量成本。區分可控質量成本和不可控質量成本，目的在於明確質量成本責任部門或責任者的經濟責任，以正確評價其工作績效，同時，責任者只有明確自己的控制任務，才能實現自我控制。

為了對質量成本進行控制和考核，企業應建立質量成本責任制，即在將質量成本指標分解落實到各有關部門和個人時，應明確他們的責任、權利，形成統一領導、部門歸類、分級管理的質量成本管理系統。

五、質量損失

（一）質量特性波動及其損失

1. 質量特性及其波動

（1）質量特性分類

田口玄一對質量特性在一般分類的基礎上作了某些調整，分為計量特性和計數特性，如圖7-8所示。

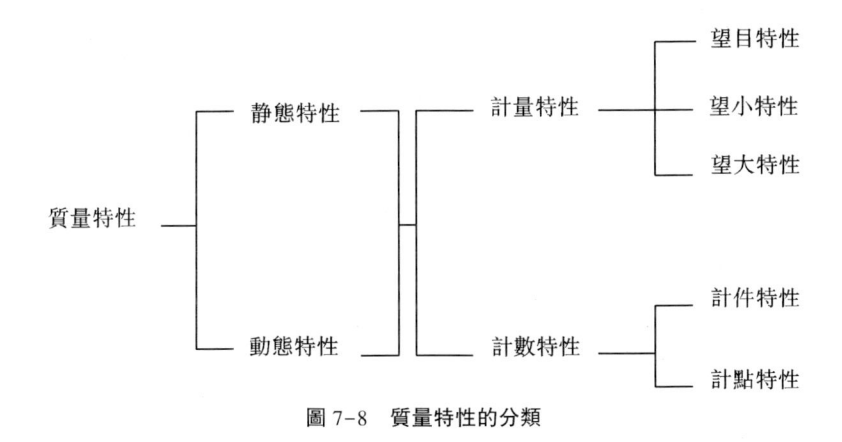

```
                                    ┌── 望目特性
                   ┌── 靜態特性 ──┬── 計量特性 ──┼── 望小特性
                   │                               └── 望大特性
       質量特性 ──┤
                   │                               ┌── 計件特性
                   └── 動態特性    └── 計數特性 ──┤
                                                   └── 計點特性
```

圖 7-8　質量特性的分類

這裡主要對計量特性進行描述。

望目特性。設目標值為 m，質量特性 y 圍繞目標值 m 波動，希望波動愈小愈好，y 就被稱為望目特性。例如，加工某一軸件圖紙規定 φ10±0.05（毫米），加工的軸件的實際直徑尺寸 y 就是望目特性，其目標值 m＝10（毫米）。

望小特性。不取負值，希望質量特性 y 愈小愈好，波動愈小愈好，則 y 被稱望小特性。比如測量誤差、合金所含的雜質、軸件的不圓度等就屬於望小特性。

望大特性。不取負值，希望質量特性 y 愈大愈好，波動愈小愈好，則 y 被稱為望大特性。比如零件的強度、燈泡的壽命等均為望大特性。

(2) 質量特性波動

產品在貯存或使用過程中，隨著時間的推移，發生材料老化變質、磨損等現象，引起產品功能的波動，我們稱這種產品由於使用環境、時間因素、生產條件等影響，產品質量特性 y 偏離目標值 m，產生波動。引起產品質量特性波動的原因稱為干擾源，主要有以下三種類型：

外干擾。使用條件和環境條件（如溫度、濕度、位置、輸入電壓、磁場、操作者等）的變化引起產品功能的波動，我們稱這種使用條件和環境條件的變化為外干擾，也稱為外噪聲。

內干擾。材料老化現象為內干擾，也稱為內噪聲。

隨機干擾（產品間干擾）。在生產製造過程中，由於機器、材料、加工方法、操作者、計測方法和環境（簡稱 5MIE）等生產條件的微小變化，引起產品質量特性的波動，我們稱這種在生產製造過程中出現的功能波動為產品間波動。

2. 質量特性波動的損失

質量損失通常是指產品由於質量不滿足規定要求，對生產者、使用者和社會造成的全部損失之和。質量損失存在於產品的設計、製造、銷售、使用直至報廢的全過程中，涉及生產者、使用者和社會利益。

(1) 生產者的損失

生產者的質量損失包括因質量不符合要求，在出廠前和出廠後兩方面的損失。其

中既包括有形損失，也包括無形損失。有形損失是指可以通過價值計算的直接損失，如廢品損失、返修損失、降級降價損失、退貨賠償損失等。生產者損失除了上述有形損失外，還存在無形損失，例如，產品質量不好影響企業的信譽，使訂貨量減少，市場佔有率降低。這種損失是巨大的，且難於直接計算，對於企業的影響也可能是致命的，有時甚至會導致企業破產。

另外，還有一種無形損失，就是不合理地片面追求過高質量，不顧用戶的實際需要，制定了過高的內控標準，通常稱之為「剩余質量」。這種剩余質量無疑會使生產者成本過多增加，那些不必要的投入造成了額外損失。為了減少這種損失，在產品開發設計時要事先做好調查制定合理的質量標準，深入地進行價值分析，減少不必要的功能，使功能與成本和需求相匹配，以提高質量的經濟性。

(2) 消費者的損失

消費者損失是指產品在使用過程中，由於質量缺陷而使消費者蒙受的各種損失。如使用過程中造成人身健康、生命和財產的損失；耗能、耗物的增加；人力的浪費；造成停用、停工、停產、誤期或增加大量維修費用等，都屬於消費者的質量損失。同時，消費者損失也有無形損失和機會損失。例如，功能不匹配就是最典型的一種。儀器某個組件失效又無法更換，而儀器的其他部分功能正常，最終也不得不整機廢棄，給消費者或用戶造成經濟損失。這些都是產品的各組成部分功能不匹配的緣故。

(3) 社會的損失

生產者損失和消費者損失，廣義上來說都屬於社會損失。反之，社會損失最終也構成對個人和環境的損害。這裡所說的社會損失主要是指由於產品缺陷對社會造成的公害和污染，對環境的破壞和對社會資源的浪費，以及對社會秩序、社會安定造成的不良影響。

(二) 質量損失函數

日本質量管理學家田口玄一認為產品質量與質量損失密切相關，質量損失是指產品在整個生命週期的過程中，由於質量不滿足規定的要求，對生產者、使用者和社會所造成的全部損失之和。田口玄一用貨幣單位來對產品質量進行度量，質量損失越大，產品質量越差；反之，質量損失越小，產品質量越好。

田口玄一認為系統產生的質量損失是由於質量特性 Y 偏離設計目標值（用 m 表示）造成的，有偏離就會有損失。田口玄一提出了質量損失函數的概念，質量損失函數為：

$$L(Y) = K(Y - m)^2$$

質量損失函數曲線如圖 7-9 所示，圖中 Δ 為偏差。從圖 7-9 可以看出，質量特性值波動所造成的損失與偏離目標值 m 的偏差平方成正比。不僅不合格品會造成損失，即使是合格品也會造成損失，質量特性值偏離目標值越遠，造成的損失越大。

當偏差超過 Δ 時，就偏離了製造公差，就應進行返修。質量損失函數的提出使得可從技術和經濟兩個方面對產品的設計和製造過程質量進行分析，它為質量的技術經濟性分析提供一種有效的方法，是質量的含義進一步拓展。

圖 7-9　質量損失函數

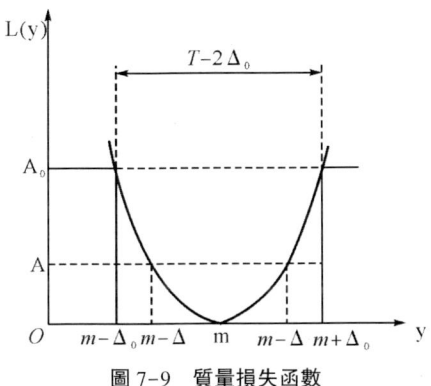

【例7-1】某電視機電源電路的直流輸出電壓 Y 的目標值為 m＝115 伏，使用規格界限為115±5 伏，超過此界限必須返修，其返修費用為 300 元。試確定其質量損失函數表達式。

解：由題目得

$300 = K(Y-m)^2$

$Y-m = 5$

$300 = 5^2 K$

則：

$K = 12$

則，其質量損失函數為：

$L(Y) = 12(Y-m)^2$

(三) 製造公差和使用規格的關係

設 Δ 為製造公差要求，Δ_0 為使用規格要求。同時設質量特性超過製造公差時的損失為 A，超過使用規格範圍時的損失為 A_0，則：

$A = K\Delta^2$

$A_0 = K\Delta_0^2$

根據以上兩式，得

$\Delta = \sqrt{\dfrac{A}{A_0}}\Delta_0$

因返修費用一定小於質量波動超過使用規格所造成的損失，即 $A<A_0$，根據上式得 $\Delta<\Delta_0$，即製造公差要求比使用規格要求更為嚴格。

【例7-2】一燃器用壓電晶體點火器的主要功性能指標是瞬態電壓，其目標值為 13,000 伏，功能界限為 $\Delta_0 = 500$ 伏，喪失功能帶來的損失為 5 元。產品不合格只能作廢處理，其損失為 2.8 元，求該產品的出廠容差。

解：

$$\Delta = \sqrt{\frac{A}{A_0}}\Delta_0 = \sqrt{\frac{2.8}{5}} \times 500 = 374.25 \text{ 伏}$$

則該產品的出廠容差為374.25伏,即產品瞬態電壓指標為為13,000±374V。

第三節　質量成本效益分析

一、質量成本效益分析

(一) 質量成本效益分析指標

質量成本效益分析就是通過分析質量成本與有關指標的關係,以便從一個側面大體反應質量經營的狀況及其對質量經濟效益的影響,借以說明企業進行質量成本核算和管理、開發質量成本的重要性。具體指標如下:

產值質量成本率＝質量成本總額÷企業總產值×100%

銷售收入質量成本率＝質量成本總額÷銷售收入總額×100%

銷售利潤質量成本率＝質量成本總額÷銷售利潤總額×100%

產品成本質量成本率＝質量成本總額÷產品成本總額×100%

質量成本利潤率＝銷售利潤總額÷質量成本總額×100%

推行質量成本后故障成本降低率＝(推行前故障成本－推行后故障成本)÷推行前故障成本×100%

推行質量成本后廢品損失降低率＝(推行前廢品淨損失－推行后廢品淨損失)÷推行前廢品淨損失×100%

(二) 質量、成本、效益三者之間的關係

應該辯證地看質量、成本、效益三者的關係。一方面,質量的提高會導致成本的增加,如果這個增加量不合理,盲目投入,就很有可能使質量成本過大,質量成本支出不經濟合理,進而導致利潤下降;另一方面,質量的成本如果增加合理,則通過質量的提高,使產品價格得以提升,同時產品市場佔有率擴大,企業的利潤自然就會上升。

一定水平的質量是建立在相應的質量成本基礎之上的,單純片面地追求產品的「高質量」勢必造成高成本、高消耗,給組織的經濟效益帶來不良影響。反之,盲目地強調經濟效益,降低質量成本必將導致產品質量水平下降,最終影響組織的經濟效益。因此,必須綜合考慮質量成本與經濟效益之間的關係,制定出合理的質量特性,才能有利於組織經營目標的實現。從經濟效益的角度出發,確定質量成本的原則是在保證滿足規定的產品質量水平的前提下,使組織獲得最大的利潤。

隨著質量成本的增加,產品的質量水平逐漸提高。這是因為隨著預防費用、鑒定費用的增加,組織內部質量教育與培訓、質量管理、質量改進、質量評審、檢驗與試驗等與質量有關的工作得到了進一步的加強,提高產品質量的手段進一步完善,使得

產品的質量水平得到逐漸提高。

隨著質量成本的增加，開始時，由於產品的質量水平逐漸提高，產品的使用價值也得到提高，產品對顧客的吸引力越來越大，相應地，組織的經濟效益也得到提高。但是，當質量成本增加到一定的程度，產品的成本也必將隨著增加。如果產品的銷售價格保持不變，那麼產品的銷售利潤將會下降。如果提高產品的銷售價格，那麼產品對顧客的吸引力會越來越小，產品的銷售額就會降低，必然導致組織經濟效益的降低。

增加預防費用可以提高產品質量，從而減少內部損失費用和外部損失費用，也會在一定程度上減少鑒定費用，反之將相反。但是預防費用並非越高越好，一般來說，當質量水平達到一定程度，如果要進一步提高產品質量或降低損失費用，組織將需要支付高昂的預防費用，這樣質量總成本反而會增加。因此，要在質量總成本最佳的前提下確定一個合適的預防費用比例，使其在相應的質量成本水平下達到最佳值。

對於很多公司來說，不良質量的成本是非常可觀的。這種成本包括能明確計入成本的（如檢驗、試驗活動、廢品、返工和投訴等），和未能明確計入成本的（如發生在經理、設計人員、採購人員、監督者、銷售人員等身上的）兩大部分。如果質量上出現了失敗，企業不得不耗費大量的時間和精力重新計劃、改變設計、召開協調會議等。這些成本加起來占銷售額很高的比例。

決定一種產品銷售成功的因素是多種多樣的。它們包括市場條件、產品的特點及通過廣告而樹立的形象、用戶的社會文化背景和信貸工具。除壟斷和產品短缺外，在所有的條件中最主要的因素是產品質量，這是許多用戶所體會到的。依靠強大的媒介宣傳攻勢，任何產品的需求都可以創造出來，對這一觀點雖然不少人有爭議，但就產品的產出和首次銷售而言，是有可能的。但是，重複和持續地銷售卻只能依賴於合理的成本和良好的產品質量。

只有質量、效益上去了，企業的競爭實力才能根本提升，才有能力培育市場、堅守市場、拓展市場。沒有高質量的服務和卓越的績效，企業就不具備長期的市場競爭優勢，就會失去應有的生命力。提高質量，會使企業在提高經濟效益方面有很大的進步。

二、質量與效益的協調平衡

(一) 質量成本效能

在質量和成本兩者之間究竟該如何平衡，以保證獲得一定的利潤？這個問題的關鍵在於質量資本投入量的多少。企業若要在提高質量的同時增加收益，就必須合理安排質量資本投入結構，核算出一個最佳的資本投入方案。要根據質量、在這個質量最佳結合點上，企業所增加的投入成本與質量所帶來的收益是相適宜的，其運行狀態也是最佳的。

為了便於我們對質量的經濟性管理，實現質量與效益的協調平衡，需要引入成本效能的概念。

成本效能指的是企業通過成本耗費所形成的價值與所付出的成本的比值。這是衡

量成本使用效果的指標，其計算公式為：

$$成本效能 = \frac{產品價值}{產品成本}$$

成本效能也是成本的一種狀態，它通過對企業的成本剖析，將成本劃分為基本成本和效能成本。基本成本是企業為生產一種產品或提供某種服務通常所需的成本，具有普遍性和通用性。而效能成本雖然使單位產品成本在基礎上有所增加但它卻能通過增加少量成本支出形成更大的價值，具有新穎性和獨特性，往往能體現出個性化的產品或服務。

成本效能更應注重成本支出與其創造價值的比較分析，從另一角度講，效能成本是一種外延擴大化了的質量成本。

由於任何組織的資源都是有限的，因此需要在質量、成本和效益之間進行預測、權衡、比較和分析。也就是說使質量與成本的關係處於適宜狀態，以最恰當的質量成本投入，爭取最理想的質量經濟效果，發揮最好的質量成本效能。

(二) 質量與效益的協調平衡

1. 盡可能減少成本支出

從單純地降低成本向盡可能少的成本支出來獲得更大的產品價值轉變，以成本支出的使用效果來指導質量決策，這是成本管理的高級狀態。

2. 對產品多方面進行改善

隨著買方市場的形成及競爭的日益激烈，消費者購買產品的關注度也逐漸趨向全面化和多元化，即更加關注產品的外包裝、品牌、質量、功能、售後服務等各個方面，相應地，企業的生產也應在市場調查的基礎上，針對市場需求和企業的資源狀況，對產品和服務的外觀、質量、品種等提出要求，並對銷量、價格、收益等進行預測，對成本進行估算，研究質量成本增減與收益增減的關係，確定有利於提高質量效益的最佳方案。

第四節　研究前沿

20世紀50年代初期，人們便開始了對質量經濟性的研究與探討。1951年，朱蘭博士在著作《朱蘭質量手冊》中首次提出了質量經濟性的概念，將發生在不良品上的質量成本比喻為有待挖掘的「礦中黃金」，並把可見的不良品比喻為「水上冰山」，但因當時美國工業發展勢頭良好，並未面臨巨大的成本競爭壓力，朱蘭博士的思想並沒有得到足夠的重視。隨著競爭的不斷加劇，企業界逐漸認識到成本對於競爭的重要性，質量成本理論作為降低成本的有效工具開始得到重視，早期的質量經濟性理論主要圍繞質量成本展開。1956年，美國著名質量管理專家費根鮑姆博士在其著作《全面質量管理》中，首先運用質量成本概念來分析質量的經濟性問題。他在書中系統論述了質量成本概念，並把質量成本劃分為「預防成本」「鑒定成本」「內部故障成本」和「外

部故障成本」四個項目，在此基礎上，他建立了著名的最佳質量成本模型。

質量成本管理理論是市場競爭的產物。近些年來，隨著知識經濟的發展及生產力的不斷提高，質量經濟性分析與成本管理出現了新的發展。

一、質量成本戰略

傳統的質量成本管理雖對控制質量成本有一定的作用和效果，但在市場競爭激烈及新的製造環境等條件下，缺陷已經顯現，如傳統質量成本管理的視野範圍較為狹窄，且傳統質量成本管理的目標局限於成本，缺乏戰略眼光，從長期來看，不利於企業核心競爭力的形成。基於此，戰略質量成本管理的重要性及其價值被更多的企業所認知，並將戰略質量成本管理作為重要的質量成本管理文化。

戰略質量成本管理是企業為了獲得和保持長期的競爭優勢而進行的質量成本分析與管理，其目的是適應企業越來越複雜多變的生存和競爭環境。戰略質量成本管理作為戰略管理在質量成本領域的延伸，是以「戰略定位」和「價值鏈分析」為主要內容的質量成本管理的新思想，具有外向性、長期性和全局性的特點。

1. 戰略定位分析

戰略定位是指企業在質量成本管理中，打算採取什麼樣的競爭戰略去實現競爭優勢的一種管理方法。美國邁克爾·波特提出了三種競爭戰略，即成本領先戰略、差異化戰略和重點集中戰略，企業應該根據具體情況，選擇適宜的質量成本戰略，以獲取競爭優勢。

在質量成本管理中，推行成本領先戰略，就是指企業通過加強內部質量成本控制，在建設投產、研究開發、生產、銷售、服務等環節，把質量成本降到最低限度，主要是面對行業中的競爭壓力，增強企業討價還價的能力和競爭能力。

在質量成本管理中，推行差異化戰略，主要是提供與眾不同的產品質量和服務，滿足顧客特殊需求，形成競爭優勢戰略。如在設計、品牌形象、技術特點、售後服務等方面，獨樹一幟，具有其獨特的質量特點。

在質量成本管理中，推行重點集中戰略，就是指企業把質量成本管理的重點放在一個特定的目標市場上，為特定的地區或特定購買群體提供特定質量的特殊產品或服務。一般採用這種戰略質量成本管理的企業，基本上是特殊的差別化企業或成本領先企業。

2. 價值鏈分析

價值鏈視角將企業視為最終滿足顧客需要而設計的一系列作業的集合體。價值鏈分析通過識別、利用企業內外部的聯繫，培植企業的核心競爭力，在質量成本管理中，價值鏈分析主要可從內部價值鏈和外部價值鏈分析兩方面入手。

內部價值鏈分析。按照作業成本管理的觀點，產品是由一系列作業集合而成的，各項作業形成作業鏈，作業鏈的形成同時也是價值鏈的形成過程。因此，內部價值鏈分析的目的，在於區分價值鏈中的增值作業和非增值作業。質量成本中，內部和外部缺陷作業及其相關成本都屬於非增值作業，應予以徹底消除；而預防作業則可視為增值作業，予以保留。

外部價值鏈分析。外部價值鏈是指從原材料到最終用戶對產成品進行處置等一系列相互聯繫的創造價值的作業集合。

戰略質量管理強調的是知己知彼，以瞭解競爭對手的情況獲得競爭優勢，即既要知道上游供應商的情況又要清楚下游客戶與經銷商的情況，並協調好與他們的關係，同時，更需要對競爭對手的基本狀況進行分析與研究，分析利用上下游價值鏈關係的可能性。通過對上游供應商的分析，與上游供應商協調，達成長期的合作關係，可保證企業檢驗成本中材料檢驗費用的大幅度下降，把握質量成本優勢。

二、全面質量成本管理

當今的經濟環境要求質量成本管理重新構建，世界範圍的競爭壓力，服務產業的增長，以及信息和生產技術的進步已經改變了經濟的性質，並引起了眾多企業經營業務的方式發生了顯著的改變。面對複雜多變的經濟環境，傳統質量成本管理方法已力不從心，近些年來，全面質量成本管理已越來越受到企業的重視。

全面質量成本管理是指質量成本管理各環節的全面管理、全過程的成本管理、全方位的成本管理、全員成本管理。

1. 質量成本管理的全面管理

質量成本管理的環節包括質量成本的預測、計劃、實施、控制、考核等，實行全面成本管理，從管理環節來說，就是要全面地開展這些工作，並且貫穿生產技術經營過程的始終，只有這樣，才能更加及時、有效地挖掘降低質量成本的潛力。

2. 全過程的質量成本管理

實行全面質量成本管理，是對影響產品質量成本形成的全過程進行管理，按照這一要求，不僅應該對正式投產的原材料供應、生產進行成本管理，而且應該在設計階段就對設計、工藝制定和專用設備購建等方面進行成本管理。

3. 全方位的質量成本管理

從管理對象來說，不但應該核算與管理成本，而且應注重成本經營，搞好技術決策。

4 全員成本管理

就是對企業內部各單位全體員工進行質量成本管理，不僅對會計人員進行成本管理，而且各生產車間、班組以及設計、技術、供應、生產、銷售、行政職能部門人員等全體員工都要參加質量成本管理，充分調動企業內部全體員工關心和參加質量成本管理的積極性。

較傳統質量成本管理而言，全面質量成本管理帶來了成本管理方式的重大變革。成本管理的職能由財務部門單一的管理，轉向企業各部門參加的全面管理；成本管理的範圍由生產過程，物資供應過程轉向從產品設計開發至售後服務的全過程；成本管理的目標由單一成本計劃轉向計劃與責任；成本管理的重點由事後核算轉向事前和事中控制；隱性質量成本的控制成為全面質量成本管理的重要內容；全面質量成本管理引發企業管理層的觀念和思維方式的更新。

三、基於顧客滿意的質量成本控制

隨著知識經濟的發展及生產力的不斷提高，人們對產品的需求已從單一技術性發展到了技術經濟性並擴展到了精神領域，並且滿足精神需求的產品所占的比例已經大大超過了滿足生理需求所占的比例，這就使得質量觀發生了很大的變化，最終形成了「顧客滿意」為核心的全新質量觀。各企業也紛紛將「顧客滿意」運用到質量成本控制中去。

一些研究者從質量成本理論出發，探討了關於顧客滿意水平的質量成本的內容和特性，並在此基礎上分析了企業在質量改進方面具有不停態度和行為的原因，他們認為，顧客滿意條件下的質量成本模型更適合於解釋整個企業的產品及服務的質量決策。基於顧客滿意的質量成本控制，以顧客滿意為導向，使質量成本改善的方向更加明確、更加有針對性，將質量成本作為聯結企業價值與顧客價值的仲介，在實現顧客價值最大化的前提下實現企業價值最大化有助於去也戰略的實施與競爭力的提高。

以顧客滿意的程度作為衡量企業產品質量的標準，質量無缺陷必須為前提條件。顧客滿意度往往是事前期待與產品實際狀況的比較結果，對於某一種產品而言，顧客事前期待的產品質量由產品質量和服務質量兩部分構成，在一定市場環境下，顧客總的事前期待並非無限制的增加，而是有一定限度的，這使得在顧客滿意的目標下，產品質量與服務質量具有互補性。在基於顧客滿意的質量成本控制時，應該建立顧客滿意度測評體系，將顧客劃分外部顧客和內部顧客，進行顧客滿意度分析與質量成本控制分析。

通過外部顧客滿意度測評報告，企業可以得知相關產品或服務在理念滿意、視覺滿意、行為滿意等各方面的滿意度，對於給企業帶來巨大經濟效益的顧客滿意度低的指標，挖掘其深層原因，從而有效的實施質量成本控制。

對於內部顧客，首先企業要清楚的明白，內部顧客既是生產外部顧客滿意產品的直接參與者，也是質量成本控制的直接管理者。在一些跨國企業對顧客服務的研究中發現，員工滿意度與企業盈餘之間是一個價值鏈關係，因此，企業對內部顧客滿意度應該引起足夠的重視，忽視這一點必然影響到企業的質量成本。

四、信息系統在質量成本管理中的應用

隨著現代信息技術的發展，計算機作為輔助企業管理工具的應用越來越廣泛，加上企業質量成本管理活動產生了大量的質量信息數據，對這些數據的分析整理計劃控制方面提出了更高的要求。因此，計算機輔助手段在質量成本管理領域的應用已經成為推動企業質量改進、提高經濟效益的必然趨勢。

近些年來，隨著中國經濟的不斷發展，企業為了實現低成本高效益，在管理中越來越多地運用質量成本信息系統，在這樣的前提下，質量成本信息系統的用途越來越大。因此建立一個質量成本信息系統對於一個企業來說是非常重要的，它不僅可以降低質量成本，與企業的其他管理系統相結合還可以使企業實現管理的電子化，從而提高企業的效率。

計算機輔助質量成本管理系統是運用計算機實現質量成本數據的採集、分析、處理、傳遞的自動化，實現質量成本數據核算、質量成本分析、質量成本控制、質量成本計劃。其根本目的在於有效地支持企業全面實施質量成本管理，支持企業完善質量成本體系，促進質量成本體系的有效運作，向企業各層次的決策者提供快速而正確的各類質量成本信息，支出決策者適時做出決策並迅速傳遞決策指令，有效支持企業實現過程質量的及時控制，支持企業持續發展過程中的質量成控制。

計算機輔助質量成本管理系統的主要功能模塊包括質量成本核算系統、質量成本分析系統、質量成本控制系統、質量成本計劃系統，其功能分別是實現質量成本的核算、分析、控制與計劃，各子系統分別負責不同的任務。質量成本核算系統負責把質量成本的數據按照質量分析系統提供的質量成本數據要求進行核算，核算方案由質量成本管理系統提供。將得到的質量活動費用的實際發生值傳遞給質量成本控制系統；質量控制系統將得到的質量活動費用實際發生值進行審核，反饋到質量成本管理系統中。比照質量成本計劃系統提供的控制目標，得到控制報告返回計劃系統，同時，也要把控制報告傳遞給質量成本分析系統進行使用；質量成本計劃系統給整個成本管理系統提供決策方案。質量成本管理系統完成各子系統的連接以及數據的傳遞。同時設置有文檔歸納及打印的功能，方便各數據流動過程中的各種表單的輸出，方便管理。

21世紀是一個信息技術高速發展的世紀，企業應該充分抓住這個大好形勢，不斷地發展和完善質量成本管理信息系統。可以這麼說，在高速發達的信息社會裡，質量成本管理信息系統是實現質量成本管理信息化的唯一出路。

案例分析

大連三洋制冷有限公司的質量成本管理

大連三洋制冷有限公司（以下簡稱大連三洋制冷）是國際一流的雙效溴化鋰吸收式中央空調專業製造企業，是中日合資高科技企業。其制冷的所有產品佔國內市場的30%以上，並以其高質量大批量出口日本。1992年成立以來，企業迅速成長為行業的領先者。然而，在行業進入成熟期後，企業的增長勢頭受到抑制。2002年，為進一步提高管理水平，大連三洋制冷在生產過程中逐漸加強了對質量成本的管理與控制。

一、大連三洋制冷實施質量成本法的原因分析

2002年，大連三洋制冷引進日本豐田的精益生產方式後，對現場中的庫存、製造過多（早）、等待、搬運、加工等七種浪費的存在有了比較清醒的認識，並且在實際工作中努力加以消除。但是隨著活動的深入，很多由相關的管理工作引起的浪費難以度量，其所可能造成的損失不易衡量。這些問題如果得不到有效的解決，將阻礙活動深入持久地進行。

大連三洋制冷早在1996年就在中央空調行業率先通過了ISO 9001質量管理體系認證，在質量管理上取得了非常好的成績。但是，一些質量損失難以從財務核算的角度，對質量體系的有效性進行測量，而在企業的日常管理活動中又存在著許多無效的管理，使企業的經營管理難以得到持續改進。為此，需要一種新的工具來發現這些質量成本

的浪費，在經過反覆比較後，三洋制冷選擇了質量成本法來解決這一問題。

二、大連三洋制冷實施質量成本管理的做法

1. 實施前注重培訓，提高參與人員素質

大連三洋制冷為了搞好質量成本工作，成立了以副總經理為組長的推進機構，各部門主管和推進人作為組員，成為工作推動的主力軍。此外，對全體員工進行培訓，使全員具備必要的知識儲備，在此基礎上進行了許多的改善工作，推動質量成本工作有序進行，取得了比較突出的成績。

2. 明確職責，落實到位。

開展質量成本管理，必須建立以質量責任制為核心的經濟責任制，明確每個職工在質量工作中的具體任務、職責和權限。切實做到人人有專責、事事有人管、辦事有標準、工作有檢查、考核有獎罰。

首先，企業質量成本目標與質量目標有機銜接，質量成本目標應是質量目標的重要內容；其次，在管理職責和有關質量體系文件中，規範每個職工的任務、職責和權限，明確考核標準並堅持嚴格考核，真正體現質量經濟性和質量成本的思想；再次，根據企業實際確定了適宜的質量成本科目，健全質量成本管理制度；最後，建立以質量管理部門為中心的質量信息反饋管理系統，理順質量信息流通渠道，及時收集、分析、處理和傳遞有關質量信息，供企業領導決策時參考。

3. 在實施成熟後，將質量成本制度化

大連三洋制冷在質量成本法實施成熟後，把業務流程程序化，並將相關內容納入到 ISO 9001 體系中，對文件進行了相應的修訂，使質量成本管理制度化並且依據企業的實際情況適時更新與完善，做到以實踐來完善理論，而不是拿理論框架來束縛企業自身，做到了理論與實踐相結合，並在實踐中不斷完善補充相關理論。

資料來源：田華秀. 質量成本案例分析 [J]. 商情，2011，(36).

思考題：

1. 結合案例，說明企業實施質量成本管理的重要性。
2. 說明大連三洋制冷實施質量成本管理，取得成功的關鍵所在。
3. 為了讓公司更好地實行質量成本管理，請提出可行性的建議。

本章習題

1. 試解釋什麼是質量成本。
2. 簡述質量成本的構成。
3. 預防成本、鑒定成本、內部損失成本和外部損失成本分別包含哪些內容？
4. 內部運行質量成本包括哪些內容？
5. 簡述質量成本特性曲線的特徵。
6. 利用質量成本特性曲線說明如何確定最佳質量水平？
7. 分別說明質量改進區、質量控制區和質量至善區的特徵。
8. 分別說明當質量水平處於質量改進區、質量控制區和質量至善區時，質量管理

的重點。

9. 簡述質量成本科目的設置。
10. 把質量成本劃分為顯性質量成本和隱性質量成本的依據是什麼？
11. 簡述質量成本分析包括哪些內容？
12. 簡述質量成本分析方法。
13. 簡述質量成本報告的主要內容。
14. 簡述質量特性波動對生產者所造成的損失。
15. 簡述質量特性波動對顧客所造成的損失。
16. 簡述質量特性波動對社會所造成的損失。
17. 結合實例，說明提高產品生產過程質量經濟性的途徑。
18. 什麼是質量損失函數？
19. 試利用質量損失函數說明製造公差比使用規格更加嚴格。
20. 某電視機電源電路的直流輸出電壓 Y 的目標值為 m＝115 伏，使用規格界限為 115±5 伏，超過此界限的功能損失為 A_0＝300 元。

(1) 試確定損失函數表達式。

(2) 已知不合格時的返修費用 A＝80 元，求製造公差。

(3) 如果產品的直流輸出電壓 Y＝112 伏，能否放行該產品。

第八章　六西格瑪管理

第一節　六西格瑪管理的概述

一、六西格瑪管理的含義及特點

（一）六西格瑪管理的含義

西格瑪是希臘字母 σ 的譯音，在統計學上用來表示標準差值，用以描述總體中的個體離平均值的偏離程度，也用於衡量質量特性值在工藝流程中的變化，企業也借用西格瑪的級別來衡量在生產或商業流程管理方面的表現。傳統的質量管理對產品質量特性的要求一般為 3σ，即產品的合格率達到 99.73%，如果某項工作每 100 萬次出錯機會中實際出現錯誤為 66,807 次。如果某項工作每 100 萬次出錯機會中實際出現錯誤只有 3.4 次，就認為這項工作達到了 6σ 水平。6σ 質量水準的缺陷率大約減少到 3σ 質量水準的 1/20,000。由此看出，6σ 是一個近乎完美的質量水準。「6σ」中的「6」代表 6 種管理含義：用來經營一項生意的戰略；各種各樣的行業中形成的用來加快改進步伐的經營管理系統；一系列的過程，它將選擇的方法、技術、實際行動聯繫在一起；由管理原理、統計技術、全身心投入的員工一起精心構造的系統；用來解決問題和消除偏差的工具；一種企業文化。

六西格瑪管理被定義為：「獲得和保持企業在經營上的成功並將其經營業績最大化的綜合管理體系和發展戰略，是使企業獲得快速增長的經營方式。」六西格瑪管理不只是技術方法的引用，而是全新的質量管理模式。

（二）六西格瑪管理的特點

1. 以顧客為關注焦點

獲得高的顧客滿意度是企業所追求的主要目標，然而顧客只有在其需求得到充分理解並獲得滿足后，才會滿意和忠誠。以前有很多企業僅是一次性或短時間的收集顧客的要求或期望，而忽略了顧客的需求是動態變化的，從而達不到高的顧客滿意度。在 6σ 管理中，以顧客關注為中心，如：6σ 管理的績效評估就是從顧客開始的，6σ 管理的改進程度是用其對顧客滿意度和價值的影響來確定的，即一切以顧客滿意和創造顧客價值為中心。

2. 基於數據和事實驅動的管理方法

6σ 管理把「基於事實管理」的理念提到了一個更高的層次。6σ 管理法的命名已

經說明了 6σ 法與數據和數理統計技術有著密不可分的關係。6σ 管理方法明確了衡量企業業績的尺度，然后應用統計數據和分析方法來建立對關鍵變量的理解和獲得優化結果。

3. 聚焦於流程改進

在 6σ 管理中，流程是採取改進行動的主要對象。設計產品和服務，度量業績，改進效率和顧客滿意度，甚至經營企業等都是流程。流程在 6σ 管理中是成功的關鍵。精通流程不僅是必要的，而且是在給顧客提供價值時建立競爭有事的有效方法。一切活動都是流程，所有的流程都有變異，6σ 管理幫助人們有效減少過程的變異。

4. 有預見的積極管理

6σ 管理包括一系列的工具和實踐經驗，它用動態的、即使反應的、有預見的、積極的管理方式取代那些被動的習慣，促使企業在當今追求幾乎完美的質量水平而不容出錯的競爭環境下能夠快速的向前發展。

5. 無邊界合作

「無邊界」是指消除部門及上下級間的障礙，促進組織內部橫向和縱向的合作。6σ 管理擴展了這樣的合作機會，在 6σ 管理法中無邊界合作並不意味著無條件的個人犧牲。這裡需要確切地理解最終用戶和流程中工作流向的真正需求，更重要的是，它需要用各種有關顧客和流程的知識使各方同時受益，由於 6σ 管理是建立在廣泛溝通基礎上的，因此 6σ 管理法能夠營造出一種真正支持團隊合作的管理結構和環境。

二、六西格瑪管理的由來及發展

（一）六西格瑪管理的由來

從 20 世紀七八十年代，摩托羅拉在同日本的競爭中先后失掉了收音機、電視機、BP 機和半導體市場。1985 年，公司面臨倒閉，激烈的市場競爭和嚴酷的生存環境使摩托羅拉的高層領導得出了這樣的結論：「摩托羅拉失敗的原因是其產品質量比日本同類產品的質量相差很多，更深層的原因是公司原來的質量管理方法有問題。」於是，摩托羅拉公司總結了前人質量管理經驗，創建了六西格瑪管理的理念，在其首席執行官高爾文的領導下，摩托羅拉開始了六西格瑪管理之路。

當時，摩托羅拉拿出年收入的 5% 到 10% 來糾正低劣的質量。公司利用精確的評估標準預測可能發生問題的區域，通過預先關注質量而獲得一種主動權，而不是被動地對質量問題做出反應，也就是說，六西格瑪將使公司領導人在質量問題上搶先一步，而不是被動應付。

自從採用六西格瑪管理之后，1989—1999 年，該公司平均每年提高生產率 12.3%，因質量缺陷造成的損失減少了 84%，六西格瑪管理使得摩托羅拉公司降低了成本，提高了產品質量、市場佔有率和利潤。

（二）六西格瑪管理的發展

讓六西格瑪管理模式名聲大振的還有美國通用電氣公司（GE），該公司自 1995 年推行六西格瑪管理模式以來所產生的效益每年呈加速遞增。六西格瑪成為 GE 成長最主

要的驅動因素。GE公司將六西格瑪管理應用於企業經營管理活動的各個方面，並取得了巨大的收益。例如，一個六西格瑪項目小組完成了改進產品交付週期的項目，他們瞭解到，顧客希望其產品交付期不超過10天，而實際上他們的產品交付期平均為33天，西格瑪水平僅為-1.19。通過運用六西格瑪方法，他們將交付期縮短為平均2.3天，西格瑪水平提高到1.69。GE公司這樣的案例數不勝數。自GE推行六西格瑪管理模式以來，每年節省的成本為：1997年3億美元、1998年7.5億美元、1999年15億美元；利潤從1995年的13.6%提升到1998年的16.7%。2005年市值突破30,000億美元，成為世界上最盈利和最值錢的企業，其總裁杰克·韋爾奇被人們讚譽為「世界頭號老板」。

杰克·韋爾奇視六西格瑪管理為企業獲得競爭優勢和經營成功的金鑰匙。他說，「六西格瑪管理是GE公司從來沒有經歷過的最重要的管理戰略」「六西格瑪是GE公司歷史上最重要、最有價值、最盈利的事業，我們的目標是成為一個六西格瑪公司」。這意味著公司的產品、服務、交易追求零缺陷。

三、六西格瑪管理與全面質量管理TQM及ISO 9000標準的比較

(一) 六西格瑪管理與全面質量管理TQM的比較

目前，六西格瑪管理正處於熱潮之中，因此無論是企業界還是管理界，都開展了很多有關全面質量管理TQM與六西格瑪管理的探討，不少人認為六西格瑪管理將會取代全面質量管理。六西格瑪管理之父哈里認為：「六西格瑪管理所表現出的處理方式、適應性和功能都不同於其他的質量管理方法。」儘管哈里沒有明確評論六西格瑪管理與全面質量管理的關係，但可以看出六西格瑪管理與全面質量管理還是有所不同的。鑒於此，這裡將從兩者的概念、本質特徵、運作方式和關注重點四方面來對其進行比較與分析。

概念不同。全面質量管理追求顧客滿意，連續不斷地滿足顧客要求，強調人人參與；而六西格瑪管理不僅重視顧客的聲音，同時也重視股東的利益和追求財務方面的效果，即績效指標。全面質量管理過於重視質量和顧客滿意，但有時公司不能獲利；而六西格瑪管理卻十分重視公司獲利，這也是全面質量管理在企業中逐步淡化的原因之一。

本質特徵不同。全面質量管理是一種整體性概念、方法、過程與系統的質量管理框架；而六西格瑪管理利用項目，進行突破性的質量改進和過程改進，並與公司的策略結合在一起。全面質量管理關注的層面多，而六西格瑪管理却與公司策略結合在一起。

運作方式不同。全面質量管理以連續改進為核心，通過全員參與和團隊合作的方式，推動全面的質量管理活動；而六西格瑪管理是以受過良好培訓的、結構化角色為主導的團隊結構，通過項目管理的方式，推動關鍵過程的改進或再設計。因此，全面質量管理是全員參與的質量改進，而六西格瑪管理是通過大量培訓和有組織的人力投入進行改造和再造。

關注重點不同。全面質量管理是全員質量管理,所有過程與系統,都是連續改進的著眼點;而六西格瑪管理關注由顧客反應確定的關鍵過程與系統,即全面質量管理關注的過程範圍廣,而六西格瑪管理則著重於關鍵過程。

(二) 六西格瑪管理與 ISO 9000 的關係

1. ISO 9000 標準和六西格瑪管理的目的不同

六西格瑪管理是關於組織經營業績改進的管理戰略和獲得突破性改進的科學的方法論。而 ISO 9000 標準是關於質量管理體系的一個標準,是質量管理體系建設的基本要求,它告訴組織在建設質量管理體系時,應該考慮的要求和基本方面。許多組織已經通過了 ISO 9000 標準的認證,而這個認證僅向人們表明,組織的質量管理體系達到了 ISO 9000 標準的基本要求。因此,六西格瑪管理和 ISO 9000 標準適用於不同的目的。

2. ISO 9000 標準為六西格瑪管理的實施提供了基礎平臺

ISO 9000 標準是將管理過程規範化的手段,它的應用在很大程度上促進了組織流程的規範管理,對質量管理體系的運行起到了很好的保持作用。而在實施六西格瑪管理的過程中,也非常需要有這樣一個保持體系。特別是在六西格瑪管理項目結束後,它需要不斷保持其效果,才能持續地產生收益。在這方面,需要依據 ISO 9000 標準建立的質量管理體系給予有價值的支持。用 ISO 9000 標準的基本要求,也可以規範組織的六西格瑪管理推進工作,使六西格瑪管理體系化,從而促進六西格瑪管理成為組織日常工作的一部分,在組織中很好地保持下來。

3. ISO 9000 標準是組織進入國際市場的「准入證」,六西格瑪管理則是組織進入國際市場的「通行證」

在激烈的市場競爭中,許多國家為了保護自身的利益設置了種種貿易壁壘,包括關稅壁壘和非關稅壁壘。隨著貿易保護主義和各國對關稅的抵制,保護的天平已從關稅壁壘倒向了非關稅壁壘,而其中非關稅壁壘主要是技術壁壘。為了消除貿易技術壁壘,出口商除應按國際標準組織生產外,還要符合質量認證的要求,即符合產品認證和 ISO 9000 標準質量管理體系認證的要求。所以取得 ISO 9000 標準認證證書等於組織得到了進入國際市場的「通行證」。但是,一個組織如果想長期穩定地在該國際市場上佔有一席之地,僅僅依靠 ISO 9000 標準認證是不夠的。通過 ISO 9000 標準認證只能證明組織已經具備保證本組織生產或提供的產品或服務達到了國際基本標準的能力,但這種能力是否能長期保持下去還需要組織對本組織生產或提供的產品或服務以及質量管理體系進行持續改進,因此,組織還要採用一些有效的質量管理方法,以確保質量得到持續改進,而六西格瑪管理是眾多質量管理方法中非常有用的一種方法。

四、六西格瑪水平測算

(一) 常用術語

(1) 單位(Unit):過程加工過的對象,或傳遞給顧客的一個產品及一次服務,通常是對應其技術的物和事。如一件產品、一次電話服務等。

(2) 缺陷(Defect):產品或服務沒有滿足顧客的需求或規格標準。

（3）缺陷機會（Defect Opportunity）：單位產品上可能出現缺陷的位置或機會。

（二）單位缺陷數（DPU）、機會缺陷數（DPO）、百萬機會缺陷數（DPMO）

1. 單位缺陷數（DPU）

單位缺陷數 DPU，是過程輸出的缺陷數與該過程輸出的單位數的比值。其計算公式如下：

$$DPU = \frac{缺陷數}{單位產品數}$$

2. 機會缺陷數（DPO）

機會缺陷數 DPO，表示每次機會中出現缺陷的概率。其計算公式如下：

$$DPO = \frac{缺陷數}{產品數 \times 機會數}$$

3. 百萬機會缺陷數（DPMO）

百萬機會缺陷數 DPMO 是 DPO 以百萬機會的缺陷數表示。計算公式如下：

$$DPMO = \frac{缺陷數}{產品數 \times 機會數} \times 1,000,000$$

【例8-1】某汽車備件公司的電話銷售部門一年內共收到電話訂貨 20 個，每個電話訂貨 4 件，其中未能準時發貨的 5 件（過程的缺陷是備件未準時發貨），計算該過程的 DPU、DPO、DPMO。

解：由題目得

$$DPU = \frac{缺陷數}{單位產品數} = \frac{5}{20} = 0.25$$

$$DPO = \frac{缺陷數}{產品數 \times 機會數} = \frac{5}{20 \times 4} = 0.062,5$$

$$DPMO = DPO \times 1,000,000 = 0.062,5 \times 1,000,000 = 62,500$$

（三）首次產出率（FTY）、流通產出率（RTY）

1. 首次產出率（FTY）

首次產出率（FTY）是指過程輸出以一次達到顧客規範要求的比率，也就是我們常說的一次提交合格率。其計算公式如下：

$$FTY = \frac{一次提交產品合格數}{投入產品總數} \times 100\%$$

2. 流通產出率（RTY）

流通產出率（RTY）是構成過程的每個子過程的 FTY 的乘積，表明由這些子過程構成的大過程的一次提交合格率，$RTY = FTY_1 \times FTY_2 \times \cdots \times FTY_n$，式中：$FTY_i$ 是各子過程的首次產出率，n 是子過程的個數。其計算公式如下：

$$RTY = FTY_1 \times FTY_2 \times \cdots \times FTY_n$$

用 FTY 或 RTY 測量過程可以揭示由於不能一次達到顧客要求而造成的報廢和返工返修以及由此而產生的質量、成本和生產週期的損失。這與我們通常採用的產出率的

測量方法是不盡相同的，很多企業中，只要產品沒有報廢，在產出率上就不計損失，因此掩蓋了由於過程輸出沒有一次達到要求而造成的返修成本的增加和生產週期的延誤。

【例8-2】某生產過程由4各生產環節構成，該過程在步驟2和步驟4之後設有質量控制點。根據生產計劃部門的安排，投料10件，經過步驟1和步驟2的加工後，檢驗發現兩個不合格品，一件須報廢，另一件經返修處理後可繼續加工，這樣有9件進入了后續的加工過程。這9件產品經過步驟3和步驟4後又有一件報廢、一件返修。整個加工結束後，有8件產品交付顧客。求步驟2和步驟4后FTY_2和FTY_4，以及RTY。

解：由題意得，步驟2和步驟4的首次產出率分別為：

$$FTY_2 = \frac{10-(1+1)}{10} \times 100\% = 80\%$$

$$FTY_4 = \frac{9-(1+1)}{9} \times 100\% = 78\%$$

則，整個生產過程的流通產出率為：

$RTY = FTY_1 \times FTY_2 = 80\% \times 78\% = 62.4\%$

第二節　六西格瑪管理的組織與推進

一、六西格瑪管理的組織

(一) 組織形式

六西格瑪管理組織結構圖如圖8-1所示。

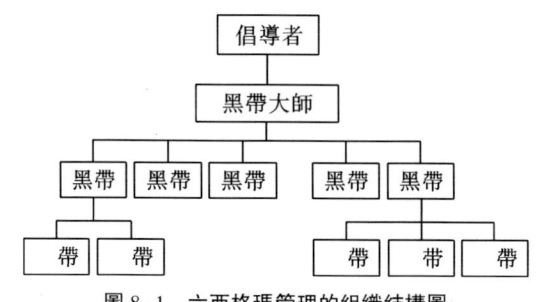

圖8-1　六西格瑪管理的組織結構圖

1. 倡導者

倡導者是資深經理或流程負責人，負責在自己的責任範圍內發起，支持及帶領一個項目的進行。他們也會決定這些項目的總體目標及範圍。其職責包括：

(1) 保證項目與企業的整體目標一致，當項目沒有前進方向時，指明方向；

(2) 使其他領導指導項目的進展；

(3) 制定項目選擇標準，校準改進方案，特許項目展開；

（4）為黑帶團隊提供或爭取必需的資源，如時間、資金等方面的保障，建立獎勵制度，推進活動展開；

（5）檢查各階段任務實施的狀況，排除障礙；

（6）協調與其他六西格瑪項目的矛盾、重複和聯繫；

（7）評價已完成的六西格瑪項目。

2. 黑帶主管（大師）

黑帶主管又稱為黑帶大師。黑帶主管是六西格瑪的全職管理人員，在絕大多數情況下，黑帶主管是六西格瑪專家，通常具有工科或理科背景，或者具有相當高的管理學位，是六西格瑪管理工具的高手。黑帶主管更多的是扮演企業變革的代言人角色，幫助推廣六西格瑪管理的方法和突破性改進。黑帶主管也可以兼任黑帶或者對其他職位人員的培訓和指導。其具體職責為：

（1）接受六西格瑪管理的專業訓練；

（2）指導若干個黑帶，發揮六西格瑪的專業經驗；

（3）扮演變革推進者角色，引進新觀念與新方法；

（4）執行及管理六西格瑪培訓；

（5）與倡導者共同協調各種活動，保證完成項目；

（6）協助黑帶向上級提出報告。

3. 黑帶

黑帶是推行六西格瑪管理中最關鍵的力量。黑帶在六西格瑪管理的一些先驅企業中通常是全職的，他們專門從事六西格瑪改進項目，同時肩負培訓綠帶的任務。黑帶為綠帶和員工提供六西格瑪管理工具和技術的培訓，提供一對一的支持，也就是決定「該怎麼做」。一般來說，黑帶是六西格瑪項目的領導者，負責帶領六西格瑪團隊通過完整的 DMAIC 模型，完成六西格瑪項目，達到項目目標並為組織獲得相應的收益。通常黑帶的任期為兩年左右，在任期內需完成一定數量的六西格瑪項目。其具體職責為：

（1）在倡導者及黑帶主管的指導下，界定六西格瑪項目；

（2）帶領團隊運用六西格瑪方法；

（3）開發並管理項目計劃，必要時建立評價制度，監督資料收集和分析；

（4）擔任與財務部門間的橋樑，核算項目節約的成本和收益；

（5）項目完成後，提出項目報告；

（6）指導和培訓綠帶。

4. 綠帶

綠帶是企業內部推行六西格瑪管理眾多底線收益項目的負責人，為兼職人員，通常為企業各基層部門的骨幹或負責人。很多六西格瑪的先驅企業，很大比例的員工都接受過綠帶培訓，綠帶的作用是把六西格瑪管理的新概念和工具帶到企業日常活動中去。綠帶是六西格瑪活動中人數最多的，也是最基本的力量。其主要的職責是：

（1）提供過程有關的專業知識；

（2）與非團隊成員的同事進行溝通；

（3）收集資料；

(4) 接受並完成所有被指派的工作項目；
(5) 執行改進計劃。

二、六西格瑪管理的推進

(一) 戰略改進

1. 六西格瑪戰略改進分析

(1) 外部環境分析

企業外部環境分析是制定戰略的重要依據，也是戰略的實施必須考慮在內的重要因素。外部環境越是充滿動態性和複雜性，環境就越加具有不確定性，戰略管理的難度就越大。在企業實施六西格瑪管理戰略之前，對企業的外部環境進行充分的分析，有利於保證企業戰略決策的科學性和正確性，有利於保證戰略決策的及時性和靈活性。

①觀環境分析，包括對企業目前的經濟環境、法律和技術環境分析等內容，瞭解公司所處的行業的發展現狀及發展趨勢。

②產業競爭環境分析，包括對企業所經營業務的產業鏈、供應商、替代品、購買者、潛在進入者及競爭對手的基本情況的瞭解與分析。

(2) 內部環境分析

企業的內部環境分析是戰略態勢評估的重要組成部分。雖然說，不斷變動著的外部環境可能給企業帶來機會，但是，只有具備了內部微觀優勢的企業，才能夠更好地利用這種機會，並將這種機會轉化為企業現實的盈利機會。

①總體戰略分析，包括對公司目前的願景、使命、價值觀以及戰略目標進行分析，確定企業實施六西格瑪管理戰略是否可行。

②經營資源分析，主要包括對公司的人力資源分析和六西格瑪資源分析。人力資源分析主要是確定公司員工的年齡結構、知識結構及各職位級別的人數及職責，為以後實施六西格瑪管理的人才選拔與培訓做好準備。六西格瑪資源分析包括公司現有員工中接受過六西格瑪相關培訓的人的數量、具備相關職業資格的人數以及公司現在的六西格瑪項目情況等。

③戰略能力分析，主要包括企業的生產能力、質量能力、企業文化分析。

2. 六西格瑪戰略的制定

(1) 對企業進行 SWOT 分析。有效的戰略能最大限度地利用企業優勢和環境機會，同時使企業弱點和環境威脅將至最低程度，SWOT 分析的實質是對公司外部條件各方面內容進行綜合和概括，進而分析公司的優劣勢、面臨的機會和威脅的一種方法。通過對公司的 SWOT 分析，公司必然存在著優勢，但同時也有不少劣勢。一個很好的鞏固優勢，消除劣勢的方法便是實施六西格瑪戰略。

(2) 戰略目標的制定。根據公司目前的優劣勢以及六西格瑪資源情況，制定切實可行的近期目標和遠期目標。

3. 六西格瑪戰略的實施與控制

六西格瑪戰略實施是一項系統工程，做好從戰略發動、戰略計劃、戰略匹配到戰

略調整等多方面的工作是保證戰略實施的關鍵。根據六西格瑪原理以及部分企業的成功實施經驗，可得出一般企業實施六西格瑪戰略的步驟如下：

（1）最高領導層承諾和支持；

（2）設立六西格瑪戰略組織；

（3）定義六西格瑪項目；

（4）選拔和培訓六西格瑪黑帶和綠帶；

（5）執行六西格瑪項目並計算財務收益；

（6）六西格瑪戰略控制。

（二）業務變革

1. 企業業務流程重組的定義與分類

（1）企業業務流程重組（BPR）的定義

BPR 的概念於 1990 年首先由邁克爾‧漢默先生首先提出。該詞最早源於計算機領域中軟件維護過程中的反向工程的概念。BPR 概念提出之後，馬上成為企業界和管理學界研究的熱點。1993 年，邁克爾‧漢默和詹姆斯‧錢皮在《企業重構——經營管理革命的宣言書》一書中給出了一個經典定義：對企業的業務流程作根本性的重新思考和徹底性的再設計，以期在衡量企業績效的成本、質量、服務、速度等現代關鍵指標上取得戲劇性的改善。

（2）企業業務流程重組的分類

①從驅動力的角度分，可以把 BPR 分為戰略驅動、顧客需求驅動、信息技術驅動。戰略驅動的 BPR 是指企業從未來經營的目標和理想模式出發，設計現有的企業流程的運作方式，以及對衡量指標進行具體描述。顧客需求驅動的 BPR 是指急遽變化的市場和顧客不斷提升的期望值，使企業不得不改造現有流程，以便對瞬息萬變的市場需求做出快速回應，以有效地提供顧客滿意的產品和服務。信息技術驅動則是把信息技術看成企業流程變化的使能器，同時又是流程變化的執行者，將信息技術作為協調人力資源與組織管理的平臺。

②從重組範圍的角度分，可將 BPR 分為內部重組和外部重組。內部重組是對企業內部的流程進行重組，有兩種方式：一個是對各職能部門的內部流程進行重組，另一種是對企業內部的跨職能部門的流程進行重組。外部重組是指發生在兩個或兩個以上企業之間的業務流程重組，它將企業視為行業或產業供應鏈上的一個環節，若干個企業共同聯合起來為顧客提供服務。

2. 業務流程重組的實施原則

業務流程重組思想是一種著眼於長遠和全局，突出發展與合作的變革理念，它是對現行業務流程運行方式的再思考和再設計。根據 BPR 的理論研究和實踐，企業在進行業務流程重組時應遵循以下基本原則：

（1）組織結構應該以流程為中心，而不是以業務為中心；

（2）取得高層領導的參與和支持；

（3）選擇適當的流程進行重組；

(4) 建立暢通的交流渠道。

3. 業務流程重組與六西格瑪管理結合的可行性

(1) 6σ 可進一步為 BPR 提供技術和方法

業務流程重組缺乏從人、機、物等影響流程績效各個方面來尋找問題的方法和技術，而六西格瑪管理法則有豐富的尋找問題真正原因的技術和方法，如因果圖、帕累托圖等。六西格瑪管理法還為業務流程重組提供了分析顧客需求，將顧客需求轉化為流程關鍵點的技術，從而使業務流程重組實現真正的面向顧客的流程。

(2) 6σ 能為 BPR 提供規範化指導原則和標準化實施框架

業務流程重組沒有統一的標準和步驟，不同的企業在進行業務流程重組時，即使是同一流程，也存在很大的差別。而六西格瑪管理的核心正是閉環 DMAIC，其步驟科學、統一、嚴謹，適用於提供各種類型的產品和服務的企業組織。六西格瑪管理法還指明了各個流程的奮鬥目標，能有力地給企業流程重組提供支持。

(3) 6σ 還可以為 BPR 有效的思想和組織保證

業務流程重組要求打破員工與員工、部門與部門、企業與企業之間的溝通障礙，創造上下通暢的信息溝通和流程運行環境。六西格瑪管理法提倡的「無邊界合作」思想能使所有員工充分認識到工作流程各部分的相互依賴性，從而擴展合作機會，使流程運作通暢。「無邊界合作」思想為業務流程重組提供了思想支持，同時六西格瑪管理法的由企業員工組成的推進團隊和科學合理的組織架構能有力地彌補業務流程重組由企業外諮詢專家來推進的不足，保證業務流程重組的成功。

4. 業務流程重組的實施

(1) 結合企業戰略，建立 BPR 願景

BPR 受企業戰略的驅動，從屬並服務於企業戰略，因此要緊密結合企業戰略根據內外環境，建立具有本企業特色的 BPR 願景，將其以多種形式在企業內傳播使所有成員理解並接受公司的 BPR 理念。

(2) 現狀分析以及 BPR 路徑選擇

運用多種方法，細緻測量和分析現有流程各環節消耗的人力、物力，分析企業現有流程結構，在對企業現狀分析的基礎上跳出現有部門和工序分割的限制，考慮怎樣將原本應在一起的流程各環節重新組合起來，還流程本來面目。重組流程時根據具體的企業戰略需要、流程現狀，選擇合適的流程。

(3) 流程的重新設計

企業流程的重新設計時要跳出原有規則、程序、和價值觀念的束縛，消除原有流程中對企業輸出不增值、無貢獻的活動，創造性地運用先進的信息技術、創造技術，根據顧客的需求來設置流程，依據流程來設置組織結構、配置人員。在新流程設計時，尤其要注意結合企業特點，依靠信息技術的創新作用，創造出傳統模式無法比擬的流程。

(4) 新流程的實施

在實施時，由於在以流程為導向的 BPR 企業中，各種崗位的角色和描述會相應的改變、消失或重新定義，新企業結構以及詳細的崗位分配要及時傳達給受影響的員工，規定他們的新職責，要對員工做好充分的培訓，使其具有新流程所需要的知識和技能。

同時也要做好企業文化以及評價體系的轉變，以引導和規範員工行為，為新流程的實施提供保證。新舊流程切換時，按照點到面的順序逐步推進，試點流程要選擇低風險、有示範作用的流程，並投入充分的資源保證其順利實施，由試點流程的成功推動 BPR 的前進，實現向新流程的平滑過渡。

(5) 流程實施后的評價

實現新流程后，要對新流程進行事后的監測與評價，找出流程同設計的差距與不足，總結得失，建立有效的反饋環節，為企業循環地、持續地推進 BPR 提供基礎。

第三節　六西格瑪管理的方法論

一、實施六西格瑪管理的「七步驟法」

目前，業界對六西格瑪管理的實施方法還沒有一個統一的標準，大致上可將摩托羅拉公司提出並取得了成功的「七步驟法」作為參考。摩托羅拉公司的「七步驟法」的內容如下：

(1) 找問題。把要改善的問題找出來，當目標鎖定后便召集有關員工，成為改進的主力，並選出首領，作為改進項目的責任人，並制定時間表跟進。

(2) 研究現實生產方法。收集現時生產方法的數據，並作整理。

(3) 找出各種原因。集合有經驗的員工，利用頭腦風暴法、控制圖和魚刺圖，找出每一個可能發生問題的原因。

(4) 制訂計劃及解決方法。利用有經驗的員工和技術人才，通過各種檢驗方法，找出相應解決方法，當方法設計完成后，便立即實行。

(5) 檢查效果。通過數據收集、分析、檢查其解決方法是否有效和達到什麼效果。

(6) 把有效方法制度化。當方法證明有效后，便制定為工作守則，各員工必須遵守。

(7) 檢討成效並發展新目標。當以上問題解決后，總結其成效，並制訂解決其他問題的方案。

二、實施六西格瑪管理的 DMAIC 模式

(一) DMAIC 的含義

六西格瑪管理的魅力不但在於它強調用六西格瑪水平來定量的衡量過程的波動，而且還在於他將 σ 水平與過程缺陷率對應起來。經過發展演變，它在 PDCA 的基礎上提出了一套用以過程改進的方法模式，即 DMAIC 模式（過程改進模式）。

DMAIC 模式分為五個階段或步驟，即定義（Define，D）、測量（Measure，M）、分析（Analyze，A）、改進（Improve，I）、控制（Control，C）。每個階段都有需要完成的特定工作，並達到該階段的特定要求。遵循 DMAIC 這一模式實施過程改進，可得到循序漸進的效果。

(二) DMAIC 的五個階段及其主要工作內容

1. 定義階段（D）

（1） 識別和確立顧客需求

6σ 項目的目的始終圍繞著顧客滿意和忠誠、降低資源成本這兩個 6σ 質量的核心特徵展開的，當然任何資源成本的減少都是在顧客需求得到滿足，即顧客滿意和忠誠的基礎上的。顧客滿意是指顧客對其要求被滿足程度的感受，顧客滿意與否取決於顧客的價值取向和期望與顧客所接受組織所提供的產品的狀態的比較和差異，前者為「認知質量」，后者為「感知質量」，兩者的比較就確定了顧客的滿意成程度。

期望的產品和服務的質量是通過感受來瞭解的，組織需要通過感受質量來理解顧客的期望，以確定其可以量化的質量特性，從而定義產品和服務質量，以滿足顧客需求，是顧客滿意和忠誠。

（2） 制訂項目計劃

在明確了項目並識別和確定了顧客需求后，需要謹慎地制訂項目計劃，項目計劃有以下內容：

①項目說明。項目說明中應明確項目要解決的問題和解決問題的必要性，描述問題可能帶來的后果，以及問題解決途徑的方向。

②項目目標。目標設定十分重要，直接關係到項目的成功與否，常用的目標類型有缺陷率、週期時間和費用成本。

③範圍。6σ 項目團隊應對本項目的範圍有一個清晰的界定。

④條件。任何 6σ 項目都有其約束條件，項目團隊必須識別並明確本項目的約束條件。一般的約束條件是組織的人、財、物、信息等資源狀況；時間要求外部環境等。

⑤數據。項目團隊對項目有關的、已經收集到的數據應進行和分析。數據是項目計劃制訂和開展 6σ 活動的基礎，通過數據瞭解現狀，找出項目實施中可能的薄弱環節和需要控制的關鍵環節，以進一步理解問題，為項目計劃的制訂提供依據。

⑥項目計劃。項目計劃工作可應用項目工作表和項目進度表的方法來表述。

（3） 繪製 SIPOC 圖

6σ 法的 DMAIC 模式是以繪製和剖析過程流程圖（SIPOC 圖）開始的，是界定階段的重要工作。SIPOC 圖的要素有：供方（Supplier）、輸入（Input）、過程（Process）、輸出（Output）、顧客（Customer）。SIPOC 圖描述和理順了供方、輸入、過程、輸出和顧客之間的關係，展示了全過程的主要子過程或活動，用於 DMAIC 的界定階段，明確過程範圍、關鍵因素和輸入、輸出的主要事項。

2. 測量階段（M）

（1） 描述過程

過程的描述是在上一階段繪製 SIPOC 圖基礎上對全過程進一步的細緻剖析，包括過程流程圖分析、關鍵的產品質量特性和過程質量特性的確定、故障模式及后果分析。

（2） 收集數據

數據是反應客觀事實的數字和資料，要求收集到的數據是真實的和可靠的。為正

確收集數據，需要對數據收集進行策劃，包括：數據收集的要求、測量對象、測量指標、測量裝置及方法等。

（3）驗證測量系統

測量系統是指與測量特定特性有關的作業、方法、步驟、計量器具、設備、軟件和人員的集合。為獲得 6σ 管理所需的測量結果應建立完整有效的測量系統。

（4）測量過程能力

測量階段一項十分重要的工作就是對過程能力的測量，包括過程能力指數 C_p 和 C_{pk}，過程性能指數 P_p 和 P_{pk}。

3. 分析階段（A）

分析階段解決統計數據分析的問題，目的是瞭解各種因果關係，通過綜合分析得到的信息，可以啓發我們對產生波動根源的認識，這將有助於改進流程。

（1）建立和驗證因果關係

建立因果關係。數據的收集和分析找出了關鍵產品質量特性和關鍵過程質量特性的影響因素，並對這些影響因素進行細緻的分析，在分析的基礎上來建立這些關鍵質量特性與影響因素之間的因果關係。這時可應用的方法有：個人頭腦風暴法、集體頭腦風暴法、因果圖法、關聯圖法、矩陣突發等，把影響因素和特性結果猶有機的聯繫起來，明確其間的因果關係。

驗證因果關係。對於已經建立的因果關係，項目團隊需要集思廣益進行研討，在組織的產品或服務實現以及工作實踐的過程中加以驗證，以確定是否真正找到了影響因素和是否真正存在著因果關係。這時可應用的方法有水平對比法、散布圖、相關分析、迴歸分析等。

（2）確定關鍵因素

在建立並驗證了因果關係后，要設法抓住「關鍵的少數」，也就是要確定少數的關鍵影響因素，從這些關鍵影響因素入手，集中可用的資源和時間，對 6σ 項目進行質量改進，必然事半功倍。這時通常應用的方法是排列圖。

4. 改進階段（I）

（1）提出改進建議

項目團隊成員首先應充分瞭解和掌握分析階段所提供的信息，並進行細緻的梳理和深入的思考，從中找出改進建議的線索，並以數據和事實為依據提出改進建議。6σ 項目也是團隊以外組織的成員（如組織的各層次管理者、相關部門人員等）和組織外人員（如顧客和供方等）所關心的問題，項目團隊成員應注意傾聽他們的建議，很可能會獲得有精彩創意的建議和有價值的啓發。

（2）確定改進方案

提出的改進建議可能是較為粗糙的，甚至是五花八門的，要真正形成一個達到目標要求、符合組織符合實際和完整的改進方案，必須對這些改進建議進行精心的分析研究，吸收各方優點，進行加工處理，才能形成從輸入到輸出全過程的增值活動。

這裡應注意以下幾個方面：

①圍繞項目的目標來研究和確定改進方案；

②改進方案源於改進建議但應進行再創造；

③改進方案的確定應注意工作方法。

(3) 實施改進

確定好改進方案后，就要採取強制措施推行改進方案。在改進方案的實施過程中，項目團隊應該關注以下方面：按照「改進方案說明書」的要求對實施過程進行策劃，包括詳細的工作計劃、資源準備的落實，改進措施的確認，管理模式的確定以及進度要求等；對改進方案實施過程進行有效的控制，對發生的問題及時採取糾正措施；對改進方案及其實施結果，經驗和不足進行總結。

5. 控制階段（C）

項目團隊要設計並記錄必要的控制來保證 6σ 改進所帶來的成果能夠保持。此時要應用合適的質量原則和技術，包括自控和決定因素的概念。在控制階段要更新，過程控制計劃要開發，標準操作程序和作業指導書要相應修訂，要建立測量體系並建立改進后的過程能力。控制階段的主要工作有：制定過程文件、明確過程管理職責和實施過程監控等工作。

第四節　精益六西格瑪管理

一、精益六西格瑪管理的含義

(一) 精益生產

1. 精益生產的產生及概念

精益生產源於 20 世紀六七十年代早期的豐田生產方式，在豐田經過多年不懈的努力取得巨大成功之后，美國研究機構對豐田生產方式進行研究分析之后提煉出了這種生產方式的精髓，那就是精益生產。

精益生產認為任何生產過程中都存在著各種各樣的浪費，必須從顧客的角度出發，應用價值流的分析方法，分析並且去除一切不增加價值的流程。精益生產核心理念是消除一切浪費，它把目標確定在最求完美上，通過不斷地降低成本、提高質量、增強生產的靈活性、實現零缺陷和零庫存等手段來確保企業在市場競爭中的優勢，與此同時，精益生產把責任權限下放到組織的各層次，採用團隊工作法，充分調動全員工的積極性，把缺陷和浪費在第一時間消滅。精益思想包括一系列支持方法與技術，包括利用看板拉動的準時生產（JIT——Just In Time）、全面生產維護（TPM— Total Productive Maintenance）、5S 管理法、防錯法、快速換模、生產線約束理論、價值分析理論等。

精益生產一般遵循以下原則：零庫存、零等待、客戶拉動、最大化流動量、最短時間（交付時間和週期時間）。

2. 精益生產的優勢

關注顧客，創造完美價值。精益方法就是從顧客角度審視從產品設計到生產再到

產品交付的全過程，將全過程的消耗和浪費減到最低，消除一切對客戶來講不增值的流程和產品功能。不將額外的成本轉嫁給顧客，實現客戶利益的最大滿足。

消除浪費，優化流程，降低成本。精益方法就是要審視特定產品的所有活動，努力消除不必要的浪費，降低成本，使產品在整個流程中流動起來，並且這個流動越快越有利於發現過程的浪費，越有利於流程優化和成本降低。

縮短流程週期，提高回應能力。精益方法就是以最終客戶為起點，通過看板管理，以后道工序準時拉動前道工序，使價值連續流動起來，通過生產單元之間的均衡與協調，快速而有效地減少流動週期和前置時間，提高效率，減少浪費，加快資金週轉，從而大大提高市場的回應能力。

強調全員參與。精益方法非常強調全員參與，由於員工是組織最重要的資源，全員參與能有效地發揮團隊的智慧與才干，為組織創造巨大的財富。全員參與能夠有效地提高員工參與的積極性與熱情，更加關注為顧客創造價值，主動地發現流程中存在的問題，進行持續改善，使員工對組織的方針和戰略做出貢獻，使員工有滿足感和對組織的歸屬感。

(二) 精益六西格瑪

精益六西格瑪是精益生產與六西格瑪管理的結合，其本質是消除浪費。精益六西格瑪管理的目的是通過整合精益生產與六西格瑪管理，吸收兩種生產模式的優點，彌補單個生產模式的不足，達到更佳的管理效果。精益六西格瑪不是精益生產和六西格瑪的簡單相加，而是兩者的互相補充、有機結合。

按照所能解決問題的範圍，精益六西格瑪包括了精益生產和六西格瑪管理。根據精益六西格瑪解決具體問題的複雜程度和所用工具，我們把精益六西格瑪活動分為精益改善活動和精益六西格瑪項目活動，其中精益改善活動全部採用精益生產的理論和方法，它解決的問題主要是簡單的問題。精益六西格瑪項目活動主要針對複雜問題，需要把精益生產和六西格瑪的哲理、方法和工具結合起來。

二、六西格瑪和精益生產的比較

六西格瑪管理與精益生產管理既有其不同之處，也有許多相同的地方。

(1) 六西格瑪與精益生產的不同點，如表 8-1 所示。

表 8-1　　　　　　　　　六西格瑪與精益生產的不同點

	六西格瑪	精益生產
重點	最大化降低變異，消除缺陷造成的浪費	消除浪費，最大化流程的流動量
方法	使用統計知識研究流程變量的總體方法	應用消除浪費的原則
應用	重複性和高度循環的流程	產品通過的重複性和高度循環的流程
主要收益	實現質量穩定，降低缺陷造成的浪費	作業時間減少，效率提高

表8-1(續)

	六西格瑪	精益生產
次要收益	流程產出增加 產量增加 庫存降低 效率提升	庫存降低 質量提升
項目選擇	能力分析、績效差距或動因分析（客戶的意見）	價值流程圖繪製（企業的意見）
項目期限	1~6個月	1周~3個月

（2）六西格瑪與精益生產的相同點：

①兩者都需要高層管理者的支持和授權，才能保證成功。
②兩者都屬於持續改進的方法。
③兩者都不僅用於製造流程，還可以用於非製造流程。
④兩者都強調降低成本，提高效率，減少浪費。
⑤兩者都採用團隊的方式實施改善。
⑥兩者都有顯著的財務成果。
⑦都關注顧客的價值和需要。

三、六西格瑪與精益生產的結合

（一）兩者結合的必要性

1. 六西格瑪的局限性

六西格瑪管理的不足，主要表現在以下三方面：

（1）流程週期重視不夠。六西格瑪為了片面強調某一工序的完美而花長時間改善，破壞單件流程或者導致流水線全線停工，使企業在製品數量和製成品週轉率難有大的改觀，從而削弱了企業的市場影響力。

（2）六西格瑪單純強調精英的貢獻。由於六西格瑪培訓費用巨大，而六西格瑪的實施過程又要求持續不斷的培訓，致使大多數公司不可能對大量中基層管理人員進行培訓，而是依靠資深黑帶等精英人員的貢獻和強力支持，致使企業普通員工普遍認為這是一門高深的學問，與他們無關，因而參與的積極性不高，並對改革產生恐懼和抵制。

（3）創新和變革強調不足。六西格瑪管理注重利用規律性和推理尋找變異來源，而不是從實踐中進行大膽探索和創新，不可避免地抑制了企業的創新性、突破性和探索性活動，抑制了企業的靈活性和預見性，扼殺了員工的靈感、想像力、創造力以及冒險精神。

2. 精益生產的局限性

雖然精益生產有很多優勢，能夠給組織帶來變革和利益，但是大量研究和實踐證明，精益生產也存在著不足，主要體現在以下兩個方面：

（1）缺乏嚴謹的定量分析。精益方法解決問題的特點是主觀、快速而且簡單，解決問題時更多地依賴專家經驗與直覺，不能使用量化方法與專業工具管理流程，難以解決複雜的、綜合的和不明確的問題，決策也不易做到科學、準確和高效，難以真正實現「精益」。

（2）急功近利，不注重培養人才。精益方法為節省成本主張自主自發地邊干邊學，缺乏系統的人才培養機制。另外，雖然精益方法能夠從企業整體考慮消除浪費，但是它缺乏系統性改進方法的整合，過多追求短平快效果和短期利益，急功近利，不注重從根本上解決問題。

(二) 六西格瑪與精益生產的整合

1. 理念整合，塑造精益六西格瑪企業文化

六西格瑪管理為精益六西格瑪的持續改進提供戰略指導。推行精益六西格瑪的企業要有改變員工粗放管理習慣的動力和壓力，培養精細管理的意識和思維。如果沒有形成倡導注重事實和數據的氛圍，有可能導致這種管理模式在推進的中途夭折，因此應從理念層面整合精益生產和六西格瑪管理兩種管理模式形成獨特的企業文化。

2. 改進方法整合

DMAIC 流程與精益生產過程的交互與協同形成了六西格瑪管理作為項目驅動力的革新方法，其優勢在於運用各種統計工具，通過評估公司當前業績，確立核心流程進而分析流程存在的問題，識別出產品及過程改進的機會，並通過再設計流程，將改進工作納入新規範以實現持續改進。六西格瑪管理與精益生產各有其優勢，它們的協同作用，可使統計分析與邏輯思維兩者在方法論上加以有效結合，並發揮取長補短的作用，從而更有效地識別、消除質量變異和週期過程的浪費。

(三) 精益六西格瑪的實施

（1）建立精益六西格瑪團隊。在組建該團隊是，要注意明確團隊的成員構成及其各自的職責範圍。

（2）精益六西格瑪培訓。其中包括對中高層管理人員的精益六西格瑪培訓（主要是介紹精益六西格瑪項目的重要性，引起高層管理者的重視）、精益六西格瑪小組內部人員（除過程管理人員外）的培訓（主要是針對產品和實現過程培訓、工具書的學習和使用培訓等）、針對過程管理者的培訓、全體員工的精益六西格瑪基礎培訓。

（3）項目的選擇。精益六西格瑪小組成員通過分析往年數據和實地觀察，選擇出此次精益六西格瑪的試點項目。

（4）確定改善事項和目標並執行改善。通過現場勘察，數據分析和開會討論等方式確定需要改善的方面，包括物流、工序、流程等，成立問題解決小組，根據改善目標執行改善計劃。

（5）落實與維護。精益六西格瑪方案的導入，並不是活動的結束，只是活動的良好開端，為了讓精益六西格瑪能夠長久持續進行，應該注意：

①將精益六西格瑪小組確定為公司的一個固定組織；

②將精益六西格瑪活動納入到年度工作重點；

③精益六西格瑪小組負責培訓公司所有人員的精益六西格瑪理念和思想，負責在公司傳播精益六西格瑪文化，將成功實施的項目作為案例，積極參與分享。

第五節　六西格瑪管理的應用

一、六西格瑪管理在應用中的注意事項

1. 有效的方法就是質量管理或質量改進最好的方法

組織在選擇應用質量管理或質量改進方法時應結合本組織實際情況，每種方法的應用都是有條件的。6σ法一般更適用於具有一定的科技水平、管理和質量管理基礎的組織，而且該組織的最高管理者有決心和肯花力氣來推動 6σ，這時 6σ法才會真正地取得效果並得以堅持，成為一種好的質量管理或質量改進方法。

2. 最高管理者的領導和支持，成為一種好的質量管理方法

最高管理者首先要解決來自各方面的阻力，在管理層內統一認識並作出決定。最高管理者和倡導者要把 6σ項目的選擇和組織的優先發展次序、組織突出的問題結合起來，參與項目的確定和策劃，對實施過程進行監控，對成果進行評價。最高管理者和倡導者對 6σ活動領導是有具體內容的，不是只停留在口號或號召上。

3. 缺陷的發生不僅只存在於生產過程，也發生在其他過程中

缺陷是指缺損、欠缺或不夠完備的地方，也就是與規定要求不符的任何一項。缺陷不僅發生在工業生產中、工程建設中，也發生在服務中；缺陷不僅發生在與產品有關的過程中，也發生在經營和管理過程中，如營銷管理、財務管理等。也就是說，缺陷可能發生在所有過程中，因此，6σ項目的選題是及其廣泛的。

4. 不一定要運用高難度的工具和技術

在 6σ活動中，選擇所運用的數理統計技術和其他質量管理方法不是越高深、越複雜越好，而應著眼於簡單和迅速地解決問題和達到目標，不搞形式主義。

5. 六西格瑪法著眼於用好現有資源

資源包括人力資源、設備、設施、材料等物質資源，資金、信貸等財務資源，信息資源和環境資源等。6σ法致力於在資源中尋找「隱蔽工廠」，挖掘資源中的「金山」，以減少劣質資源成本。因此，不要把 6σ作為一種單純的技術來看待。

6. 要和 TQM 的推行、ISO 9000 族標準的貫徹和質量管理體系的建設相結合

6σ活動作為一種質量改進的方法，完全可以融合於針對組織的全面質量管理的推行和質量管理體系建設之中，它們並不相互排斥，而是可以相互促進、相得益彰的。

二、六西格瑪管理的應用實例①

世通汽車裝飾公司儀表板表面褶皺缺陷率高引起返工對產品質量影響很大。為此，

---

① 秦靜，方志耕，關葉青．質量管理學［M］．北京：科學出版社，2005．

公司成立 6σ 項目小組解決存在的問題。具體實施步驟如下：

(一) 定義階段 (D)

1. 現狀描述

儀表板表面褶皺缺陷發生率相當高，2010 年 1～4 月平均褶皺缺陷發生率為 16%，4 月高達 26.5%。另外，由於褶皺造成的損失也遠遠高出其他原因造成的損失，以 2010 年 2 月為例（產量為 2,465 件）：月廢品損失達 73,398 元，其中，褶皺廢品報廢損失為 37,883 元，占月損失額的 50%左右；另外，月返修損失達 2,189 元，其中，褶皺返修損失為 1,572 元，占月返修損失額的 72%。

2. 關鍵質量特性

(1) 產品表面有褶皺，影響產品外觀。

(2) 客戶對褶皺有抱怨。

3. 缺陷形成的原因

真空成型的表面在發泡工序後，表面沒有完全伸展，在有效部位產生可見褶皺。

4. 項目目標

(1) 短期目標：減少褶皺缺陷，將褶皺報廢損失率降低 50%，褶皺缺陷發生率控制在 8%以下，在 2010 年 9 月實現項目短期目標。

(2) 長期目標：褶皺報廢損失率降低 90%。

5. 經濟效益

(1) 經濟效益以每月產量 2,500 件計算，達到目標價值所節約的原材料和人力。

(2) 每年 50%改進＝236,730 元。

(3) 每年 90%改進＝426,114 元。

(4) 減少用戶抱怨。

(5) 提高生產能力。

6. 項目工作計劃

(1) 成立 6σ 團隊，確定負責人 2 人、黑帶及團隊成員 9 人（包括財務人員）。

(2) 對團隊成員進行 6σ 基礎知識培訓。

(3) 利用頭腦風暴法、魚刺圖分析查找可能的原因。

(4) 制定措施，確定負責人，跟蹤整改。

(5) 分析措施與效果之間的關係，進一步改進。

(二) 測量階段 (M)

(1) 建立專用記錄表，對本體發泡後褶皺發生情況作詳細記錄，包括生產日期、褶皺發生部位、操作者、褶皺發生程度等。

(2) 明確缺陷標準，記錄時正確區分缺陷類型。

(三) 分析階段 (A)

1. 項目小組討論形成共識

(1) 從「頭腦風暴法」入手，尋找根本原因（收縮率、硬度、不同顏色的對比

等)。

(2) 詳細記錄缺陷,尋找規律。

(3) 採取措施,跟蹤結果。

2. 儀表板工藝流程圖(圖8-2)

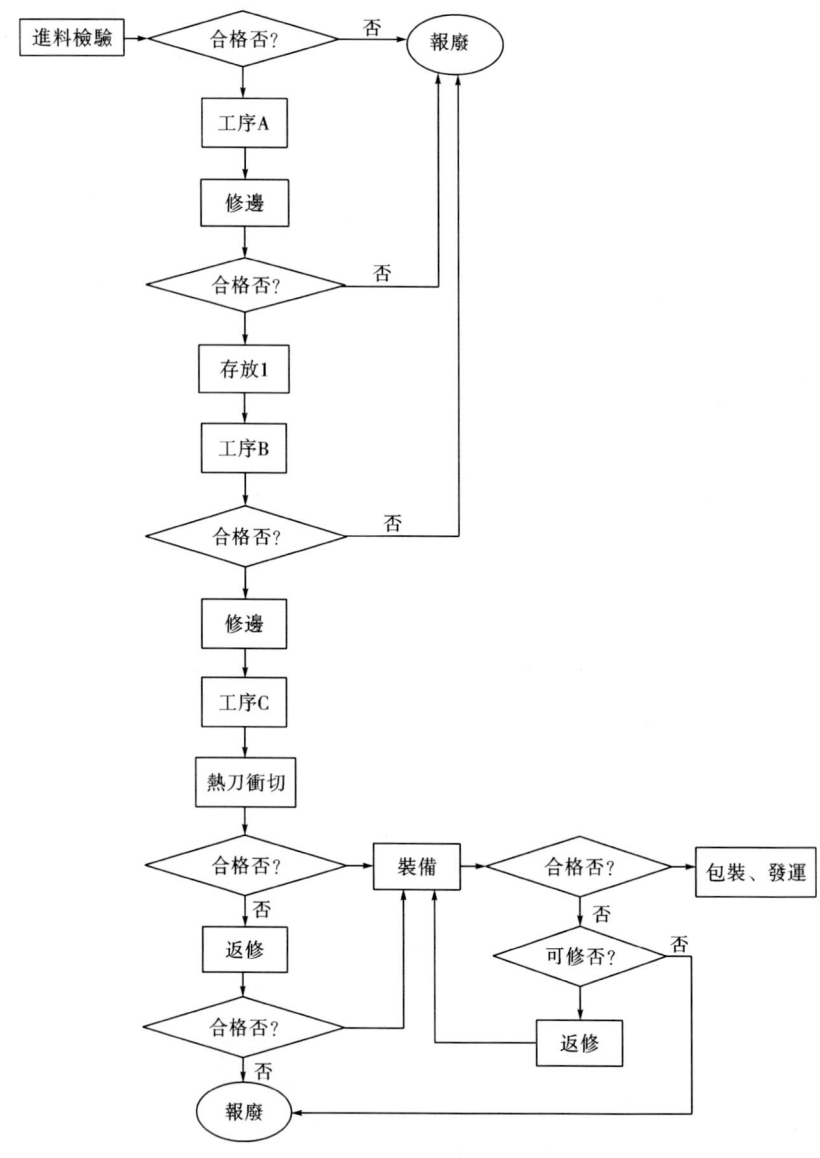

圖 8-2　儀表板工藝流程圖

3. 儀表板表面褶皺原因分析（魚刺圖，見圖 8-3）

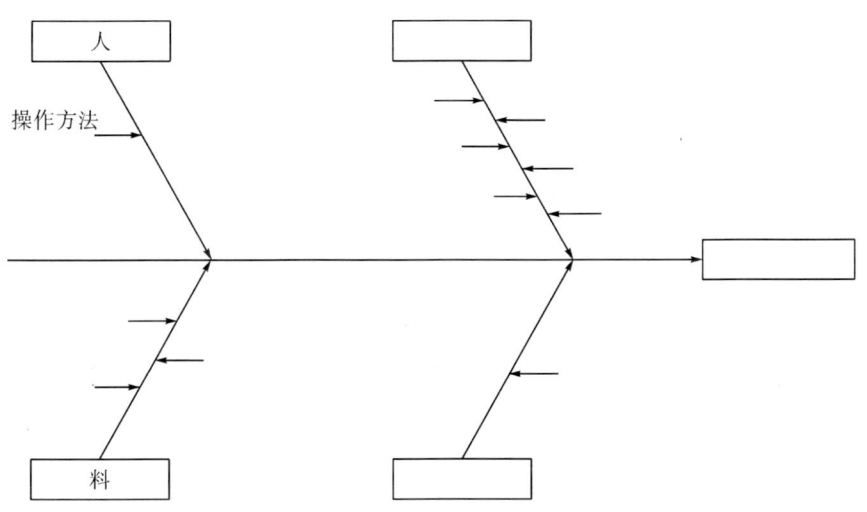

圖 8-3　儀表板表面褶皺原因分析

4. 儀表板表面褶皺缺陷記錄結果（表 8-2，圖 8-4）

表 8-2　　　　　　　　6 月下旬儀表板表面褶皺缺陷記錄

褶皺發生部位	累計發生數	程度小	程度中	程度大
（1）小塊左上側部	8	6	1	1
（2）小塊扇面	11	3	3	5
（3）大塊扇面左側	0			
（4）大塊扇面中部	0			
（5）大塊扇面右側	1		1	
（6）大塊右側部	40	36	2	2
（7）大塊右下部	0			
（8）小塊左下部	2	1	1	

質量管理

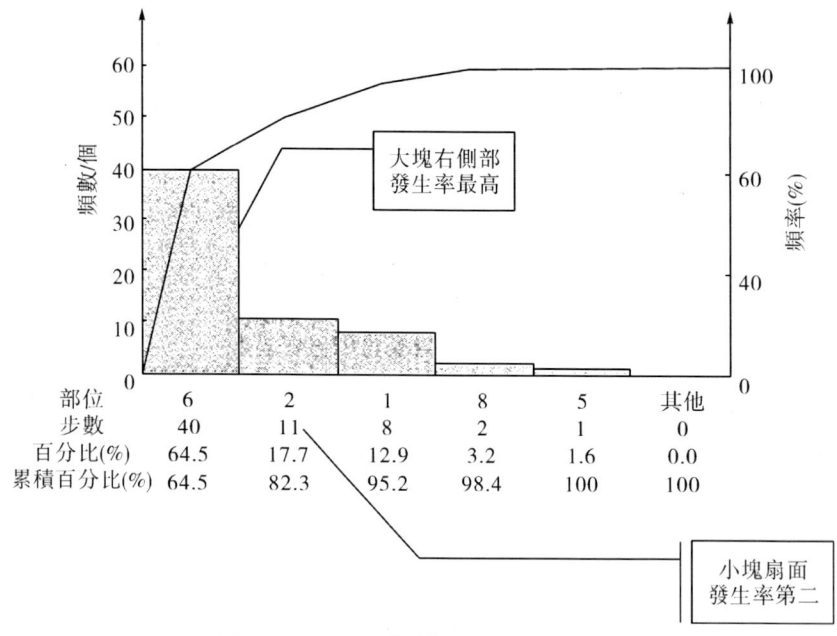

```
頻數/個
60 ┤                                    ┌─ 100
50 ┤        ┌──大塊右側部
40 ┤███     │  發生率最高             ─ 60  頻率(%)
30 ┤███     │
20 ┤███     │                          ─ 40
10 ┤███  ██ ██
 0 ┤███  ██ ██ ██ ──                    ─ 0
```

部位	6	2	1	8	5	其他
步數	40	11	8	2	1	0
百分比(%)	64.5	17.7	12.9	3.2	1.6	0.0
累積百分比(%)	64.5	82.3	95.2	98.4	100	100

小塊扇面發生率第二

圖 8-4　6 月下旬儀表板褶皺缺陷的直方圖

5. 表皮顏色與儀表板褶皺報廢記錄結果（表 8-3）

表 8-3　　　　　表皮顏色與儀表板褶皺報廢記錄

月份	灰色開模數（個）	報廢數（個）	米色開模數（個）	報廢數（個）
1	200	5	151	6
2	1,083	17	1,382	14
3	1,237	6	426	4
4	1,021	8	916	12
5	1,224	13	361	4
合計	4,765	49	3,236	10
報廢率	1.03%		1.24%	

假設檢驗結果表明，表皮灰色與米色褶皺發生率無明顯差別。

使用假設檢驗比較表皮灰色與表皮米色褶皺報廢率。

灰色開模數：

$n = 4,756$，報廢數 $= 49$，報廢率 $p_1 = 0.010,3$

米色開模數：

$m = 3,236$，報廢數 $= 49$，報廢率 $p_2 = 0.012,4$

$n + m = 8,001$，總報廢率 $p = \dfrac{89}{8,001} = 0.011,1$

u 檢驗統計量：

$$u = \frac{p_2 - p_1}{\sqrt{\left(\dfrac{1}{n} + \dfrac{1}{m}\right) \times p \times (1 - p)}}$$

$$= \frac{0.012,4 - 0.010,3}{\sqrt{\left(\dfrac{1}{4,765} + \dfrac{1}{3,236}\right) \times 0.011,1 \times (1 - 0.011,1)}}$$

$$= \frac{0.002,1}{0.023,89} = 0.869,6$$

$|u| = 0.869,6 < 1.96 = u_{0.975}$，假設檢驗結果表明，表面灰色與米色褶皺報廢率無顯著差異（$\alpha = 0.05$）。

6. 成型后表皮收縮率試驗結果（表8-4）

方法說明：專門對真空成型后表面的收縮情況進行了衡量。成型后，裁取大塊扇面中部、大塊扇面左側、小塊扇面共三塊，試樣尺寸分別為200毫米×200毫米、200毫米×200毫米、100毫米×100毫米。裁取后立即測量橫向及縱向尺寸。測量時間控制在成型后20分鐘內，在成型后18小時、42小時再次測量，計算表面收縮率。

表8-4　　　　　　　　　成型后表皮平均收縮率試驗成果

時間（小時）	平均收縮率（％）縱向	橫向
18	0.38	0.16
42	0.59	0.21
18~42	0.21	0.05

7. 測量結果

（1）縱向（表皮縱向為本體長度方向）收縮率大於橫向收縮率。

（2）橫向收縮快，在18以基本收縮完畢。

（3）縱向收縮慢，在18~42小時之間仍有0.21%的收縮，而18小時的收縮率為0.38%。

8. 結論

（1）成型后在一段時間內一直處於收縮狀態，特別是大塊尺寸變化明顯。

（2）根據測得的收縮率可計算，在成型后18小時，長度方向大塊縮短了3~4毫米，小塊縮短了0.44毫米；成型后42小時，長度方向大塊可能縮短了5~6毫米，小塊縮短了0.5毫米。因此放置時間是一個不容忽視的問題，選擇適當的放置時間具有實際的作用。

9. 通過現場跟蹤記錄分析，儀表板褶皺主要與下列因素有關

（1）懸掛方法與存放時間。

（2）發泡工藝參數（包括真空度、真空眼分佈及清潔、模具嚴密性等）。

（四）改進階段

1. 改進真空成型后表皮懸掛方法（表 8-5、圖 8-5、圖 8-6）

表 8-5　　　　　　　　　懸掛方法改進前后的對比

項目	懸掛方法改進前	懸掛方法改進后（2010 年）					
	2010 年 7 月	8月1日	8月2日	8月3日	8月6日	8月7日	8月8日
開模數（個）	1,814	119	112	130	105	135	90
褶皺返修數（個）	179	8	17	15	6	15	11
褶皺報廢數（個）	22	2	1	2	1	1	0
褶皺返修率（%）	9.87	6.72	15.18	11.54	5.71	11.11	12.22
褶皺報廢率（%）	1.21	1.68	0.89	1.54	0.95	0.74	0
廢品率（%）	3.09	4.2	1.79	1.54	1.9	1.48	3.33

項目	懸掛方法改進后（2010 年）						（續表 8-5）
	8月9日	8月10日	8月12日	8月13日	8月14日	8月15日	8月1-15日
開模數（個）	190	162	80	130	125	68	1,466
褶皺返修數（個）	9	10	0	13	13	6	123
褶皺報廢數（個）	0	0	0	1	0	0	8
褶皺返修率（%）	4.74	6.17	0	10	10.4	8.82	8.51
褶皺報廢率（%）	0	0	0	0.77	0	0	0.55
廢品率（%）	0.53	4.84	1.25	6.15	3.2	0	2.63

（1）將大小快分開懸掛，大塊在下小塊在上；大塊原交子夾持部位在上側邊，現夾在左右側邊。懸掛時注意將表皮盡可能理平成自然形狀，特別是小塊扇面。

（2）合理安排生產計劃，控制表皮存放時間，將存放時間控制在 1~2 個工作日。

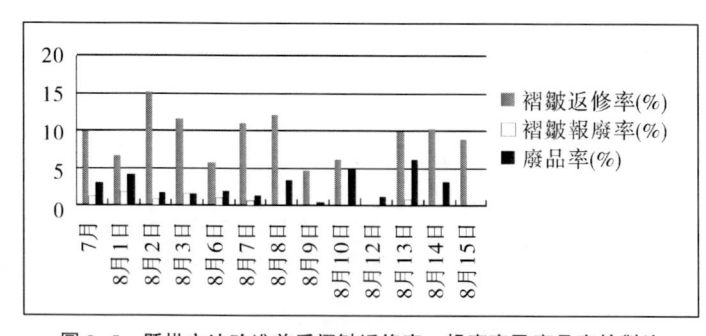

圖 8-5　懸掛方法改進前后褶皺返修率、報廢率及廢品率的對比

假設檢驗結果表明：在 $\alpha = 0.05$ 的水平下，懸掛方式改進前后褶皺報廢率為

$$u = \frac{0.012,1 - 0.005,5}{\sqrt{\left(\frac{1}{1,814} + \frac{1}{1,446}\right) \times 0.009,2 \times (1 - 0.009,2)}}$$
$$= 1.961 > 1.96$$

有了顯著下降，但褶皺返修率與總報廢率分別為：

$$u = \frac{0.098,7 - 0.085,1}{\sqrt{\left(\frac{1}{1,814} + \frac{1}{1,446}\right) \times 0.092,64 \times (1 - 0.092,64)}}$$
$$= 1.332 < 1.96$$

$$u = \frac{0.030,9 - 0.026,3}{\sqrt{\left(\frac{1}{1,814} + \frac{1}{1,446}\right) \times 0.028,83 \times (1 - 0.028,83)}}$$
$$= 0.778,3 < 1.96$$

沒有顯著下降。

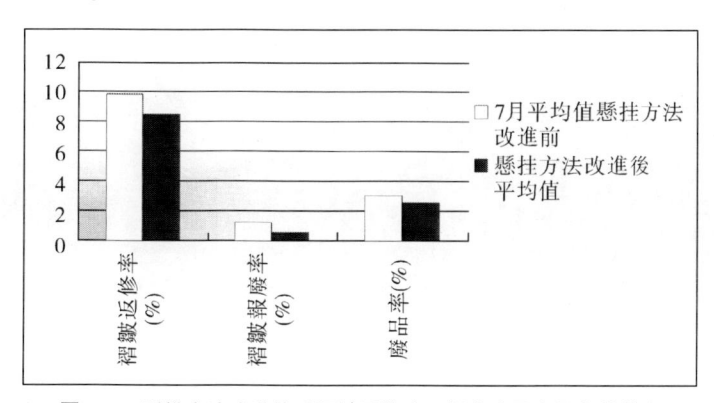

圖 8-6　懸掛方法改進前后褶皺返修率、報廢率及廢品率的對比

2. 改進真空系統（改進模具，表 8-6、圖 8-7）
（1）徹底清潔發泡模具真空眼。
（2）增加大塊側部、小塊側部真空眼。
（3）將大塊、小塊側部真空眼與主起路打通。
（4）修補發泡模具邊緣增強模具密封性，提高真空度。

表 8-6　　　　　　　　　　模具改進前后的對比

項目	模具修改前 8 月 1~15 日	模具修改后 8 月 18~31 日
開模數（個）	1,466	992
褶皺返修數（個）	123	7
褶皺報廢數（個）	8	1
褶皺返修率（％）	8.51	0.71
褶皺報廢率（％）	0.55	0.1
廢品率（％）	2.63	2.02

假設檢驗結果表明：在 $\alpha = 0.05$ 的水平下，模具修改前后褶皺返修率、褶皺報廢率有了明顯下降，但報廢率沒有明顯改善。

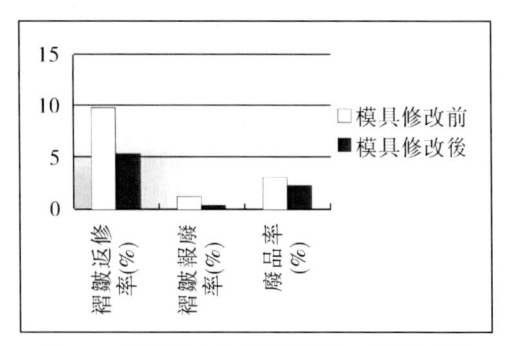

圖 8-7　模具修改前后褶皺缺陷、廢品率對比

3. 驗證數據（表 8-7、圖 8-8）

表 8-7　　　　　　　7 月、8 月儀表板表面褶皺缺陷趨勢

項目	2010 年 7 月	2010 年 8 月
開模數（個）	1,814	2,438
返修數（個）	179	130
褶皺報廢數（個）	22	9
褶皺返修率（%）	8.87	5.33
褶皺報廢率（%）	1.21	0.37
廢品率（%）	3.09	2.27

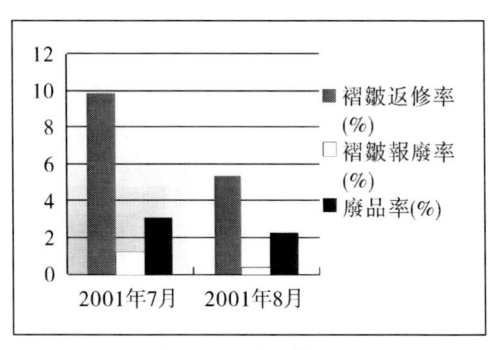

圖 8-8　7 月與 8 月褶皺缺陷趨、廢品率對比

假設檢驗結果表明：通過項目改進，儀表褶皺返修率、報廢率有了顯著下降（$\alpha = 0.05$），廢品率也有了一定的改善。

(五) 控制階段（C）

(1) 更新反應計劃（班前徹底清潔發泡模具；定期疏通發泡模具真空眼；控制存放時間等內容）。

（2）更改作業指導書（改進懸掛方法）。

案例分析

艾奧美加公司是美國的一家生產 Zip 存儲器等存儲設備的著名 IT 企業，在其創業初期，產品供不應求，公司不斷增加投資，擴大生產，得到跳躍式發展。但是，隨著生產規模的不斷擴大、市場競爭的加劇、微利時代的來臨，公司發現自己正處於虧損的邊緣，正為保持盈利而艱難拼爭。面對這種嚴峻形勢，公司感到，成本必須降下來，而且肯定有節省成本的餘地，但它們在哪裡？怎樣才能達到目的？管理者意識到公司需要一種更好的質量管理方法。

於是艾奧美加公司開始實施六西格瑪管理，但一開始卻困難重重。

艾奧美加公司是一家產量很高的製造廠商，年產 4,000 多萬套 Zip 存儲器和 2 億多個 Zip 盤片；而且，這些產品精度要求極高，比如，存儲介質厚度要求以原子水平度量，某些產品的差錯率要求之低是前所未有的。這對於有 3,000 多名職工、年營業額達 10 億美元的艾奧美加公司而言，要實施全方位的六西格瑪管理，任務相當艱鉅。

艾奧美加公司首先進行的是選派骨幹出去培訓，後來又聘請了一位一直從事六西格瑪管理的優秀主管黑帶。接下來，公司制定了開展六西格瑪管理的三點策略：一是投資於人；二是進行以數據為基礎的決策；三是注重效果並使之能被度量。擁有自己的主管黑帶是艾奧美加公司的六西格瑪管理取得成功的重要因素。公司有 5 個自己的主管黑帶，加上外聘的一個總共 6 個，由他們領導六西格瑪管理程序的實施，並各司其職，負責不同的功能領域。另外，公司還設有一個由公司主要領導擔任的兼職職位，以支持六西格瑪程序的實行和克服可能遇到的障礙。

艾奧美加公司提出了實施六西格瑪管理的一些原則：

（1）六西格瑪程序的貫徹實施，離不開執行層職員的積極支持。

（2）讓中間管理層徹底理解六西格瑪程序的精髓，同時要讓盡量多的職工也參與進來，成為六西格瑪戰略的擁護者。

（3）把焦點對準結果，一切六西格瑪管理的措施都是為了獲得有用的結果，沒有結果或成效不大的措施將會被停止或改進。

（4）六西格瑪戰略的實施，一定要有針對意義的項目，這些項目要與企業的需要相聯繫，要有利於實現企業的發展目標。

（5）給六西格瑪管理以持續的關注，直到它變成企業文化的一部分。

經過兩年全面實施六西格瑪管理，艾奧美加公司的質量文化發生了巨大變化，徹底改變了公司的質量之路。其巨大變化主要表現在以下幾個方面：

（1）人的生產力是企業的生命線。六西格瑪方法給艾奧美加公司的員工以巨大的動力，他們的積極性、主動性和創造性都被調動起來了。

（2）沒有最好，只有更好。六西格瑪戰略實施以來，儘管艾奧美加公司已經取得了引人注目的業績，可公司認識到要走的路還很長，六西格瑪管理之路就要不斷進步，永不停止。公司持續不斷地訓練越來越多的員工，使之具有更高的六西格瑪管理水平。艾奧美加公司已經培養了 400 多個主管黑帶和 100 多個總管黑帶。

公司還把六西格瑪方法的應用範圍延伸到更多部門和更多地方。

資料來源：梁工謙. 質量管理學 [M]. 北京：中國人民大學出版社，2010.

思考題：

1. 結合案例，說明企業實施六西格瑪管理的重要性。
2. 說明艾奧美加公司實施六西格瑪管理，取得成功的關鍵所在。

本章習題

1. 簡述 6σ 產生的背景。
2. 試述 6σ 管理的含義及理念。
3. 分析 6σ 管理包含的步驟。
4. 為什麼說 6σ 管理是一種能實現持續領先的經營戰略和管理哲學？
5. 為什麼說 6σ 管理是一項回報豐厚的投資？
6. 通過培訓，黑帶候選人和綠帶候選人應掌握哪些基本知識和技能？
7. 簡述 DMAIC 各個階段的主要任務。
8. 解釋下列術語：缺陷、單位缺陷數、機會缺陷數、百萬機會缺陷數。
9. 引入首次產出率和流通產出率有何意義。
10. 試描繪 6σ 管理組織體系結構。
11. 簡述倡導者的資格、職責及在 6σ 管理中所起的作用。
12. 簡述黑帶大師的資格、職責及在 6σ 管理中所起的作用。
13. 簡述黑帶的資格、職責及在 6σ 管理中所起的作用。
14. 簡述綠帶的職責及在 6σ 管理中所起的作用。
15. 簡述精益生產的起源。
16. 試比較精益生產與六西格瑪管理各自的關注點。
17. 試比較精益生產與六西格瑪管理的共同之處。
18. 如何實現六西格瑪與精益的整合？
19. 某公司共有 1,200 名員工，交由印刷車間印製員工電話號碼簿，經校對發現初稿共有 24 處錯誤。由於承印車間的打字員要把每位員工的姓名和 8 位數的電話號碼一一輸入電腦，輸錯一個字就是一個缺陷，因而連同姓名共有 11 個出錯機會。試計算承印車間打印業務的 DPU、DPO、DPMO。
20. 某電子元器件需要經過 6 道主要工序才能加工完成。在整個加工過程中，分別在第 2 道、第 4 道、第 6 道工序設置了質量檢驗點。根據生產計劃，投料 100 件。經過第一個檢驗點，發現 3 件不合格品，其中 1 件報廢，另外 2 件將返修處理後送往下一道工序繼續加工，這樣，連同合格半成品有 99 件半成品進入了後續的加工過程。這 99 件產品經過第二個檢驗點，發現有 2 件不合格，由於這道工序為不可逆工序，無法進行修復。這樣，有 97 件半成品送往下一道工序繼續加工。這 97 件半成品經過第三個檢驗點，發現有 2 件不合格品，其中 1 件報廢，另外 1 件經修復後達到質量規格要求。最後，共有 96 件產品交付顧客。試計算第 2 道、第 4 道、第 6 道三道工序的首次產出率（FTY）和整個加工過程的流通產出率（RTY）。

第九章　現場質量管理

第一節　現場質量管理的概念

一、現場

現場這個說法,有廣義和狹義兩種。廣義上,凡是企業用來從事生產經營的場所,都稱之為現場,如廠區、車間、倉庫、運輸線路、辦公室以及營銷場所等。狹義上,企業內部直接從事基本或輔助生產過程組織的結果,是生產系統布置的具體體現,是企業實現生產經營目標的基本要素之一。狹義上的現場也就是一般大家默認的。現場管理也就是對廣義和狹義的現場管理的總稱。

所謂現場,就是指企業為顧客設計、生產和銷售產品和服務以及與顧客交流的地方、現場為企業創造出附加值,是企業活動最活躍的地方。例如製造業,開發部門設計產品,生產部門製造產品,銷售部門將產品銷售給顧客。企業的每一個部門都與顧客的需求有著密切的聯繫。從產品設計到生產及銷售的整個過程都是現場,也就都有現場管理,這裡我們所探討的側重點是現場管理的中心環節——生產部門的製造現場,但現場管理的原則對其他部門的現場管理也都是適用的。現場的安全管理、物料管理、計劃管理、設備管理、工具管理、人員管理、排產管理、5S 管理等。

二、現場質量管理

(一) 現場質量管理的概念

現場質量管理也就是對廣義和狹義的現場管理的總稱,現場質量管理是管理;其管理對象包括 4M1E,即人(工人和管理人員)、機(設備、工具、工位器具)、料(原材料)、法(加工、檢測方法)、環(環境);現場質量管理職能包括計劃、組織、協調、控制;目的是制定並推行現場作業標準,消除各種無效勞動,建立安全文明的生產保證體系,保證生產現場各種信息及時、準確的傳遞,實現定置管理和目標管理。

(二) 現場質量管理的主要任務

現場質量管理的基本目的在於防止不合格的產生和對不合格的控制,並改進加工和服務提供的質量。現場質量管理的任務是由其基本目的決定的,主要是對加工和服務過程實施質量控制和質量改進,從而使產品質量和服務質量符合規定的要求,不斷提高產品質量水平。其任務主要有:

（1）過程或工序質量控制；

（2）質量改進；

（3）過程或工序檢驗。

（三）現場質量管理的主要內容

現場質量管理的主要工作內容，可從人、機、法、環、器五個方面予以展開。

1. 人的管理

現場質量管理中對人的管理有兩點要求：

（1）人的技能操作水平是否達到要求。對參與關鍵過程、特殊過程以及特殊工種的工作人員，應按規定要求或技藝評定準則進行資格認可，保證其具有勝任工作的能力。

（2）強調全員參與，讓每個員工有部門目標，有個人奮鬥目標，只有這樣，才能發揮集體的作用，取得效益。

2. 機器的管理

對設備進行管理主要是制定設備維護保養制度及制定設備使用操作規範，包括對設備的關鍵部位的日點檢制度，定期檢測設備的關鍵精度和性能項目，並做好設備故障記錄等。

3. 物料的管理

現場是加工產品的地方，物料的存在是不可避免的。即使實施加工的產品，如果不注意管理，也可能成為不合格的產品，特別是對於一些易碎品而言就尤為重要。

4. 法的管理

法在現場質量管理中主要體現為標準化生產，主要包括作業方法和工藝紀律管理的標準化。作業方法是質量工作文件的一個重要組成部分，在規範化生產現場，作業方法是用文件的形式予以體現的。在現場管理中，紀律是很重要的，要做到有標準必依，嚴格執行生產工藝紀律，堅持按圖樣、按標準或規程、按工藝生產，對於違反紀律的，要根據標準要求進行處理。

5. 環境的管理

環境管理主要指環境清潔安全、作業場地佈局合理、設備工裝保養完好、物流暢通、噪聲小等內容。

6. 檢測設備和器具管理

第二節　現場質量管理方法

一、5S現場管理

（一）5S管理的起源

5S起源於日本，是指在生產現場對人員、機器、材料、方法等生產要素進行有效管理，這是日本企業的一種獨特管理辦法。

1955 年，日本的 5S 的宣傳口號為「安全始於整理，終於整理整頓」。當時只推行了前兩個 S，其目的僅為了確保作業空間和安全。后因生產和品質控制的需要而又逐步提出了 3S，也就是清掃、清潔、修養，從而使應用空間及適用範圍進一步拓展。到了 1986 年，日本的 5S 管理方法逐漸問世，從而對整個現場管理模式起到了衝擊的作用，並由此掀起了 5S 的熱潮。

日本企業將 5S 運動作為管理工作的基礎，推行各種品質的管理手法，第二次世界大戰后，產品品質得以迅速地提升，奠定了經濟大國的地位，而在豐田公司的倡導推行下，5S 對於塑造企業的形象、降低成本、準時交貨、安全生產、高度的標準化、創造令人心曠神怡的工作場所、現場改善等方面發揮了巨大作用，逐漸被各國的管理界所認識。隨著世界經濟的發展，5S 已經成為工廠管理的一股新潮流。

(二) 5S 管理的概念

5S 是指整理（Seiri）、整頓（Seiton）、清掃（Seiso）、清潔（Seiketsu）、素養（Shitsuke），因其日語的羅馬拼音均以「S」開頭，因此簡稱為「5S」。

(三) 5S 管理的內容

1. 1S——整理

整理是要區分「要」與「不要」的東西，對「不要」的東西進行處理，其目的為騰出空間，提高生產效率。整理的要點包括：

（1）把握要與不要的基準；

（3）確定需要放置的位置；

（3）不要的物品的處理基準。

2. 2S——整頓

整頓是把要的東西依規定定位、定量擺放整齊，明確標示，其目的為排除尋找的浪費。要點包括：

（1）物品擺放要有固定的地點和區域，以便於尋找，消除因混放而造成的差錯；

（2）物品擺放地點要科學合理。例如，根據物品使用的頻率，經常使用的東西應放得近些（如放在作業區內），偶爾使用或不常使用的東西則應放得遠些（如集中放在車間某處）；

（3）物品擺放目視化，使定量裝載的物品做到過目知數，擺放不同物品的區域採用不同的色彩和標記加以區別。

3. 3S——清掃

清掃是要清除工作場所內的臟污，設備異常馬上修理，並防止污染的發生，其目的是為了減少不足和缺點。清掃的要點包括：

（1）自己使用的物品，如設備、工具等，要自己清掃，而不要依賴他人，不增加專門的清掃工；

（2）對設備的清掃，著眼於對設備的維護保養。清掃設備要同設備的點檢結合起來，清掃即點檢；清掃設備要同時做設備的潤滑工作，清掃也是保養；

（3）清掃也是為了改善。當清掃地面發現有飛屑和油水泄漏時，要查明原因，並

採取措施加以改進明顯化,是品質的基礎。

4. 4S——清潔

清潔是將上面 3S 的實施制度化、規範化,並維持效果。制度化清潔的要點:

(1) 車間環境不僅要整齊,而且要做到清潔衛生,保證工人身體健康,提高工人勞動熱情;

(2) 不僅物品要清潔,而且工人本身也要做到清潔,如工作服要清潔,儀表要整潔,及時理髮、刮鬚、修指甲、洗澡等;

(3) 工人不僅要做到形體上的清潔,而且要做到精神上的「清潔」,待人要講禮貌、要尊重別人;

(4) 要使環境不受污染,進一步消除渾濁的空氣、粉塵、噪音和污染源,消滅職業病。

5. 5S——素養(又稱修養、心靈美)

素養是要人人依規定行事,養成好習慣。目的在於提升「人的品質」,養成對任何工作都持認真態度的人。

(四) 5S 管理的效用

5S 的效用可以歸納為「八大作用」,有人稱之為「八零工廠」。

1. 虧損為零——5S 是最佳的推銷員

(1) 顧客滿意工廠,增強下訂單信心。

(2) 很多人來工廠參觀學習,提升知名度。

(3) 清潔明朗的環境,留住優秀員工。

2. 不良為零——5S 是品質零缺陷的護航者

(1) 產品嚴格地按標準要求進行生產。

(2) 乾淨整潔的生產場所可以有效地大大提高員工的品質意識。

(3) 機械設備的正常使用和保養,可以大為減少次品的產生。

(4) 員工應明了並做到事先就預防發生問題,而不能僅盯在出現問題後的處理上。環境整潔有序,異常現象一眼就可以發現。

3. 浪費為零——5S 是節約能手

(1) 降低很多不必要的材料及工具的浪費,減少「尋找」的浪費,節省很多寶貴時間。

(2) 能降低工時,提高效率。

4. 故障為零——5S 是交貨期的保證

(1) 工廠無塵化。無碎屑、屑塊、油漆,經常擦拭和進行維護保養,機械使用率會提高。

(2) 模具、工裝夾具管理良好,調試尋找故障的時間會減少,設備才能穩定,它的綜合效能就可以大幅度地提高。

(3) 每日的檢查可以防患於未然。

5. 切換產品時間為零——5S 是高效率的前提

（1）模具、夾具、工具經過整頓隨時都可以拿到，不需費時尋找，它可以節省時間。要知道在當前這個時代，時間就是金錢和高效率。

（2）整潔規範的工廠機器正常運作，作業效率可以大幅度的提升。

（3）徹底貫徹 5S，讓初學者和新人一看就懂，一學就會。

6. 事故為零——5S 是安全專家

（1）遵守作業標準，不會發生工傷事故。

（2）所有設備都進行清潔、檢修，能預先發現存在的問題，從而消除安全隱患。

（3）消防設施齊全，消防通道無阻塞，萬一發生火災或地震，員工生命安全有保障。

7. 投訴為零——5S 是標準化的推進者

（1）強調按標準作業。

（2）品質穩定，如期達成生產目標。

8. 缺勤為零——5S 可以形成愉快的工作場所

（1）明亮、清潔的工作場所讓人心情愉快。

（2）員工動手做改善，有成就感。

（五）5S 管理的基本方法

1. 定點照相

所謂定點照相，就是對同一地點，面對同一方向，進行持續性的照相，其目的就是把現場不合理現象，包括作業、設備、流程與工作方法予以定點拍攝，並且進行連續性改善的一種手法。

2. 紅單作戰

使用紅牌子，使工作人員都能一目了然地知道工廠的缺點在哪裡的整理方式，而貼紅單的對象，包括庫存、機器、設備及空間，使各級主管都能一眼看出什麼東西是必需品，什麼東西是多余的。

3. 看板作戰（Visible Management）

使工作現場人員，都能一眼就知道何處有什麼東西，有多少的數量，同時亦可將整體管理的內容、流程以及訂貨、交貨日程與工作排程，製作成看板，使工作人員易於瞭解，以進行必要的作業。

4. 顏色管理（Color Management Method）

顏色管理就是運用工作者對色彩的分辨能力和特有的聯想力，將複雜的管理問題，簡化成不同色彩，區分不同的程度，以直覺與目視的方法，以呈現問題的本質和問題改善的情況，使每一個人對問題有相同的認識和瞭解。

二、定置管理

定置管理是現場管理的一種常見、有效的方法，是以生產現場物品的定置來實現設計、組織實施、調整、協調與控制的全部過程的管理。定置管理也稱為定置科學或

定置工程學。

(一) 定置管理的概念

定置管理是對物的特定的管理，是其他各項專業管理在生產現場的綜合運用和補充企業在生產活動中，研究人、物、場所三者關係的一門科學。它是通過整理，把生產過程中不需要的東西清除掉，不斷改善生產現場條件，科學地利用場所，向空間要效益；通過整頓，促進人與物的有效結合，使生產中需要的東西隨手可得，向時間要效益，從而實現生產現場管理規範化與科學化。

人與物的結合狀態。生產活動中，主要是人與物的結合。但是人與物是否有效地結合取決於物的特有狀態，即A、B、C三種狀態：

A狀態是物與人處於有效結合狀態，物與人結合立即能進行生產活動。例如，操作工人使用的各種工具，由於擺放地點合理而且固定，當操作者需要時能立即拿到。

B狀態是物與人處於間接結合狀態，也稱物與人處於尋找狀態或物存在一定缺陷，經過某種媒介或某種活動后才能進行有效生產活動的狀態。如由於半成品堆放不合理，散落在地上，在加工時每次都需要彎腰撿起，既浪費了工時，又增加了勞動強度。

C狀態是物與現場生產活動無關，也可說是多余物。如生產現場中存在的已經報廢的設備、工具、模具等，這些物品放在生產現場，占用作業面積，而且影響操作者的工作效率技安全。

良好的定置管理，要求信息媒介達到五個方面的要求：生產現場標誌清楚；生產現場設有定置圖；位置臺帳齊全；存放物的序號、編號齊備；信息標準化。

(二) 定置管理圖的設計

1. 定置管理圖的概念

定置圖是對生產現場所在物進行定置，並通過調整物品來改善場所中人與物、人與場所、物與場所相互關係的綜合反應圖。其種類有室外區域定置圖，車間定置圖，各作業區定置圖，倉庫、資料室、工具室、計量室、辦公室等走置圖和特殊要求定置圖（如工作臺面、工具箱內，以及對安全、質量有特殊要求的物品定置圖）。

2. 定置圖繪製的原則

(1) 現場中的所有物均應繪製在圖上。

(2) 定置圖繪製以簡明、扼要、完整為原則，物形為大概輪腕、尺寸按比例，相對位置要準確，區域劃分清晰鮮明。

(3) 生產現場暫時沒有，但已定置並決定製作的物品，也應在圖上表示出來，準備清理的無用之物不得在圖上出現。

(4) 定置物可用標準信息符號或自定信息符號進行標註，並均在圖上加以說明。

(5) 定置圖應按定置管理標準的要求繪製，但應隨著定置關係的變化而進行修改。

(三) 定置管理的原則

(1) 工藝性原則：生產現場的定置管理必須符合工藝流程及工藝紀律的要求，與操作規程或崗位作業標準相統一。

（2）安全性原則：現場的定置管理必須符合環境保護和勞動保護的要求，切實考慮安全因素。

（3）實效性原則：定置管理必須從實際出發，在作業研究的基礎上進行系統設計，切實體現實效性。

（4）標準化原則：定置管理的診斷、設計、信息規定以及相關制度都要標準化。

（5）次序原則：建立有條不紊的工作次序為原則。

（6）節約原則：定置管理以時間和勞動的節約為宗旨，同時在定置管理實施過程中，要因地制宜，精簡適用，避免鋪張浪費。

（7）持續改進原則：定置管理是長期性管理活動，定置後仍要通過經常性的合理調整與嚴格考核，鞏固定置成果，不斷提高定置管理水平。

(四) 定置管理的實施與考核

1. 定置管理的實施

定置管理的實施即按照定置的設計具體內容進行定置管理。對生產現場的材料、機械、操作者、方法進行科學的整理、整頓，將所有的物品定位，按圖定置，使人、物、場所的結合達到最佳。

開展定置管理的實施步驟如下：

（1）進行工藝研究。其具體包括以下三個內容：對現場進行調查、詳細記錄現行方法分析記錄的事實、尋找存在的問題擬定改進方案。

（2）對人、物結合的狀態分析。

（3）開展對信息流的分析。

（4）定置管理設計。

（5）定置實施是理論付諸實踐的階段，也是定置管理工作的重點。其包括以下三個步驟：

①清除與生產無關之物

生產現場中凡與生產無關的物，都要清除乾淨。清除與生產無關的物品應本著「雙增雙節」精神，能轉變利用便轉變利用，不能轉變利用時，可以變賣，化為資金。

②按定置圖實施定置

各車間、部門都應按照定置圖的要求，將生產現場、器具等物品進行分類、搬、轉、調整並予定位。定置的物要與圖相符，位置要正確，擺放要整齊，貯存要有器具。可移動物，如推車、電動車等也要定置到適當位置。

③放置標準信息名牌

放置標準信息名牌要做到牌、物、圖相符，設專人管理，不得隨意挪動。要以醒目和不妨礙生產操作為原則。總之，定置實施必須做到：有圖必有物，有物必有區，有區必掛牌，有牌必分類；按圖定置，按類存放，帳（圖）物一致。

（6）定置檢查與考核

定置管理的一條重要原則就是持之以恆。只有這樣，才能鞏固定置成果，並使之不斷發展。因此，必須建立定置管理的檢查、考核制度、制訂檢查與考核辦法，並按

標準進行獎罰，以實現定置故長期化、制度化和標準化。

2. 定置管理的檢查與考核

定置管理的檢查與考核一般分為兩種情況：一是定置后的驗收檢查，檢查不合格的不予通過，必須重新定置，直到合格為止；二是定期對定置管理進行檢查與考核。這是要長期進行的工作，它比定置后的驗收檢查工作更為複雜，更為重要。

定置考核的基本指標是定置率，它表明生產現場中必須定置的物品已經實現定置的程度。其計算公式是：定置率＝實際定置的物品個數（種數）/定置圖規定的定置物品個數（種數）×100%。

三、質量檢驗

(一) 質量檢驗的概念

對實體的一個或各個特性進行的，諸如測量、檢查、試驗和度量，並將結果與規定的要求相比較，以及確定每項特性合格情況等所進行的活動。專家認為質量檢驗就是對產品的一項或多項質量特性進行觀察、測量、試驗，並將結果與規定的質量要求進行比較，以判斷每項質量特性合格與否的一種活動。

(二) 質量檢驗的主要內容

從質量檢驗的定義可以看出其以下工作內容：明確標準、度量、對比、判定、處理和記錄。

(三) 質量檢驗的功能

1. 鑑別功能

鑑別功能是質量檢驗各項功能的基礎。

2.「把關」功能

質量「把關」是質量檢驗最重要、最基本的功能，是對鑑別發現的不合格產品把住不交付預期使用的「關口」。

3. 預防功能

現代質量檢驗不單純是事後「把關」，還同時起到預防的作用。

4. 報告功能

質量報告的主要內容包括：

(1) 原材料、外購件、外協件進貨驗收的質量情況和合格率；

(2) 過程檢驗、成品檢驗的合格率、返修率、報廢率，以及相應的廢品損失金額；

(3) 按產品組成部分（如零部件）或作業單位劃分統計的合格率、返修率、報廢率及相應廢品損失金額；

(4) 產品不合格（不符合）原因的分析；

(5) 重大質量問題的調查、分析和處理意見；

(6) 提高產品質量的建議。

（四）常用質量檢驗管理制度

在質量管理中，加強質量檢驗的組織和管理工作是十分必要的。中國在長期管理實踐中已經累積了一套行之有效的質量檢驗的管理原則和制度，主要有：

1. 三檢制

三檢制就是實行操作者的自檢、工人之間的互檢和專職檢驗人員的專檢相結合的一種檢驗制度。

自檢。自檢就是生產者對自己所生產的產品，按照圖紙、工藝和合同中規定的技術標準自行進行檢驗，並作出產品是否合格的判斷。這種檢驗充分體現了生產工人必須對自己生產的產品質量負責。

互檢。互檢就是生產工人相互之間進行檢驗。主要有下道工序對上道工序流轉過來的半成品進行抽檢；同一機床、同一工序輪班交接班時進行相互檢驗；小組質量員或班組長對本小組工人加工出來的產品進行抽檢等。

專檢。專檢就是由專業檢驗人員進行的檢驗。專業檢驗是現代化大生產勞動分工的客觀要求，它是自檢和專檢不能取代的。而且三檢制必須以專業檢驗為主導，這是由於現代生產中，檢驗已成為專門的工種和技術，專職檢驗人員對產品的技術要求、工藝知識和檢驗技能，都比生產工人熟練，所用檢測儀器也比較精密，檢驗結果比較可靠，檢驗效率也比較高。由於生產工人有嚴格的生產定額，定額又同獎金掛勾，所以容易產生錯檢和漏檢。那種以相信群眾為借口，主張完全依靠自檢，取消專檢，是既不科學，也不符合實際的。

2. 留名制

留名制是指在生產過程中，從原材料進廠到成品入庫出廠，每完成一道工序，改變產品的一種狀態，包括進行檢驗和交接、存放和運輸，責任者都應該在工藝文件上簽名，以示負責。特別是在成品出廠檢驗單上，檢驗員必須簽名或加蓋印章。這是一種重要的技術責任制。操作者簽名表示按規定要求完成了這道工序，檢驗者簽名表示該工序達到了規定的質量標準。簽名后的記錄文件應妥為保存，以便以后參考。

3. 不合格品管理制

合格品管理不僅是質量檢驗也是整個質量管理工作的重要內容。對不合格品的管理要堅持「三不放過」原則，即：不查清不合格的原因不放過；不查清責任者不放過；不落實改進措施不放過。這一原則是質量檢驗工作的重要指導思想，堅持這種思想，才能真正發揮檢驗工作的把關和預防的作用。對不合格品的現場管理主要做好兩項工作，一是對不合格品的標記工作，即凡是檢驗為不合格的產品、半成品或零部件，應當根據不合格品的類別，分別塗以不同的顏色或作出特殊標記，以示區別；二是對各種不合格品在塗上標記后應立即分區進行隔離存放，避免在生產中發生混亂。對不合格品的處理方法有報廢、返工、返修、原樣使用等。

4. 追溯制

追溯制也叫跟蹤管理，就是在生產過程中，每完成一個工序或一項工作，都要記錄其檢驗結果及存在問題，記錄操作者及檢驗者的姓名、時間、地點及情況分析，在

產品的適當部位做出相應的質量狀態標誌。這些記錄與帶標誌的產品同步流轉。需要時，很容易搞清責任者的姓名、時間和地點，職責分明，查處有據，這可以極大加強職工的責任感。

5. 質量復查制

質量復查制是指有些生產重要產品的企業，為了保證交付產品的質量或參加試驗的產品穩妥可靠、不帶隱患，在產品檢驗入庫後、出廠前，要請與產品設計、生產、試驗及技術部門的人員進行復查。

(五) 不合格品分級

不合格分級的概念：不合格嚴重性分級，就是將產品質量可能出現的不合格，按其對產品適用性影響的不同進行分級，列出具體的分級表、據此實施管理。不合格分級較早在美國使用。

1. 分級原則

(1) 所規定的質量特性的重要程度。

(2) 對產品適用性的影響程度。

(3) 顧客可能反應的不滿意強烈程度。顧客不滿意的反應越強烈，其嚴重性也越大。

(4) 不合格的嚴重性分級除考慮功能性質量特性外，還必須包括外觀、包裝等非功能性的影響因素。

(5) 不合格對下一作業過程的影響程度。

2. 不合格分級級別

目前中國國家標準推薦，將不合格分為3個等級。中國某些行業將不合格分為三級，某些行業則分為四級。

三級不合格分別如下：

A類不合格：如產品的極重要的質量特性不符合規定，或產品的質量特性極嚴重不符合規定；

B類不合格：如產品的重要質量特性不符合規定，或產品的質量特性嚴重不符合規定；

C類不合格：如產品的一般質量特性不符合規定，或產品的質量特性輕微不符合規定。

美國貝爾系統將不合格的嚴重性分為四級。

A級——非常嚴重（不合格分值100分）。

B級——嚴重（不合格分值50分）。

C級——中等嚴重（不合格分值10分）：可能會造成部件在運轉中失靈，如接觸低於最低限度；可能造成尚未嚴重到運轉失靈程度的故障，如振鈴不在特定範圍內運轉；可能導致增加保養次數或縮短壽命，如接觸部位骯髒；造成顧客安裝上的小困難，例如安裝托座歪曲；較大的外觀、塗層或工藝不合格，例如塗層有明顯的劃痕。

D級——不嚴重（不合格分值1分）。

四、質量改進

（一）質量改進與質量控制

質量改進（Quality Improvement），是為向本組織及其顧客提供增值效益，在整個組織範圍內所採取的提高活動和過程的效果與效率的措施。現代管理學將質量改進的對象分為產品質量和工作質量兩個方面，是全面質量管理中所敘述的「廣義質量」之概念。

質量控制的目的是維持某一特定的質量水平，控制系統的偶發性缺陷；而質量改進則是對某一特定的質量水平進行「突破性」的變革，使其在更高的目標水平下處於相對平衡的狀態。兩者的區別可用圖 9-1 表示。

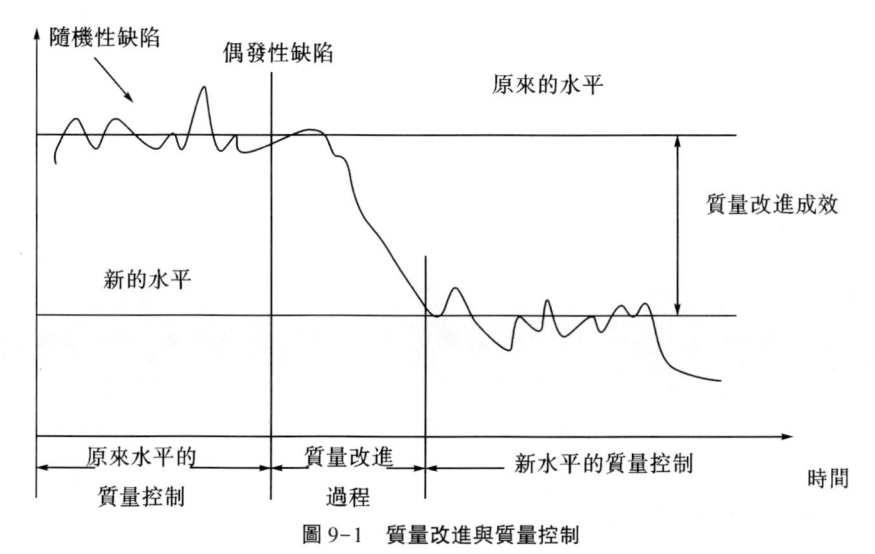

圖 9-1　質量改進與質量控制

由圖 9-1 可見，質量控制是日常進行的工作，可以納入「操作規程」中加以貫徹執行。質量改進則是一項階段性的工作，達到既定目標之后，該項工作就完成了，通常它不能納入操作規程，只能納入質量計劃中加以貫徹執行。

（二）質量改進的基本過程

質量改進的基本過程可以用 PDCA 循環圖表示，如圖 9-1 所示。

「計劃（Pan）—執行（Do）—檢查（Check）—總結（Actton）循環」，簡稱 PDCA 循環，反應了質量改進和其他管理工作必須經過的四個階段，這四個階段是不斷循環下去的。

（1）第一階段，P 階段：以提高質量、降低消耗為目的，通過分析診斷，制定改進的目標，確定達到這些目標的具體措施和方法。

（2）第二階段，D 階段：按照已制訂的計劃，克服各種阻力，紮紮實實地去做，以實現質量改進的目標。

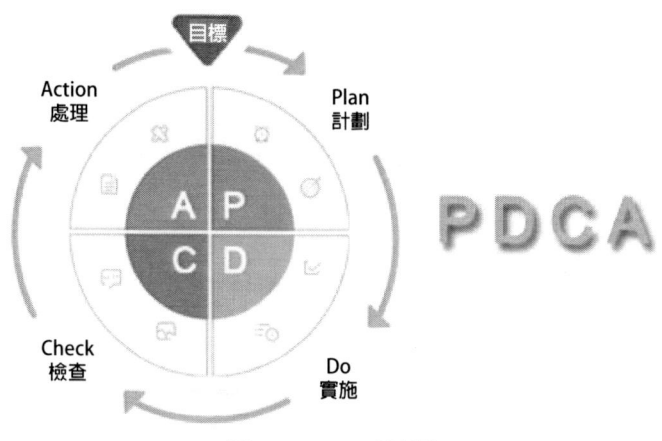

圖 9-2　PDCA 循環圖

(3) 第三階段，C 階段：對照計劃要求，檢查、驗證執行的效果，及時發現計劃過程中的經驗和問題。

(4) 第四階段，A 階段：把成功的經驗加以肯定，定成標準、規程、制度，鞏固成績，克服缺點。

(三) 質量改進的步驟

具體實施質量改進 PDCA 循環的過程，分成如下八個步驟，即「四階段，八步驟」：

(1) 分析現狀，找出存在的主要質量問題；
(2) 診斷分析產生質量問題的各種影響因素；
(3) 找出影響質量的主要因素；
(4) 針對影響質量的主要因素，制定措施，提出改進計劃，並預計其效果；
(5) 按既定的計劃執行措施；
(6) 根據改進計劃的要求，檢查、驗證實際執行的結果，看是否達到了預期的效果；
(7) 根據檢查的結果進行總結，把成功的經驗和失敗的教訓都納入有關的標準、制度和規定之中，鞏固已經取和的成績，同時防止重複發生問題；
(8) 提出這一循環尚未解決的問題。

(四) 質量改進的工具

QC 七種工具指的是：檢查表、層別法、柏拉圖、因果圖、散布圖、直方圖、管制圖。從某種意義上講，推行 QC 七種工具，一定程度上表明了公司管理的先進程度。這些工具的應用之成敗，將成為公司升級市場的一個重要方面；幾乎所有的 OEM 客戶，都會把統計技術應用情況作為審核的重要方面，例如 TDI、MOTOROLA 等。

QC 新七種工具指的是：關係圖法、KJ 法、系統圖法、矩陣圖法、矩陣數據分析法、PDPC 法、網路圖法。相對而言，新七種工具在世界上的推廣應用遠不如舊七種工

具，也從未成為顧客審核的重要方面。

第三節　現場質量管理工具

一、目視管理

(一) 目視管理的概念

目視管理是利用形象直觀而又色彩適宜的各種視覺感知信息來組織現場生產活動，達到提高勞動生產率的一種管理手段，也是一種利用視覺來進行管理的科學方法。所以目視管理是一種以公開化和視覺顯示為特徵的管理方式，綜合運用管理學、生理學、心理學、社會學等多學科的研究成果。

在日常生活中，我們是通過「五感」（視覺、聽覺、觸覺、味覺）來感知事物的，其中，最常用的是「視覺」。因為人的行動的60%是從「視覺」的感知開始的，所以在企業管理中，使用目視管理能讓員工容易明白、易於遵守，自主性地接受、執行各項工作。

(二) 目視管理特點

(1) 以視覺信號顯示為基本手段，大家都能夠看得見。

(2) 要以公開化、透明化為基本原則，盡可能地將管理者的要求和意圖讓大家看得見，借以推動自主管理或叫自主控制。

(3) 現場的作業人員可以通過目視的方式將自己的建議、成果、感想展示出來，與領導、同事以及工友們進行相互交流。

所以說目視管理是一種以公開化和視覺顯示為特徵的管理方式，也可稱為看得見的管理，或一目了然的管理。這種管理的方式可以貫穿於各種管理的領域當中。

(三) 目視管理原則

(1) 目視管理第一個原則，是要讓問題曝光，現場一旦有事故苗頭，就能讓人立即發現，生產線即能停止生產。

(2) 目視管理第二個原則，是要使作業人員及督導人員能當場直接接觸到現場的事實。

(3) 目視管理第三個原則，是要使改善的目標清晰化。

(四) 目視管理常用工具

1. 紅牌

紅牌，適宜於5S中的整理，是改善的基礎起點，用來區分日常生產活動中非必需品，掛紅牌的活動又稱為紅牌作戰。

2. 折疊看板

用在5S的看板作戰中，使用的物品放置場所等基本狀況的表示板。它的具體位置在哪裡、做什麼、數量多少、誰負責，甚至說，誰來管理等，讓人一看就明白。因為5S的推動，它強調的是透明化、公開化，因為目視管理有一個先決的條件，就是消除黑箱作業。

看板就是表示出某工序何時需要何數量的某種物料的卡片，是傳遞信號的工具。現場人員借助於看板，可以實現目視化管理，並利用形象直觀，色彩適宜的各種視覺感知信息（表格、圖形、數據、顏色）來組織、管理和改善現場生產活動，同時可以一目了然地發現異常狀態及問題點的管理方式——「用眼睛來管理」。

現場管理中看板的主要功能包括：

①生產計劃發布：將生產計劃即時發布到生產現場；
②即時產量統計：即時收集生產現場產量；
③生產線異常通知：對缺料、設備故障等異常，進行即時通報；
④處理流程跟蹤：跟蹤異常處理過程，督促相關人員及時處理；
⑤生產效率統計：統計生產效率，並對各生產線效率進行統計分析；
⑥異常狀況統計：統計各類異常狀況次數及時間，並進行歸類分析。

3. 折疊信號燈

在生產現場，第一線的管理人員必須隨時知道作業員或機器是否在正常運行，是否在正常作業。信號燈是工序內發生異常時用於通知管理人員的工具。

現場管理中信號燈的種類主要有：

①發音信號燈。適用於物料請求通知，當工序內物料用完時，或者該供需的目視信號燈亮時，擴音器會馬上通知搬送人員立刻及時的供應。幾乎所有的工廠的主管都一定很瞭解，信號燈必須隨時讓它亮，信號燈也是在看板管理中的一個重要的項目。

②異常信號燈。用於產品質量不良及作業異常等異常發生場合，通常安裝在大型工廠的較長的生產、裝配流水線。一般設置紅或黃這樣兩種信號燈，由員工來控制，當發生零部件用完、出現不良產品及機器的故障等異常時，往往會影響到生產指標的完成，這時由員工馬上按下紅燈的按鈕，等紅燈一亮，生產管理人員和廠長都要停下手中的工作，馬上前往現場，予以調查處理。異常被排除以後，管理人員就可以把這個信號燈關掉，然后繼續維持作業和生產。

③運轉指示燈。檢查顯示設備狀態的運轉、機器開動、轉換或停止的狀況。停止時還顯示它的停止原因。

④進度燈。它是比較常見的，安在組裝生產線，在手動或半自動生產線，它的每一道工序間隔大概是1~2分鐘，用於組裝節拍的控制，以保證產量。但是節拍時間隔有幾分鐘的長度時，它用於作業。就作業員的本身，自己把握的進度，防止作業的遲緩。進度燈一般分為10分。對應於作業的步驟和順序，標準化程序，它的要求也比較高。

4. 折疊操作流程

操作流程圖，它本身是描述工序重點和作業順序的簡明指示書，也稱為步驟圖，

用於指導生產作業。在一般的車間內，特別是工序比較複雜的車間，在看板管理上一定要有個操作流程圖。原材料進來后，第一個流程可能是簽收，第二個工序可能是點料，第三個工序可能是轉換，或者轉制，這就叫操作流程圖。

5. 折疊反面教材

反面教材，一般它是結合現物和柏拉圖的表示，就是讓現場的作業人員明白它的不良的現象及后果。一般是放在人多的顯著位置，讓人一看就明白，這是不能夠正常使用，或不能違規操作的。

6. 折疊提醒板

提醒板，用於防止遺漏。健忘是人的本性，不可能杜絕，只有通過一些自主管理的方法來最大限度地減少遺漏或遺忘。比如有的車間內的進出口處，有一塊板子，今天有多少產品要在何時送到何處，或者什麼產品一定要在何時生產完畢。或者有領導來視察，下午兩點鐘有一個什麼檢查，或是某某領導來視察。這些都統稱為提醒板。一般來說，用縱軸表示時間，橫軸表示日期，縱軸的時間間隔通常為一個小時，一天用 8 個小時來區分，每一小時，就是每一個時間段記錄正常、不良或是次品的情況，讓作業者自己記錄。提醒板一個月統計一次，在每個月的例會中總結，與上個月進行比較，看是否有進步，並確定下個月的目錄，這是提醒板的另一個作用。

7. 折疊區域線

區域線就是對半成品放置的場所或通道等區域，用線條把它畫出，主要用於整理與整頓異常原因和停線故障等，用於看板管理。

8. 折疊警示線

警示線，就是在倉庫或其他物品放置處用來表示最大或最小庫存量的塗在地面上的彩色漆線，用於看板工作中。

9. 折疊告示板

告示板，是一種及時管理的道具，也就是公告，比方說今天下午兩點鐘開會，告示板就是書寫這些內容的地方。

10. 折疊生產管理板

生產管理板，是揭示生產線的生產狀況、進度的表示板，記入生產實績、設備開動率、異常原因（停線、故障）等，用於看板管理。

二、QC 質量管理小組

（一）QC 小組的概念和特點

QC 小組（質量控制小組）就是由相同、相近或互補的工作場所的人們自發組成數人一圈的小圈團體，全體合作、集思廣益，按照一定的活動程序來解決工作現場、管理、文化等方面所發生的問題及課題。它是一種比較活潑的品管形式，MBA、CEO、EMBA 等課程均對 QC 小組在現代企業管理中的應用有所介紹。

從 QC 小組（Quality Control Circle，簡稱 QCC）活動實踐來看，它有以下幾個主要特點：

自主性。QC 小組以職工自願參加為基礎，實行自主管理，自我教育，互相啓發，共同提高，充分發揮小組成員的聰明才智和積極性、創造性。

群眾性。QC 小組是吸引廣大職工群眾積極參與質量管理的有效形式，不但包括領導人員、技術人員、管理人員，而且更注重吸引在生產、服務工作第一線的操作人員參加。廣大職工群眾在 QC 小組活動中學技術、學管理，群策群力分析問題，解決問題。

高度的民主性。QC 小組的組長可以民主推選，QC 小組成員可以輪流擔任課題小組長，人人都有發揮才智和鍛煉成長機會；內部討論問題、解決問題時，小組成員不分職位與技術高低，各抒己見，互相啓發，集思廣益，高度發揚民主，以保證既定目標的實現。

科學性。QC 小組在活動中遵循科學的工作程序，步步深入地分析問題、解決問題；在活動中堅持用數據說明事實，用科學的方法來分析與解決問題，而不是憑「想當然」或個人經驗。

(二) QC 小組組建、推進

由於各個企業的情況、欲組建的 QC 小組的類型以及欲選擇的活動課題特點等不同，所以組建 QC 小組的程序也不盡相同，大致可以分為三種情況。

自下而上的組建程序。由同一班組的幾個人（或一個人），根據想要選擇的課題內容，推舉一位組長（或邀請幾位同事），共同商定是否組成一個 QC 小組，給小組取個什麼名字，先要選個什麼課題，確認組長人選。

自上而下的組建程序。這是中國企業當前較普遍採用的。首先，由企業主管 QC 小組活動的部門，根據企業實際情況，提出全企業開展 QC 小組活動的設想方案，然後與車間（或部門）的領導協商，達成共識後，由車間（或部門）與 QC 小組活動的主管部門共同確定本單位應建幾個 QC 小組，並提出組長人選，進而與組長一起物色每個 QC 小組所需的組員，所選的課題內容。然后由企業主管部門會同車間（部門）領導發給 QC 小組長註冊登記表。組長按要求填完兩表（小組註冊登記表、課題註冊登記表），經企業主管部門審核同意，並編上註冊號，小組組建工作即告完成。

上下結合的組建程序這是介於上面兩種之間的一種。它通常是由上級推薦課題範圍，經下級討論認可，上下協商來組建。這主要是涉及組長和組員人選的確定，課題內容的初步選擇等問題，其他程序與前兩種相同。這樣組建小組，可取前兩種所長，避其所短，應積極倡導。

1. QC 小組的組建

QC 小組的組建，必須實事求是，結合實際。自願參加，自願結合是組建 QC 小組的基本原則；由上而下，上下結合是組建 QC 小組的基礎；領導、技術人員和普通員工三者結合是組建 QC 小組的好形式。

參加一個 QC 小組的人員不必過多，一般 4~10 人為宜，一個人可同時參加多個 QC 小組。QC 小組成立后，由組員自行討論命名小組名稱，推選出小組組長。QC 小組在公司專職管理部門登記公布。

公司需注意提拔或推選有組織能力和熱心質量管理的人員擔任組長，組長應對成員有導引和約束力。經常組織召開小組會議．研究解決各種問題．做好小組活動記錄。並負責整理成果和發表。

小組活動要圍繞部門內的質量、效率、成本、浪費、服務、現場管理等關鍵問題選題攻關，開始時從容易之處著手，不必好高騖遠。

在現場可開闢 QC 小組活動園地，張貼小組活動的結果，以及相關資料，以利於各小組的經驗交流，確認小組活動的進展，既是現場文化的形象展示，也可促進 QC 小組間的良性競爭氛圍。

公司要成立專職管理部門，加強對 QC 小組活動的指導。注重對小組成員的培訓，包括質量管理的統計方法、對 QC 小組的正確認識、開展活動的程序步驟、參加活動的注意事項等。經常對小組活動進行檢查、考核和開展競賽，成果顯著的 QC 小組可在企業公開發表並予以獎勵。

領導的重視和參與是推動 QC 小組活動的關鍵因素，公司需建立健全 QC 小組管理制度和激勵機制，充分調動員工的積極性，從而做到從上到下全員參與，真正貫徹「質量第一」的觀念，使 QC 小組更深、更廣、更持續地開展。

為了避免 QC 小組活動流於形式，必須關注每個 QC 小組活動的過程，通過中間報告等形式確認活動進程。為避免大家為了報告而捏造修改數據，以及 QC 小組活動變成小組長一個人的事，從頭包攬到底這兩個通病，在 QC 小組成果評審時須特別加強這兩個方面的審核。

2. QC 小組活動的程序

QC 小組組建以後，從選擇課題開始，開展活動。活動的具體程序如下：

（1）選題。QC 小組活動課題選擇，一般應根據企業方針目標和中心工作，根據現場存在的薄弱環節，根據用戶的需要。選題的範圍一般有：提高質量；降低成本；設備管理；開發新品，開設新的服務項目；安全生產；治理「三廢」，改善環境；提高顧客（用戶）滿意率；加強企業內部管理。

（2）確定目標值。課題選定以後，應確定合理的目標值。目標值的確定要注重目標值的定量化，使小組成員有一個明確的努力方向，便於檢查，活動成果便於評價；注重實現目標值的可能性，既要防止目標值定得太低，小組活動缺乏意義，又要防止目標值定得太高，久攻不克，使小組成員失去信心。

（3）調查現狀。為了解課題的狀況，必須認真做好現狀調查。在進行現狀調查時，應根據實際情況，應用不同的 QC 工具，進行數據的搜集整理。

（4）分析原因。對調查後掌握到的現狀，要發動全體組員動腦筋，想辦法，依靠掌握的數據，通過開「諸葛亮」會，集思廣益，選用適當的 QC 工具，進行分析，找出問題的原因。

（5）找出主要原因。經過原因分析以後，根據關鍵、少數和次要多數的原理，將多種原因進行排列，從中找出主要原因。在尋找主要原因時，可根據實際需要應用排列圖、關聯圖、相關圖、矩陣分析、分層法等不同分析方法。

（6）制定措施。主要原因確定后，制定相應的措施，明確各項問題的具體措施，

要達到的目的、誰來做、何時完成以及檢查人。

（7）實施措施。按措施計劃分工實施。小組長要組織成員，定期或不定期地研究實施情況，隨時瞭解課題進展，發現新問題要及時研究、調查措施計劃，以達到活動目標。

（8）檢查效果。措施實施后，應進行效果檢查。效果檢查是把措施實施前後的情況進行對比，看其實施后的效果，是否達到了預定的目標。

（9）制定鞏固措施。達到了預定的目標值，說明該課題已經完成。但為了保證成果得到鞏固，小組必須將一些行之有效的措施或方法納入工作標準、工藝規程或管理標準，經有關部門審定后納入企業有關標準或文件。如果課題的內容只涉及本班組，那就可以通過班組守則、崗位責任制等形式加以鞏固。

（10）分析遺留問題。小組通過活動取得了一定的成果，也就是經過了一個 PDCA 循環。這時候，應對遺留問題進行分析，並將其作為下一次活動的課題，進入新的 PDCA 循環。

（11）總結成果資料。小組將活動的成果進行總結，是自我提高的重要環節，也是成果發表的必要準備，還是總結經驗、找出問題，進行下一個循環的開始。

以上步驟是 QC 小組活動的全過程，體現了一個完整的 PDCA 循環。由於 QC 小組每次取得成果后，能夠將遺留問題作為小組下個循環的課題（如沒有遺留問題，則提出新的打算），這就讓 QC 小組活動能夠持久、深入的開展，推動 PDCA 循環不斷前進。

三、看板管理

（一）看板管理概述

看板管理，是指為了達到 JIT 準時生產方式而控制現場生產流程的工具，常作「看板管理」，是豐田生產模式中的重要概念。準時生產方式中的拉式（Pull）生產系統可以使信息的流程縮短，並配合定量、固定裝貨容器等方式，而使生產過程中的物料流動順暢。準時生產方式的看板旨在傳達信息：「何物，何時，生產多少數量，以何方式生產、搬運」。看板管理方法是在同一道工序或者前后工序之間進行物流或信息流的傳遞。看板管理示意圖見圖 9-3、圖 9-4。

A 工序的生產看板			B 工序的生產看板			C 移動看板		
零件號	Y16032	工序盤加工 A11	零件號	Y16032	工序銑齒輪 A12	零件號	Y16032	前道工序盤加工 A11
零件名	齒輪	^	零件名	齒輪	^	零件名	齒輪	^
庫存地	1878-1	提前期 8 小時	庫存地	1879-2	提前期 8 小時	數量	箱型	后道工序銑齒輪 A12
數量	20 件	^	數量	20 件	^	20	B	^

圖 9-3　看板管理示意圖

图 9-4　生產看板

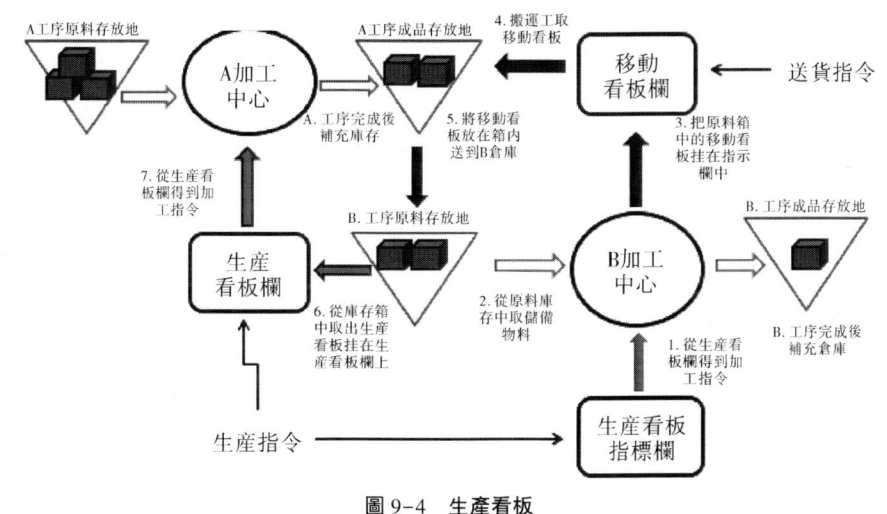

JIT 是一種拉動式的管理方式，它需要從最后一道工序通過信息流向上一道工序傳遞信息，這種傳遞信息的載體就是看板。沒有看板，JIT 是無法進行的。因此，JIT 生產方式有時也被稱作看板生產方式。

一旦主生產計劃確定以后，就會向各個生產車間下達生產指令，然后每一個生產車間又向前面的各道工序下達生產指令，最后再向倉庫管理部門、採購部門下達相應的指令。這些生產指令的傳遞都是通過看板來完成的。

(二) 看板管理的意義

1. 傳遞現場的生產信息，統一思想

生產現場人員眾多，而且由於分工的不同導致信息傳遞不及時的現象時有發生。而實施看板管理后，任何人都可從看板中及時瞭解現場的生產信息，並從中掌握自己的作業任務，避免了信息傳遞中的遺漏。

此外，針對生產過程中出現的問題，生產人員可提出自己的意見或建議，這些意見和建議大多都可通過看板來展示，供大家討論，以便統一員工的思想，使大家朝著共同的目標去努力。

2. 杜絕現場管理中的漏洞

通過看板，生產現場管理人員可以直接掌握生產進度、質量等現狀，為其進行管控決策提供直接依據。

3. 績效考核的公平化、透明化

通過看板，生產現場的工作業績一目了然，使得對生產的績效考核公開化、透明化，同時也起到了激勵先進、督促后進的作用。

4. 保證生產現場作業秩序

現場看板既可提示作業人員根據看板信息進行作業，對現場物料、產品進行科學、合理的處理，也可使生產現場作業有條不紊的進行。

(三) 看板的類型

看板管理是通過看板對產品生產現場進行控制的一種管理方式。常見的看板主要有以下類型：

1. 三角形看板

三角形看板主要為「5S」管理服務。看板內容主要標示各種物品的名稱，如成品區、半成品區、原材料區等，將看板統一放置在現場劃分好的區域內的固定位置。

2. 品質看板

品質看板的主要內容有生產現場每日、每週、每月的品質狀況分析、品質趨勢圖、品質事故的件數及說明、員工的技能狀況、部門方針等。

3. 工序管理看板

工序管理看板主要指車間內在工序之間使用的看板，如取料看板、下料看板、發貨看板等。

取料看板，主要位於車間的各工序之間，其內容主要包括工序序號、工序名稱、工序操作者、下料時間、數量、完工時間、首檢等。

發貨狀況管理看板，主要位於生產車間，其內容主要包括工序序號、小組名稱、產品完成日期、發貨日期、收貨客戶等內容。

(四) 看板運行規則

(1) 產品必須是100%合格品。

(2) 后工序從前工序只領取被摘下看板的數量。

(3) 前工序按照被摘下看板的順序，只生產被摘下看板的部件和被摘下看板的數量，生產不應超過看板的數量。必須按照被摘下看板的順序生產。

(4) 沒有看板的時候，不生產、不搬運。

(5) 看板一定要附在零部件上。

(6) 看板上填寫的數量一定要和實物的數量一致。

案例分析

某企業周圍方圓2千米內廠房林立，道路縱橫交錯，進廠的原料、出廠的產品，相當一部分靠公路運輸，可謂車水馬龍，好不熱鬧。一位外埠司機，早晨8點進廠提貨，配貨兩個品種從甲地還要去乙地。由於路上沒有標示和引導圖，只好求助於路人。不知是哪位仁兄說錯了地方，還是司機聽錯了地方，車開到了C地。屋漏偏逢連夜雨，超長車16米，而這個老企業道路狹窄。幸虧是位老司機，經驗豐富，累得滿頭大汗，車頭總算調過來了，可馬路牙子却被軋壞了（被罰款200元，工料費）。車匆匆趕到乙地，被告知：下班了，下午來吧。出門吃午飯，門衛管得嚴，沒有工作卡出不去，省一頓吧。司機自言自語：「這廠子真大，像進迷宮一樣，我是倒大霉啦。」

資料來源：郭鵬. 6C案例分析［EB/OL］［2015-03-13］. http://www.docin.com/p-1090490664.html.

思考：司機花費了半天時間却還未能完成提貨，最主要的原因是什麼？

本章習題

1. 現場質量管理指的是（　　）。
   A. 提供過程的質量管理　　　　B. 提供產品的質量管理
   C. 提供全面的質量管理　　　　D. 提供服務的質量管理
2. 堅持文明操作，按5S管理的要求，保持良好的工作環境是（　　）的職責。
   A. 班組長　　　　　　　　　　B. 質檢部經理
   C. 作業人員　　　　　　　　　D. 質量檢驗員
3. 現場質量管理是什麼？有什麼特點？
4. 現場質量管理有幾大工具？分別是什麼及實施原則？
5. 簡述目視管理的常用工具。
6. 如何組建、推進QC質量管理小組？
7. 現場質量管理方法之一的5S管理的5S分別是什麼和應注重的要點有哪些？

第十章　卓越績效模式

日本戴明獎、美國馬爾科姆·波多里奇獎以及歐洲質量管理基金會卓越獎，是當今世界上最有影響力的三大質量獎。這些獎項的設立與實施在當時刮起了卓越績效模式旋風。量化評分的方法使得卓越績效模式更加的直觀，更具有操作性。

卓越的結果來自於卓越的過程，而結果又讓人們反思過程中的不足。結果不僅在於組織的經濟效益，更在於為員工創造發展的空間，為顧客創造價值，為社會做出貢獻。

第一節　卓越績效模式產生的背景

質量獎和卓越績效模式產生於日本。第二次世界大戰后，為了扭轉日本產品的劣質狀況，日本科學技術聯盟於 1950 年邀請戴明、朱蘭等美國質量專家赴日講學指導，逐漸形成日本式的全面質量管理。1951 年，日本設立了戴明獎，獎勵那些為實施全面質量管理作出突出貢獻並取得傑出成果的個人和組織。20 世紀 80 年代，日本產品在全球成為了高質量的代名詞，日本的經濟和日本企業的競爭力達到了巔峰。戴明獎的設立對日本全面質量管理的發展做出了重要貢獻。

與此同時，由於受到日本企業和產品的強烈挑戰，美國經濟界和企業界開始反思。他們認識到，在日益激烈的市場競爭環境中，強調質量不再是企業選擇的事情，而是必須的條件。很多個人和組織建議政府設立一個類似於日本戴明獎的國家質量獎，以促進美國企業全面質量活動的開展。

1987 年 8 月，美國總統里根簽署了《國家質量提高法》，提出設立美國國家質量獎計劃。為了紀念極力倡導質量管理、對推動「質量改進法」的立法不遺余力的美國商務部長馬爾科姆·波多里奇，美國國家質量獎命名為「馬爾科姆·波多里奇獎」（簡稱為波獎）。此后，很多國家和地區參照波獎標準和運作模式設立質量獎，卓越績效模式得到普遍認可，並被認為是全面質量管理的實施框架，經營管理事實上的「國際標準」。

2004 年，在參考國外質量獎評價準則和中國企業質量管理實踐經驗的基礎上，國家質檢總局和中國標準化管理委員會聯合發布了 GB/T 19580《卓越績效評價準則》和 GB/Z 19579《卓越績效評價準則實施指南》，引起了企業界及其他相關領域的廣泛關注和重視，廣大企業積極學習、引入卓越績效模式，一些地方、行業陸續設立質量獎，有效促進了卓越績效評價準則的應用。

GB/T 19580《卓越績效評價準則》用於為組織追求卓越績效提供自我評價的準則和質量獎的評價。其目的包括：幫助組織提高其整體績效和能力，為組織的所有者、顧客、員工、供方、合作夥伴和社會創造價值；有助於組織獲得長期成功；使各類組織易於在質量管理實踐方面進行溝通和共享；成為一種理解、管理績效並指導組織進行規劃和獲得學習機會的工具。

由此可見，它超越了狹義的符合性質量的概念，致力於組織所有相關方受益和組織的長期成功。因此，可以把《卓越績效評階準則》理解為全面質量管理的一種實施細則，它將以往全面質量管理的實踐標準化、條理化、具體化，以結果為導向，構造出一個綜合的績效管理系統，為組織通過全面、系統、科學的管理獲得持續進步和卓越的經營績效提供指導和工具，並通過質量獎的方式，促進優秀企業管理經驗的共享。

第二節　卓越績效模式概論

一、卓越績效模式概念及基本理解

（一）卓越績效模式的起源與發展

從 20 世紀初的質量檢驗至 20 世紀中葉的統計過程控制，再到 20 世紀末的全面質量管理，質量管理方法實現了三個跨越。首先，質量管理成為獨立的管理職能；其次，質量管理重點從事後轉向了事前；最後，強調了全員、全過程、全方位的質量管理。

1987 年，在面臨來自日本企業競爭壓力的背景下，美國設立了國家質量獎，即馬爾科姆·鮑德里奇獎。通過質量獎計劃激勵企業實施質量經營，改善產品和服務的質量水平，提升國際競爭力。正是在馬爾科姆·鮑德里奇獎體系的基礎上，逐步形成了卓越績效模式（Performance Excellence Model）。至此，連同日本早在 1951 年設立的戴明獎和歐洲在 1992 年設立的歐洲質量獎，在全世界範圍內形成了影響深遠的三個質量大獎。卓越績效模式與 ISO 9000 質量管理體系的推行以及 6σ 管理的廣泛應用，標誌著質量管理又進入了一個嶄新的階段。

今天，世界各國眾多組織紛紛引入卓越績效模式。像施樂、通用、微軟、摩托羅拉、波音等世界級公司都是運用卓越績效模式取得卓越經營結果的典範。

（二）卓越績效模式的定義

卓越績效模式是當今國際上廣泛認同的一種組織綜合績效管理方法。這種系統的績效管理方法通過領導作用、戰略規劃、對顧客和市場的關注、測量、分析和知識管理、對人力資源的關注、過程管理和經營結果七個方面的集成來改變組織的形象。這七個方面的關係如圖 10-1 所示。其中，領導作用、戰略規劃和對顧客與市場的關注構成了「領導、戰略、市場循環」；對人力資源的關注、過程管理和經營結果構成了「資源、過程、業績循環」。兩個循環以測量、分析與知識管理為基礎和紐帶相互促進，最終實現組織整體績效和競爭力的大幅度提升。

質量管理

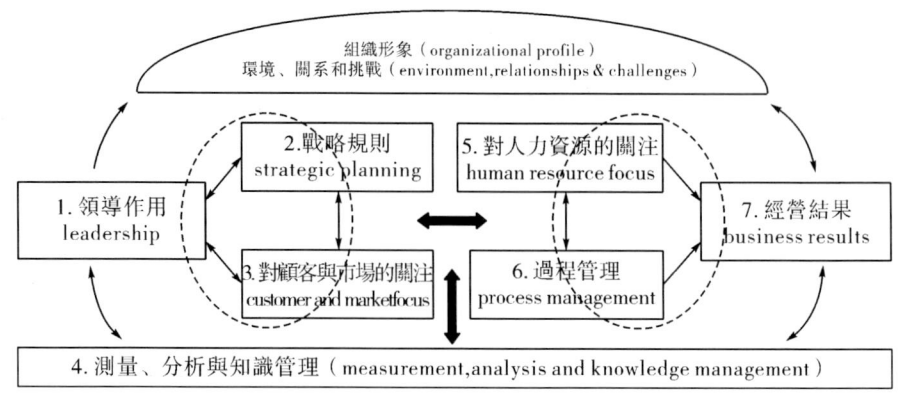

```
組織形象（organizational profile）
環境、關系和挑戰（environment, relationships & challenges）

1. 領導作用             2. 戰略規則              5. 對人力資源的關注       7. 經營結果
   leadership           strategic planning      human resource focus    business results

                        3. 對顧客與市場的關注     6. 過程管理
                        customer and market focus  process management

4. 測量、分析與知識管理（measurement, analysis and knowledge management）
```

圖 10-1　卓越績效模式框架

（三）對卓越績效模式的基本理解

1. 卓越績效模式是一種綜合性的組織績效管理方式

卓越績效模式能為為顧客提供不斷改進的價值，從而使企業在市場上取得成功，提高整體有效性和能力，促進組織和個人的學習。就其實質而言，卓越績效模式是全面質量管理（TQM）的一種實施細則，是對以往的全面質量管理實踐的標準化、條理化和具體化，它以結果為導向，使每一分努力都被輸送到最需要的地方。因此，它是組織瞭解自身優勢、尋找改進機會的框架和評價工具，能為組織策劃未來提供指導。

2. 卓越績效模式是力求知己知彼的一個管理工具

卓越績效模式提供了一個溝通的平臺，使各種組織認清現狀，找出長處、不足並幫助溝通企業經營管理的問題，有助於認清組織的強弱之所在，明確競爭位置和需要改進的領域。《朱蘭質量手冊》提及：「當組織的高層經理願意花時間去弄懂卓越績效評價準則，明白自身評估分數的含義，並清楚為了提高這些分數應當做什麼，他們就能夠制訂出改進本組織的有效且實用的行動計劃。」

3. 卓越績效模式是企業管理中駕馭複雜性的一個儀表盤

企業是個複雜的系統，企業管理需要一個系統的思路。卓越績效模式有助於實現管理實踐中「突出重點」與「全面兼顧」的結合，正確評價和引導組織的各個部門和全體成員的行為，從而使得管理層的努力能夠真正用到引導組織成功的正確方向上。

4. 卓越績效模式是一個有著強大鼓舞作用的獎項

因為作為質量獎的評價依據，它激勵人們為了榮譽和成就而付出非凡的努力，同時也給付出正確努力的人們應有的回報。

二、卓越績效模式的特點

卓越績效模式是建立在廣義質量概念上的質量管理體系。朱蘭認為，卓越績效模式的本質是對全面質量管理的標準化、規範化和具體化。隨著經濟全球化和市場競爭的加劇，卓越績效評價準則已成為各類組織評價自身管理水平和引導內部改進工作的

依據。

卓越績效模式具有以下幾個方面的特點。

1. 更加強調質量對組織績效的增值和貢獻

標準命名為「卓越績效評價準則」，表明 TQM（全面質量管理）近年來發生了這樣一個最重要的變化，即質量和績效、質量管理和質量經營的系統整合，旨在引導組織追求「卓越績效」。這個重要變化來自於「質量」概念最新的變化：「質量」不再只是表示狹義的產品和服務的質量，而且也不再僅僅包含工作質量，「質量」已經成為「追求卓越的經營質量」的代名詞。「質量」將以追求「組織的效率最大化和顧客的價值最大化」為目標，作為組織一種系統營運的「全面質量」。

2. 更加強調以顧客為中心的理念

把以顧客和市場為中心作為組織質量管理的第一項原則，「組織卓越績效」把顧客滿意和顧客忠誠即顧客感知價值作為關注焦點，反應了當今全球化市場的必然要求。

3. 更加強調系統思考和系統整合

組織的經營管理過程就是創造顧客價值的過程，為達到更高的顧客價值，就需要系統、協調一致的經營過程。

4. 更加強調重視組織文化的作用

無論是追求組織卓越績效、確立以顧客為中心的經營宗旨，還是系統思考和整合，都涉及企業經營的價值觀，所以必須首先建設符合組織願景和經營理念的組織文化。

5. 更加強調堅持可持續發展的原則

在制定戰略時要把可持續發展的要求和相關因素作為關鍵因素加以考慮，必須在長短期目標和方向中加以實施，通過長短期目標績效的評審對實施可持續發展的相關因素的結果加以確認，並為此提供相應的資源保證。

6. 更加強調組織的社會責任

《卓越績效評價準則》是中國 25 年來推行全面質量管理經驗的總結，是多年來實施 ISO 9000 標準的自然進程和必然結果。

三、卓越績效模式的核心價值觀

卓越績效模式建立在一組相互關聯的核心價值觀和原則的基礎上。波多里奇獎提出的核心價值觀共有十一條：追求卓越的領導，顧客導向的卓越，組織和個人的學習，尊重員工和合作夥伴，快速反應和靈活性，關注未來，促進創新的管理，基於事實的管理，社會責任與公民義務，關注結果和創造價值，系統的觀點。這些核心價值觀反應了國際上最先進的經營管理理念和方法，是許多世界級成功企業的經驗總結，它貫穿於卓越績效模式的各項要求之中，應成為企業全體員工，尤其是企業高層經營管理人員的理念和行為準則。

(一) 追求卓越的領導

領導力是一個組織成功的關鍵。組織的高層領導應確定組織的發展方向、價值觀和長短期的績效目標。組織的方向、價值觀和目標應體現其利益相關方的需求，用於

指導組織所有的活動和決策。高層領導應確保建立組織追求卓越的戰略、管理系統、方法和激勵機制，激勵員工勇於奉獻、成長、學習和創新。高層領導應通過管理機構對組織的道德行為、績效和所有利益相關方負責，並以自己的道德行為、領導力、進取精神發揮表率作用，有力地強化組織的價值觀和目標意識，帶領全體員工實現組織的目標。

(二) 顧客導向的卓越

組織要樹立顧客導向的經營理念，認識到組織績效是由組織的顧客來評價和決定的。組織必須考慮產品和服務如何為顧客創造價值，達到顧客滿意和顧客忠誠，並由此提高組織績效。組織既要關注現有顧客的需求，還要預測未來顧客期望和潛在顧客；顧客導向的卓越要體現在組織運作的全過程，因為很多因素都會影響到顧客感知的價值和滿意，包括組織要與顧客建立良好的關係，以增強顧客對組織的信任、信心和忠誠；在預防缺陷和差錯產生的同時，要重視快速、熱情、有效地解決顧客的投訴和報怨，留住顧客並驅動改進；在滿足顧客基本要求基礎上，要努力掌握新技術和競爭對手的發展，為顧客提供個性化和差異化的產品和服務；對顧客需求變化和滿意度保持敏感性，做出快速、靈活的反應。

(三) 組織和個人的學習

要應對環境的變化，實現可持續的卓越績效水平，必須提高組織和個人的學習能力。組織的學習是組織針對環境變化的一種持續改進和適應的能力，通過引入新的目標和做法帶來系統的改進。學習必須成為組織日常工作的一部分，通過員工的創新、產品的研究與開發、顧客的意見、最佳實踐分享和標杆學習，以實現產品、服務的改進，開發新的商機，提高組織的效率，降低質量成本，更好地履行社會責任和公民義務。企業實踐卓越績效模式是組織適應當前變革形勢的一個重要學習過程。

(四) 尊重員工和合作夥伴

組織的成功越來越取決於全體員工及合作夥伴不斷增長的知識、技能、創造力和工作動機。企業要保證顧客滿意，同時要重視創造商品和提供服務的企業員工。重視員工意味著確保員工的滿意、發展和權益。為此，組織應關注員工工作和生活的需要，創造公平競爭的環境，對優秀者給予獎勵；為員工提供學習和交流的機會，促進員工發展與進步；營造一個鼓勵員工承擔風險和創新的環境。組織與外部的顧客、供應商、分銷商和協會等機構之間建立戰略性的合作夥伴關係，將有利於組織進入新的市場領域，或者開發新的產品和服務，增強組織與合作夥伴各自具有的核心競爭力和市場領先能力。建立良好的外部合作關係，應著眼於共同的長遠目標，加強溝通，形成優勢互補，互相為對方創造價值。

(五) 快速反應和靈活性

要在全球化的競爭市場上取得成功，特別是面對電子商務的出現，「大魚吃小魚」變成了「快魚吃慢魚」，組織要有應對快速變化的能力和靈活性，以滿足全球顧客快速變化和個性化的需求。為了實現快速反應，組織要不斷縮短新產品和服務的開發週期、

生產週期，以及現有產品、服務的改進速度。為此需要簡化工作部門和程序，採用具備低成本快速轉換能力的柔性生產線；需要培養掌握多種能力的員工，以便勝任工作崗位和任務變化的需要。各方面的時間指標已變得愈來愈重要，開發週期和生產、服務週期已成為關鍵的過程測量指標，週期的縮短必將推動組織的質量、成本和效率方面的改進。

（六）關注未來

在複雜多變的競爭環境下，組織不能滿足於眼前績效水平，要有戰略性思維，關注組織未來持續穩定發展，讓組織的利益相關方——顧客、員工、供應商和合作夥伴，以及股東、公眾對組織建立長期信心。

要追求持續穩定的發展，組織應制定長期發展戰略和目標，分析、預測影響組織發展的諸多因素，例如顧客的期望、新的商機和合作機會、員工的發展和聘用、新的顧客和市場細化、技術的發展和法規的變化，社區和社會的期望，競爭對手的戰略等，戰略目標和資源配置需要適應這些影響因素的變化。而且戰略要通過長期規劃和短期計劃進行部署，保證戰略目標的實現。組織的戰略要與員工和供應商溝通，使員工和供應商與組織同步發展。

（七）促進創新的管理

要在激烈的競爭中取勝，只有通過創新才能形成組織的競爭優勢。創新意味著組織對產品、服務和過程進行有意義的改變，為組織的利益相關方創造新的價值，把組織的績效提升到一個新的水平。創新不應僅僅局限於產品和技術的創新，創新對於組織經營的各個方面和所有過程都是非常重要的。

組織應對創新進行引導，以提高顧客滿意為導向，使之融入到組織的各項工作中，進行觀念、機構、機制、流程和市場等管理方面的創新。組織應對創新進行管理，使創新活動持續、有效的開展。第一，需要高層領導積極推動和參與革新活動，有一套針對改進和創新活動的激勵制度；第二，要有效利用組織和員工累積的知識進行創新，而且要營造勇於承擔風險與責任的環境氛圍。

（八）基於事實的管理

基於事實的管理是一種科學的態度，是指組織的管理必須依據對其績效的測量和分析。測量什麼取決於組織的戰略和經營的需要，通過測量獲得關鍵過程、輸出和組織績效的重要數據和信息。績效的測量可包括顧客滿意程度、產品和服務的質量、運行的有效性、財務和市場結果、人力資源績效和社會責任結果，反應了利益相關方的平衡。

測量得到的數據和信息通過分析，可以發現其中變化的趨勢，找出重點的問題，識別其中的因果關係，用於組織進行績效的評價、決策、改進和管理，而且還可以將組織的績效水平與其競爭對手或標杆的「最佳實踐」進行比較，識別自己的優勢和弱項，促進組織的持續改進。

(九) 社會責任與公民義務

組織應注重對社會所負有的責任、道德規範，並履行好公民義務。領導應成為組織表率，在組織的經營過程中，以及在組織提供的產品和服務的生命週期內，要恪守商業道德，保護公眾健康、安全和環境，注重保護資源。組織不應僅滿足於達到國家和地方法律法規的要求，還應尋求更進一步的改進的機會。要有發生問題時的應對方案，能做出準確、快速的反應，保護公眾安全，提供所需的信息與支持。組織應嚴格遵守道德規範，建立組織內外部有效的監管體系。

履行公民義務，是指組織在資源許可的條件下，對社區公益事業的支持。公益事業包括改善社區內的教育和保健、美化環境、保護資源、社區服務、改善商業道德和分享非專利性信息等。組織對於社會責任的管理應採用適當的績效測量指標，並明確領導的責任。

(十) 關注結果和創造價值

組織的績效評價應體現結果導向，關注關鍵的結果，主要包括有顧客滿意程度、產品和服務、財務和市場、人力資源、組織效率、社會責任六個方面。這些結果能為組織關鍵的利益相關方——顧客、員工、股東、供應商和合作夥伴、公眾及社會創造價值和平衡其相互間的利益。通過為主要的利益相關方創造價值，將培養起忠誠的顧客，實現組織績效的增長。組織的績效測量是為了確保其計劃與行動能滿足實現組織目標的需要，並為組織長短期利益的平衡、績效的過程監控和績效改進提供了一種有效的手段。

(十一) 系統的觀點

卓越績效模式強調以系統的觀點來管理整個組織及其關鍵過程，實現組織的卓越績效。卓越績效模式七個方面的要求和核心價值觀構成了一個系統的框架和協調機制，強調了組織的整體性、一致性和協調性。「整體性」是指把組織看成一個整體，組織整體有共同的戰略目標和行動計劃；「一致性」是指卓越績效標準各條款要求之間，具有計劃、實施、測量和改進（PDCA）目標的一致性；「協調性」是指組織運作管理體系的各部門、各環節和各要素之間是相互協調的。系統的觀點體現了組織所有活動都是以市場和顧客需求為出發點，最終達到顧客滿意的目的；各個條款的目的都是以顧客滿意為核心，他們之間是以績效測量指標為紐帶，各項活動均依據戰略目標的要求，按照 PDCA 循環展開，進行系統的管理。

第三節　卓越績效評價準則

一、制定卓越績效評價準則的背景及目的

(一) 制定卓越績效評價準則的背景

卓越績效模式（Performance Excellence Model）是以各國質量獎評價準則為代表的

一類經營管理模式的總稱，產生於 20 世紀下半葉，進入 21 世紀后日益受到各個國家和企業的重視。在全球經濟一體化的形勢下，實施卓越績效模式已成為提升企業競爭力，以及企業自身實現持續改進、保持不斷增強競爭優勢的有效途徑之一。此后，許多國家和地區參照波多里奇國家質量獎的標準和運作模式設立質量獎，卓越績效模式得到普遍認可，並被認為是全面質量管理的實施框架、經營管理事實上的「國際標準」。

各國的國家質量獎勵計劃為提高組織整體績效，促進各類組織相互交流、分享最佳經營管理成果等方面發揮了重要作用。在這些國家質量獎勵計劃的影響下，認識到國內各類企業與世界先進企業整體經營管理水平所存在的差距，為引導中國各類企業追求卓越，增強競爭優勢，走上快速健康發展之路，自 2001 年起，中國也在不斷探索全國範圍內的質量獎評審工作。國家質量監督檢疫總局和國家標準化委員會根據《中華人民共和國產品質量法》和《質量振興綱要》的有關規定，於 2004 年正式發布了《卓越績效評價準則》國家標準和《卓越績效評價準則實施指南》國家標準指導性技術文件。

(二) 制定卓越績效評價準則的目的

制定卓越績效評價準則有以下三個基本目的：
(1) 為組織追求卓越提供一個經營模式的總體框架。
(2) 為組織診斷當前管理水平提供一個系統的檢查表；
(3) 為國家質量獎和各級質量獎的評審提供依據。

二、卓越績效評價準則的主要內容

(一) 卓越績效模式框架

《卓越績效評價準則》GB/T 19580 是參照國外質量獎的評價準則，結合中國質量管理的實際情況，從領導、戰略、顧客與市場、資源、過程管理、測量、分析與改進以及經營結果七個方面規定了組織卓越績效的評價要求，如圖 10-2 所示，為組織追求卓越績效提供了自我評價的準則，也可用於質量獎的評價。

(1) 領導。組織高層領導應確定組織的價值觀、發展方向和績效目標，完善組織的治理以及評審組織的績效。

(2) 戰略。組織應當制定戰略目標和戰略規劃，進行戰略部署，並對其進展情況進行跟蹤。

(3) 顧客與市場。組織應當確定顧客與市場的需求、期望和偏好，建立良好的顧客關係，確定影響贏得、保持顧客，並使顧客滿意、忠誠的關鍵因素。

(4) 資源。組織高層領導為確保戰略規劃和目標的實現、為價值創造過程和支持過程以及持續改進的創新提供所必需的資源，包括人力資源及財務、基礎設施、相關方關係、技術、信息等其他資源。

(5) 過程管理。過程管理涵蓋了所有部門的主要過程，其目的在於確保組織戰略目標和戰略規劃的落實。過程管理應具有內外環境和因素變化的敏捷性，即當組織戰略和市場變化時能夠快速反應，例如當一種產品轉向另一種產品時，過程管理應當確

保快速地適應這種變化。

組織應當基於 PDCA 對過程實施管理，從識別過程開始，確定對過程的要求，依據過程要求進行過程設計，有效和高效地實施管理，對過程進行持續改進和創新並共享成果。組織的過程分為價值創造過程和支持過程。

（6）測量、分析與改進。組織應當確定選擇、收集、分析和管理數據、信息和知識的方法，充分和靈活使用數據、信息和知識，改進組織績效。

（7）經營結果。組織應當對主要經營方面的績效進行評價和改進，包括顧客滿意程度、產品和服務的績效、市場績效、財務績效、人力資源績效、運行績效，以及組織的治理和社會責任績效。

組織應當描述其至少三年的主要績效指標數據，以反應績效的當前水平和趨勢，並與競爭對手和標杆的數據進行對比，以反應組織在相關績效方面的行業地位、競爭優勢和存在的差距。

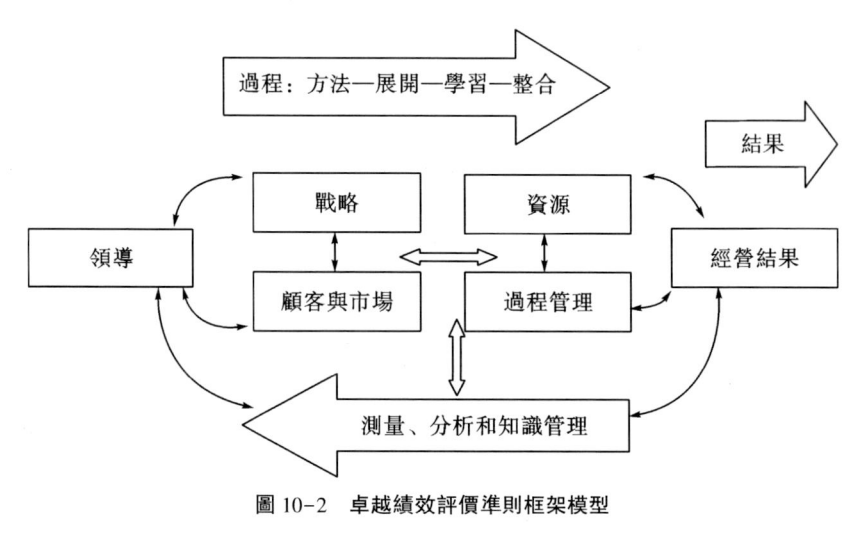

圖 10-2　卓越績效評價準則框架模型

（二）卓越績效評價準則的條款要求和賦予分值

卓越績效評價準則為組織提供了卓越的經營模式。該準則的最大特點是使用評分的方法全方位、平衡地診斷評價組織經營管理的水平，為組織自我評價和外部評審提供了可操作性的指南。卓越績效評價準則在七個類目下還細分為 22 個條目，設定總分為 1,000 分，條目的具體內容和賦予分值如表 10-1 所示。

表 10-1　　　　　　　卓越績效評價準則條目要求及賦予分值

1　領導（100）	4.6　相關方面（10）
1.1　組織的領導（60）	5　管理過程（110）
1.2　社會責任（40）	5.1　價值創造過程（70）
2　戰略（80）	5.2　支持過程（40）
2.1　戰略制定（40）	6　測量、分析和知識管理（100）
2.2　戰略部署（40）	6.1　測量與分析（40）
3　顧客與市場關注（90）	6.2　信息和知識的管理（30）
3.1　顧客和市場的瞭解（40）	6.3　改進（30）
3.2　顧客關係與顧客滿意（50）	7　經營結果（400）
4　資源（120）	7.1　顧客和市場結果（100）
4.1　人力資源（40）	7.2　財務結果（80）
4.2　財務資源（10）	7.3　資源結果（80）
4.3　基礎設施（20）	7.4　過程有效性結果（70）
4.4　信息（20）	7.5　組織的治理和社會責任的結果（70）
4.5　技術（20）	

（三）卓越績效評價方法

1. 定性方法

（1）對過程要求的定性評價

對過程要求使用方法、展開、學習、整合（簡稱 ADLI）的四個要素進行評價。「方法」，即評價組織完成過程所採用的方式方法，方法的適宜性、有效性和可重複性，方法的使用是否以可靠的數據和信息為基礎。

「展開」，即評價所採用方法的展開程度，方法是否持續應用，是否使用於所有適用部門。

「學習」，即評價是否通過循環評價和改進，對方法進行不斷完善，是否鼓勵通過創新對方法進行突破性的改變，在組織的各相關部門、過程中分享方法的改進和創新。

「整合」，即評價方法與其他的組織需要的協調一致性；組織各過程、部門的測量、分析和改進系統的相互融合、補充程度；組織各過程、部門的計劃、過程、結果、分析、學習和行動是否協調一致，是否有效支撐組織的目標。

（2）對結果要求的定性評價

可用水平、趨勢、對比、整合這四個要素評價組織結果的成熟度。

「水平」，即評價組織績效的當前水平。

「趨勢」，即評價組織績效改進的速度和廣度。

「對比」，即與適宜的競爭對手和標杆的對比績效。

「整合」，即評價結果對應組織特定情景的重要程度。

2. 定量方法

GB/Z 19579 中對過程和結果條款分別給出了詳細的評分指南，作為卓越績效自我評價和質量獎評審的評分尺度。

對過程條款的定量評價，參考評分指南如表 10-2 所示。

對結果條款的宗量評價，參考評分指南加表 10-3 所示。

表 10-2　　　　　　　　　「過程」評分項評分指南

分數	過程
0%或 5%	■顯然沒有系統的方法；信息是零、孤立的（A） ■方法內有展開或略有展開（D） ■不能證實具有改進導向；已有的改進僅僅是「對問題做出的反應」（L） ■不能證實組織的一致性：各個方面或部門的運作都是相互獨立的（I）
10%，15% 20%或 25%	■針對該評分項的基本要求，開始有系統的方法（A） ■在大多數方面和部門，處於方法展開的初級階段，阻礙了達成評分項基本要求進程（D） ■處於從「對問題做出反應」到「一般性改進導向」方向轉變的初期階段（L） ■主要通過聯合解決問題，使方法與其他方面或部門達成一致（I）
30%，35% 40%或 45%	■應對該評分項的基本要素，有系統、有效的方法（A） ■儘管在某些方面或部門還處於展開的初期階段，但方法還是被展開了（D） ■開始有系統的方法，評分和改進關鍵過程（L） ■方法處於與在其他評分項中識別的組織基本需要協調一致的初級階段（I）
50%，55% 60%或 65%	■應對該評分項的總體要求，有系統、有效的方法（A） ■儘管在某些方面或部門的展開有所不同，但方法還是得到了很好的展開（D） ■有了基於事實，有系統的評價和改進過程，以及一些組織學習，以改進關鍵過程的效率和有效性（L） ■方法與在評分項中識別的組織需要協調一致（I）
70%，75% 80%或 85%	■應對該評分項的詳細要求，有系統、有效的方法（A） ■方法得到了很好地展開，無顯著的差距（D） ■基於事實的、系統的評價和改進，以及組織的學習，成為關鍵的管理工具；存在清楚的證據，證實通過組織級的分析和共享，得到了精確、創新的結果（L） ■方法與在其他評分項中識別的組織需要達到整合（I）
90%，95% 或 100%	■應對該評分項的詳細要求，有系統、有效的方法（A） ■方法得到了充分的展開，在任何方面或部門均無顯著的弱項或差距（D） ■以事實為依據、系統的評價和改進，以及組織的學習是組織主要的管理工具；通過組織級的分析和共享，得到了精細的、創新的結果（I） ■方法與在其他評分項中識別的組織需要達到整合（I）

表 10-3　　　　　　　　　「結果」評分項評分指南

分數	過程
0%或 5%	■沒有描述結果，或結果很差 ■沒有顯示趨勢的數據，或顯示了總體不良趨勢 ■沒有對比性信息 ■在對組織關鍵經營要求重要的任何方面，均沒有描述結果

表10-3(續)

分數	過程
10%, 15% 20%或25%	■結果很少；在少數方面有一些改進和（或）處於初期的良好績效水平 ■沒有或極少顯示趨勢的數據 ■沒有或極少對比性信息 ■在少數對組織關鍵經營要求重要的方面，描述了結果
30%, 35% 40%或45%	■在該評分項要求的多數方面改進和（或）良好績效水平 ■處於取得良好趨勢的初期階段 ■處於獲得對比性信息的初期階段 ■在多數對組織關鍵經營要求重要的方面，描述了結果
50%, 55% 60%或65%	■在該評分項要求的大多數方面有改進趨勢和（或）良好績效水平 ■在對組織關鍵經營要求重要的方面，沒有不良趨勢和不良績效水平 ■與有關競爭對手和（或）標杆進行對比評價，一些趨勢和（或）當前績效顯示了良好到優秀的水平 ■經營結果達到了大多數關鍵顧客、市場、過程的要求
70%, 75% 80%或85%	■在對該評分項要求重要的大多數方面，當前績效達到良好到卓越水平 ■大多數的改進趨勢和（或）當前績效水平可持續 ■與有關競爭對手和（或）標杆進行對比評價，多數到大多數的趨勢和（或）當前績效顯示了良好到優秀的水平 ■經營結果達到了大多數關鍵顧客、市場、過程和戰略規劃的要求
90%, 95% 或100%	■在對該評分項要求重要的大多數方面，當前績效達到卓越水平 ■在大多數方面，具有卓越的改進趨勢和（或）可持續的卓越績效水平 ■在多數方面被證實處於行業領導地位和標杆水平 ■經營結果充分地達到了關鍵顧客、市場、過程和戰略規劃的要求

依據評分指南，對照組織的自我評價報告或組織的具體情況，對準則要求的每一評分項打分，並匯總得出被評價組織的總得分。目前，中國全國質量管理獎獲獎者的得分在500~650分之間。

第四節　三大著名質量獎

一、美國馬爾科姆・波多里奇獎

(一) 波多里奇獎的產生背景

美國國家質量獎以20世紀80年代里根政府商務部長馬爾科姆・波多里奇的名字命名，是因為波多里奇在他的任期內，成功地將商務部的預算削減30%以上，行政人員削減了25%，並且為提高美國產品的質量和質量管理水平作出了很大的努力。波多里奇獎是依據《1987年馬爾科姆・波多里奇國家質量提高法》（又稱《101—107公共法》）建立的，其評選工作從1988年正式開始。最初的美國國家質量獎是針對製造業企業、服務業企業和小企業的，從1999年開始，增加了教育質量獎和醫療衛生質量獎。波多里奇獎評選的目的是促進各組織將改進業績作為提高競爭力的一個重要途徑，並且使達到優秀業績組織的成功經理得以廣泛推廣並由此取得效益。

波多里奇獎對參評企業的評審過程分為三個階段。第一個階段由至少 5 個評審委員會的成員對企業的書面申請進行獨立的審核。評審成績比較好的企業進入下一輪的集體評審。第二階段對成績比較好的企業再次進行評審，並選擇優秀介業作為實地考核的候選企業。第三階段是實地考核候選企業進行實地考核，評審出最優秀的企業，由最高評審人員聯名向美國商業部長推薦，作為美國國家質量獎的候選企業。在這三個階段中，審核結果都要集體討論，統一意見，達成共識，並且對於落選企業都要求給出書面的評審報告，指出這些企業的優勢和有待改進的地方，然后反饋給這些企業。

波多里奇獎提倡「追求卓越」（Quest for Excellence）的質量經營理念。它每年評選 2~3 名獲獎企業，經過十余年的實施，已經成為美國質量管理界的最高榮譽，對美國乃至世界的質量管理活動都起到了巨大的推動作用。

波多里奇質量獎的核心價值觀和其相關的概念貫穿在標準的各項要求之中。其內容充分體現了現代質量經營的理論和方法，是組織追求卓越取得成功的經驗總結。它主要體現在：①領導的遠見卓識；②顧客推動；③組織和個人的學習；④尊重員工和合作夥伴；⑤靈敏性；⑥關注未來；⑦管理創新；⑧基於事實的管理；⑨社會責任；⑩重在結果及創造價值；⑪系統觀點。

(三) 波多里奇獎的評獎標準

波多里奇質量獎評審標準中每個評審項目分成若干條款，每年度評審條款的數目和內容要進行修訂。2003 年度波多里奇質量獎評審標準共有 7 個評審項目，19 個評分條款，32 個需要說明的範疇。每個項目和條款的分值見表 10-4。

表 10-4　　　　　　　　　　波多里奇質量獎評審項目和條款

序號	項目	條款	分值	合計
1	領導	1.1 組織的領導作用	70	120
		1.2 社會責任	50	
2	戰略規劃	2.1 戰略制定	40	85
		2.2 戰略部署	45	
3	以顧客和市場為中心	3.1 顧客和市場的瞭解	40	85
		3.2 顧客關係和顧客滿意	45	
4	測量、分析和知識管理	4.1 組織績效的測量與分析	45	90
		4.2 信息和知識管理	45	
5	以人為本	5.1 工作體系	35	85
		5.2 員工學習和激勵	25	
		5.3 員工權益和滿意程度	25	
6	過程管理	6.1 價值創造過程	50	85
		6.2 支持性過程	35	

表10-4(續)

序號	項目	條款	分值	合計
7	經營結果	7.1 以顧客為中心的結果	75	450
		7.2 產品和服務結果	75	
		7.3 財務和市場結果	75	
		7.4 人力資源結果	75	
		7.5 組織有效性結果	75	
		7.6 組織自律和社會責任結果	75	
		總分數		1,000

二、日本戴明獎

(一) 戴明獎的概述

世界範圍內影響較大的質量獎中，日本戴明獎是創立最早的一個。1951年，為感謝戴明博士為日本質量管理的發展所作出的重要貢獻，日本科學技術聯盟（ⅢSE）設立了戴明獎，其目的是通過認可以統計控制技術為基礎的全公司質量控制（CWQC）或全面質量控制（TQC）的成功實施所帶來的績效改進來傳播質量理念。戴明獎每年評選一次。申請者可以是全球範圍內任何類型的組織。戴明獎分為以下三類。

（1）戴明個人獎，主要頒發給在全面質量管理的研究、統計方法在全面質量管理中的應用及全面質量管理理念的傳播等方面作出傑出貢獻的個人或組織。

（2）戴明應用獎，頒發給在規定年限內通過實施全面質量管理而取得顯著績效改進的組織或部門。於1984年向日本海外公司開放。

（3）營運單位質量控制獎，頒發給在追求全面質量管理的過程中通過質量控制（管理）的應用而取得顯著績效改進的（某個組織的）營運單位。

后兩個獎項的區別在於：戴明應用獎是為整個組織（公司）或組織的部門而設立的，而營運單位質量控制獎是為無資格申請應用獎的獨立營運單位設立的。營運單位的領導必須承擔經費的管理責任，同時，該營運單位必須在其內部建立起質量管理的相關權利與責任，具有與總部和其他相關部門的明確定義了的關係。當然，該營運單位並非必須具有與質量管理和質量保證有關的所有職能。

戴明獎每個年度的獲獎者數目不限，只需符合評獎標準即可。

(二) 戴明獎模式和評審標準

1. 戴明獎模式

戴明獎評獎條件比波多里奇獎和歐洲質量獎評獎條件精練，其幾大評獎條件和評分比重一律相同，它按四項標準對企業的成效進行評定：計劃（方針、組織和管理、教育和宣傳）、執行（利潤管理和成本控制、過程標準化和控制、質量保證）、效果和對以後的策劃。此外，戴明獎還引入了檢查特性，例如考察小組、評分方法等。戴明

獎模式如圖 10-3 所示。

```
                        (10) 對實現企業目的的貢獻
        (a) 企業的持續實現目的    (b) 良好的關係    (c) 效果與將來計
                    提供顧客滿意度高的產品和服務
```

TQM的目標

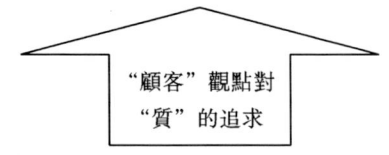

"顧客"觀點對"質"的追求

(9) 組織能力（核心技術、速度、活力）

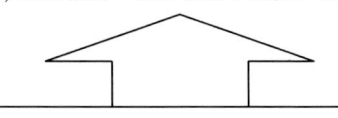

TQM基礎工作

有效果與高效率地運作全公司組織的系統活動
(1) 最高管理者的領導、規劃、策略
管理系統（管理、改進、改革）
(2) TQM的管理系統
(3) 質量保證系統
(4) 各項管理要求的管理系統
充實主要管理基礎
(5) 人才培養
(6) 信息的靈活運用
基本的觀念與方法
(7) TQM的觀念、價值觀
(8) 系統方法

圖 10-3　戴明獎評審結構圖

2. 戴明獎的評審標準

戴明獎包括 10 個考察項目。每個考察項目又進一步細分為數目不等的檢查點。戴明獎的檢查清單如表 10-5 所示。

表 10-5　　　　　　　　　　戴明獎的檢查清單

項目	檢查點
1. 方針	①管理、質量及質量控制（管理）方針；②形成方針的方法；③方針的適應性和連續性；④統計方法的應用；⑤方針的溝通和宣傳；⑥對方針及其實現程度的檢查；⑦方針與長期計劃和短期計劃的關係
2. 組織及其運作	①權利與責任的清晰度；②授權的合適性；③部門內協調；④委員會活動；⑤員工的使用；⑥質量控制活動的應用；⑦質量控制（管理）診斷

表10-5(續)

項目	檢查點
3. 培訓和推行	①培訓計劃與結果；②質量意識及其管理和對質量控制（管理）的理解；③對統計概念和方法的培訓及其普及程度；④對效果的理解；⑤對相關企業（尤其是集團公司、供應商、承包商及銷售商）的培訓；⑥質量控制循環活動；⑦改進建議系統及其地位
4. 信息收集、溝通及利用	①外部信息收集；②部門內溝通；③溝通速度（計算機使用）；④信息處理（統計）分析與應用
5. 分析	①重要問題與改進主題的選擇；②分析方法的正確性；③統計方法的利用；④與產業專有技術的聯繫；⑤質量分析與過程分析；⑥分析結果的利用；⑦就改進建議所採取的行動
6. 標準化	①標準系統；②建立、修改和廢除標準的方法；③建立、修改和廢除標準的實際績效；④標準的內容；⑤統計方法的應用；⑥技術累計；⑦標準的運用
7. 控制（管理）	①質量與其他相關因素的管理系統，諸如成本與運輸；②控制點與控制項目；③統計方法與概念的運用；④質量控制循環的貢獻；⑤控制（管理）活動的地位；⑥控制在情境
8. 質量保證	①新產品和服務的開發方法；②產品安全與可靠性的預防活動；③顧客滿意的程度；④流程設計、流程分析、流程控制與改進；⑤過程能力；⑥設備化與檢查；⑦設施、銷售商、採購和服務的管理⑧質量保證系統及其診斷；⑨統計方法的運用；⑩質量評估與審計
9. 效果	①效果的測評；②諸如質量、服務、運輸、成本、利潤、安全與環境的有形效果；③無形效果；④實際績效與計劃的一致性
10. 遠期計劃	①對當前情況的具體理解；②解決缺陷的方法；③長遠的推動計劃；④遠期計劃與長期計劃的關係

三、歐洲質量獎

(一) 歐洲質量獎簡述

1988年歐洲14家大公司發起成立了歐洲質量管理基金會（EFQM）。EFQM所發揮的巨大作用在於：強調質量管理在所有活動中的重要性，把促成開發且改進作為企業達成卓越的基礎，從而增強歐洲企業的效率和效果。

1992年，歐洲質量基金會設立了歐洲質量獎。歐洲質量獎是歐洲最具聲望和影響力的用來表彰優秀企業的獎項，代表著EFQM表彰優秀企業的最高榮譽。該獎項一共設有四個等級，分別是歐洲質量優勝獎、歐洲質量獎金獎、歐洲質量決賽獎和歐洲質量優秀表現獎。申請歐洲質量獎的組織可以分為四類：大企業、公司營運部門、公共組織和中小型企業。

前三類申請者遵循如下幾項通用原則：①雇員不少於250人；②申請者至少有50%的活動已在歐洲營運了5年以上；③前3年內申請考沒有獲得歐洲質量獎；④同年同一母公司，其獨立營運分部申請者不得超過3家。

申請者首先根據模式自我評估，然后以文件形式將結果提交給EFQM，一組有經驗

的評審員再對申請評分。質量獎評判委員會由歐洲各行業領導者，包括以前獲獎者的代表和歐盟委員會、歐洲質量管理基金會以及歐洲質量管理組織的代表組成。他們首先確定評審小組將對哪一家申請者進行現場訪問。現場訪問之後，基於評審小組的最終報告，評判委員會選擇確定提名獎獲得者、質量獎獲得者和質量最佳獎獲得者。在每一類別質量獎中，質量最佳獎獲得者均選自質量獎獲得者中最好的。獲獎者都將參加聲望很高的歐洲質量論壇。媒體將對此做廣泛大量的報導，在整個歐洲他們都將得到認可，成為其他組織的典範。質量論壇會后的一年中，將進行一系列的會議，請獲獎者與其他組織分享他們的經驗，達到優秀的歷程。

(二) 歐洲質量獎的評審標準

歐洲質量獎的評審標準有9個部分：領導（100分）、人員管理（90分）、方針與戰略（80分）、資源管理（90分）、過程管理（140分）、雇員滿意（90分）、顧客滿意（200分）、對社會的影響（60分）和業務成果（150分），滿分為1,000分。它是建立在歐洲質量獎卓越模型基礎之上的，如圖10-4所示。其中前5個方框稱作手段標準（有關結果如何達成的標准），后4個方框稱作結果標準（有關組織取得了什麼結果的標準）。箭頭強調了模型的動態特性，表明創新和學習能夠改進手段的標準，並由此改進結果。卓越績效模式給組織提供了一個用於自我評價和改進的框架。卓越績效模式兩類標準之間最基本的關係就是，如果手段標準強調一個過程，那麼與這個過程相關的行為結果會自然在結果標準中反應出來。模式中的9個標準相互聯繫在一起，有些關係非常明顯。例如，員工管理和員工結果、顧客和顧客結果。方針與戰略和所有的其他手段標準有關係，也與結果標準說明的結果有關係。方針與戰略和在結果標準中說明的一些「比較」有關。例如，如果戰略是達成「全球領導」，那麼組織就應當尋求全球比較來衡量績效。稍弱的目標就要選擇較弱的比較對象。把結果與內部目標、競爭對手、類似組織以及「行業最好」的組織進行比較，以此來權衡優先順序，推動改進。在組織高層，把組織業績與內部目標和競爭對手相比較，會有利於一些問題的分析。例如，如何使顧客滿意與忠誠，方針與戰略的修改、手段標準中達成改進的計劃等。

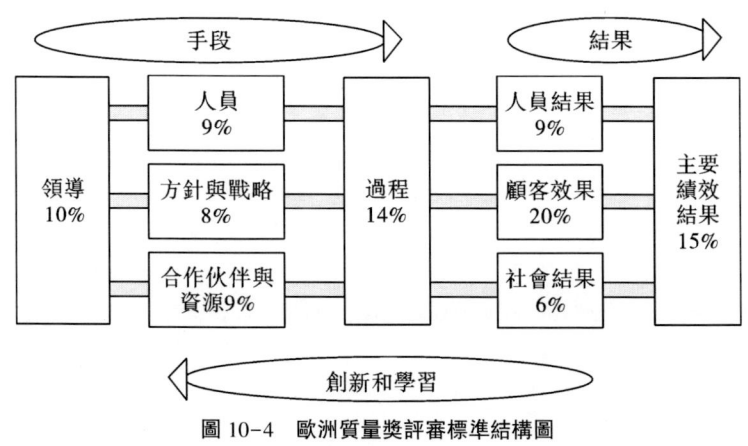

圖 10-4　歐洲質量獎評審標準結構圖

第五節　中國全國質量獎

一、全國質量獎概述

(一) 全國質量獎的由來

在 20 世紀 90 年代以前，中國有各種各樣的質量評選活動。1991 年，國務院頒發了 65 號文件，停止了政府部門主辦的質量評比活動。為了有效提高中國的產品質量和質量管理水平，激勵和引導企業追求卓越的質量經營，增強國內企業乃至國家整體競爭能力，中國在借鑑其他國家質量獎特別是美國波多里奇質量獎的基礎上，於 2001 年重新啟動了全國質量管理獎的評審工作。

全國質量管理獎（CQMA）是對實施卓越的質量管理並取得顯著的質量、經濟、社會效益的企業或組織授予的在質量方面的最高獎勵。全國質量管理獎的評審遵循為企業服務的宗旨，堅持「高標準、少而精」和「優中選優」的原則，根據質量管理獎評審標準對企業進行實事求是的評審。全國質量管理獎每年評審一次，由中國質量協會（簡稱中質協）按照評審原則和當年質量管理的實際水平，適當考慮企業規模以及國家對中小企業扶植等政策確定受獎獎項。全國質量管理獎（CQMA）分為全國質量管理獎、全國質量管理獎提名獎和全國質量管理獎鼓勵獎三個類別。評審範圍為：工業（含國防工業）、工程建築、交通運輸、郵電通信及商業、貿易、旅遊等行業的國有、股份、集體、私營和中外合資及獨資企業。評審程序包括：企業申報、資格審查、資料審查、現場評審、綜合評價和審定六個步驟。

2001 年中國首次評選出的全國質量管理獎獲獎企業名單包括：寶山鋼鐵股份有限公司、海爾集團公司、青島港務局、上海大眾汽車有限公司、青島海信電器股份有限公司。

(二) 全國質量獎的核心價值觀

全國質量管理獎的核心價值觀及其相關的概念是為實現組織卓越的經營績效所必須具備的意識，它貫穿於標準的各項要求之中，體現在全員，尤其是組織中高級管理人員的行為之中。其核心價值觀可歸納為：領導者作用；以顧客為導向追求卓越；培育學習型組織和個人；建立組織內部與外部的合作夥伴；快速反應和靈活性；關注未來，追求持續穩定的發展；管理創新；基於事實的管理；社會責任與公民義務；重在結果及創造價值；系統的觀點。這些內容充分體現了現代質量經營的管理理論和方法，是組織追求卓越、取得成功的經驗總結。

二、全國質量獎的評獎標準

(一) 申報應具備的基本條件

組織應在推行全面質量管理並取得顯著成效的前提下，對照評審標準，在自我評

價的基礎上提出申報。申報組織必須是中華人民共和國境內合法註冊與生產經營的組織，並具備以下基本條件：

（1）認真貫徹實施 ISO 9000 族標準，建立、實施並保持質量管理體系，已獲認證註冊；對有強制性要求的產品已獲認證註冊；提供的產品或服務符合相關標準要求；

（2）近三年，有獲得用戶滿意產品，並獲全國實施卓越績效模式先進企業稱號；

（3）認真貫徹實施 ISO 14000 族標準，建立、實施並保持環境管理體系；組織三廢治理達標；

（4）組織連續三年無重大質量、設備、傷亡、火災和爆炸事故（按行業規定）及重大用戶投訴；

（5）由所屬行業或所在地區質協對申報組織進行推薦，提出對申報組織的質量管理評價意見。評審中將優先考慮行業和地區雙推薦組織。外資或獨資企業可以不經推薦直接申報。

(二) 評審宗旨與範圍

1. 評審宗旨

為貫徹落實《中華人民共和國產品質量法》，表彰在質量管理方面取得突出成效的企業，引導和激勵企業追求卓越的質量管理經營，提高企業綜合質量和競爭能力，更好地適應社會主義市場經濟環境，更好地服務社會、服務用戶、推進質量振興事業，中質協於 2001 年組織啟動了全國質量管理獎（以下簡稱質量管理獎）。質量管理獎是對實施卓越的質量管理並取得顯著的質量、經濟、社會效益的企業或組織授予的在質量方面的最高獎勵。該獎項每年評審一次，由中國質協按照評審原則、當年質量管理實際水平，適當考慮企業規模，以及國家對中小企業的扶植等政策確定授獎獎項。

質量管理獎評審遵循為企業服務的宗旨，堅持「高標準、少而精」和「優中選優」的原則，根據質量管理獎評審標準對企業進行實事求是的評審。

2. 評審範圍

質量管理獎評審範圍覆蓋國有、股份、集體、私營和中外合資及獨資企業，包括：

（1）工業（含國防工業）；

（2）工程建築；

（3）交通運輸；

（4）郵電通信及商業；

（5）貿易；

（6）旅遊等行業。

非緊密型企業集團不在評審範圍之內。

(三) 評審標準

中國的全國質量管理獎的評審標準是在借鑑國外的質量獎特別是美國波多里奇獎的基礎上，充分考慮中國質量管理的實踐后建立起來的。考慮到國家質量獎表彰的只是少數企業，為引導大多數企業追求卓越績效，提高管理水平，增強競爭優勢，在建立新的質量獎勵制度的同時，由國家質量監督檢驗檢疫總局和國家標準化管理委員會

於 2004 年 8 月 30 日又發布了 GB/T 19580《卓越績效評價準則》國家標準和 GB/Z 19579《卓越績效評價準則實施指南》國家標準化指導性技術文件，並且與 2005 年 1 月 1 日開始實施。評價準則為企業追求卓越提供了一個經營模式的總體框架；為企業診斷當前管理水平提供了一個系統的檢查表；也為國家質量獎和各級質量獎的評審提供了是否達到卓越的評價依據。比較中國卓越績效評價準則與美國波多里奇質量獎評價標準可以看出以下不同點：

（1）標準的框架結構相同，都分為 7 個部分，評分總分為 1,000 分。

（2）每部分的結構不盡相同。例如在卓越績效評價標準中第四個類目「資源」，與相應的美國質量獎評價標準第五部分「人力資源的開發與管理」相比，不僅強調了人力資源的作用，還增加了諸如財務資源、基礎設施、信息、技術及相關方關係等其他資源；又如在卓越績效評價標準中第六個類目「測量、分析與改進」，與美國質量獎評價標準相比，增加了「改進」這一評分項。

（3）中國卓越績效評價準則關於各評分項的分值分佈，結合了中國國情與企業的實際情況，在借鑑美國質量獎評價標準的基礎上作了適當調整。例如，對「過程管理」類目調高了分值，反應出中國國內管理實踐中過程控制能力的不足，必須在此方面重視和加強的現實要求。在《卓越績效評價準則實施指南》（GB/Z 19579）的附錄 A 部分，提出了卓越績效評價準則的框架圖。該框架圖以美國波多里奇獎評審標準結構圖為藍本，並參照了 EFQM 卓越經營模式圖的思想，進行了創造性的改進，形象生動地表達出卓越績效評價準則的七個類目之間的邏輯關係。

案例分析

奧康鞋業榮獲第 11 屆全國質量獎

第 11 屆「全國質量獎」評選結果近日揭曉，浙江奧康鞋業股份有限公司、上海三菱電梯有限公司、貴州茅臺酒股份有限公司等 12 家企業上榜。其中奧康是今年唯一一家獲得該獎項的鞋企。

據瞭解，自 2011 年 5 月 16 日提交申報材料後，奧康先後順利通過了資格審查、資料審核、現場評審、工作委員會審議、審定委員會審議等多項環節。而今年與以往最大不同的是申報門檻過高，並且增加了審定委員會審議環節中企業現場答辯內容。據原中國質量協會會長陳邦柱介紹，此舉是為了提高創獎質量和水平。

奧康早在 2001 年 5 月就正式導入「波多里奇卓越績效標準評分系統」，並成立卓越績效推行小組，推行卓越績效模式。在奧康掌門人王振滔看來，該模式已經成為助推企業可持續健康發展的一種核心力量。多年來，奧康在管理、營銷、品牌建設、技術研發、企業文化及信息化等多方面取得了卓越成績，在同行業中率先通過 ISO 9001 國際質量體系認證和 ISO 14001 環保體系認證，先後榮獲浙江省質量獎、全國質量獎提名獎等，今年奧康品牌還被權威機構估值 100.19 億元，榮登中國鞋業品牌第一位。

「全國質量獎」評審委員會認為，奧康十分重視企業文化和品牌建設，不斷創新企業管理模式，體現了與時俱進、敢為人先和超前創新的戰略思想，以「誠信、創新、

人本、和諧」為核心的企業價值觀，為企業文化注入新活力，增強了企業的競爭力。而公司建立的現代化信息管理系統、雄厚的技術研發和生產製造實力，為企業現代化管理和實現戰略目標提供了保障。

資料來源：深圳市卓越質量管理研究院. 質量獎與卓越績效模式在中國的最佳實踐 [M]. 深圳：海天出版社，2012.

思考題：

奧康鞋業為什麼能夠獲得國家質量獎？

本章習題

1. 簡述卓越績效模式的產生背景。
2. 談談你對卓越績效模式框架的理解。
3. 簡述對卓越績效模式的基本理解。
4. 簡述卓越績效模式的特點。
5. 簡述卓越績效模式的核心價值觀。

第十一章　環境質量管理

　　生產力的發展給人類帶來了日益豐富的物質生活，同時與之相伴的是環境問題的出現並逐步惡化的趨勢。隨著經濟的高度增長，環境問題已迫切地擺在我們面前，它嚴重地威脅人類社會的健康生存和可持續發展，並且日益受到全社會的普遍關注。國際競爭的需要，國家政策的要求，社會公眾的期望，使各種類型的組織部越來越重視自己的環境表現（行為）和環境形象，並希望以一套系統化的方法規範其環境管理活動，滿足法律的要求和它們自身的環境方針，求得生存和發展。

第一節　環境與環境管理

一、人類面臨的環境問題

　　地球上自從有了人類，就面臨生存與發展的問題。人類在向自然界索取資源創造物質文明和構築新的生活方式的同時，又在不經意中影響並改變著我們的生存環境。在遠古時代，人類與自然是和諧的，人類的生存充分依賴於大自然的恩賜。隨著人類社會的發展，人們生存能力的增強，人類開始抵禦自然的危害，進而發展到控制自然和改造自然。到了現代社會，人類特有的聰明才智在改造自然的過程中得到充分的施展，使人類的生活條件、經濟發展、社會進步得到了根本性的改變。然而所有這些成就的取得，在很大程度上依賴於對自然資源的消耗與對自然環境的利用。人類對未來前景不斷追求，陶醉在自己創造的偉大文明中，卻不知不覺地對人類賴以生存的環境造成了許多破壞和污染，而且隨著人類社會工業的飛速發展，對自然和環境的破壞和污染日趨嚴重。

　　人類社會發展到今天，環境問題也經歷了一個從輕到重，從局部到區域再到全球的發展過程。

（一）生態環境的早期破壞

　　人類從初期的完全依賴大自然的恩賜逐步轉變到自覺地利用土地、生物、陸地水體和海洋等自然資源，由於人類社會需要更多的資源來擴大物質生產規模，便開始出現燒荒、墾荒、興修水利工程等改造活動，引起嚴重的水土流失、土壤鹽漬化或沼澤化等問題。但此時的人類還意識不到這樣做的長遠后果，一些地區因而發生了嚴重的環境問題，主要是生態退化。但總地說來，這一階段的人類活動對環境的影響還是局部的，沒有達到影響整個生物圈的程度。

(二) 近代城市環境問題

18世紀后期歐洲的一系列發明和技術革新大大提高了人類社會的生產力，人類開始插上技術的翅膀，以空前的規模和速度開採和消耗能源和其他自然資源。這一階段的環境問題跟工業和城市同步發展。先是由於人口和工業密集，燃煤量和燃油量劇增，發達國家的城市飽受空氣污染之苦，後來這些國家的城市周圍又出現日益嚴重的水污染和垃圾污染，工業「三廢」、汽車尾氣更是加劇了這些污染公害的程度。震驚世界的八大公害事件也多發生在這時期。在20世紀六七十年代，發達國家普遍花大力氣對這些城市環境問題進行治理，並把污染嚴重的工業搬到發展中國家，較好地解決了國內的環境污染問題。隨著發達國家環境狀況的改善，發展中國家却開始步發達國家的后塵，重走工業化和城市化的老路，城市環境問題有過之而無不及，同時伴隨著嚴重的生態破壞。

(三) 當代環境問題

20世紀80年代，從1984年英國科學家發現、1985年美國科學家證實南極上空出現的「臭氧洞」開始，人類環境問題發展到當代環境問題階段。這一階段環境問題的特徵是，在全球範圍內出現了不利於人類生存和發展的徵兆，目前這些徵兆集中在酸雨、臭氧層破壞和全球變暖三大全球性大氣環境問題上。與此同時，發展中國家城市環境問題和生態破壞、一些國家的貧困化愈演愈烈，水資源短缺在全球範圍內普遍發生，其他資源（包括能源）也相繼出現將要耗竭的信號。這一切表明，生物圈這一生命支持系統對人類社會的支撐已接近它的極限。

二、生存環境現狀

(一) 生態破壞和環境污染

當前全球範圍內生態破壞的主要表現是：森林面積縮小、土壤侵蝕和土壤退化、生物物種消失，以及由於環境污染引起的種種生態環境問題。根據聯合國糧農組織和環境規劃署的統計，全球每年約有1,110萬公頃的森林被毀。伴隨著森林的砍伐，土地沙漠化和土壤侵蝕現象日趨嚴重，目前全球沙漠化面積已達40億公頃，全球每年因沙漠化損失600多萬公頃土地。全世界有30%~80%的灌溉土地不同程度地受到鹽鹼化和水澇災害的危害，由於侵蝕而流失的土壤每年高達240億噸。由於過度放牧和不適當的開墾，引起草場退化，發生土壤萎蝕、土壤鹽漬化和沼澤化，並進一步荒漠化，也嚴重損害草原動物的生存。目前地球上每天至少有一種物種滅絕，世界上瀕臨滅絕的物種越來越多，給生物圈和人類造成了無法彌補的損失。

目前在全球範圍內都不同程度地出現了環境污染問題，具有全球影響的方面有大氣環境污染、海洋污染、城市環境問題等。

(二) 全球性大氣環境問題

近百年來，全球的平均地面氣溫呈明呈上升趨勢，引起溫室氣體增加的主要原因是人類的活動。以二氧化碳為例，由於人口的劇增和工業化的發展，人類社會消耗的

化石燃料急遽增加，燃燒產生的二氧化碳使大氣中的二氧化碳濃度增加。

處於同溫層的臭氧，除同其他氣體共同產生溫室效應外，它的主要作用是阻止過量的紫外線直接到達地表，紫外線輻射強度的增高會導致皮膚癌、白內障等發生率增高，大氣臭氧的損耗直接關係到生物圈的安危和人類的生存。

20世紀50年代后期，酸雨首先在歐洲被察覺。進入20世紀80年代以后酸雨發生的頻率增高，危害加大，並打破國界擴展到世界範圍，歐洲、北美和東亞已成為世界上酸雨危害嚴重的區域。酸雨腐蝕材料、損害森林，破壞水生和陸生生態環境，並造成農作物減產。

(三) 其他全球性的環境問題

全球性的環境問題較為突出的有能源和資源問題、海洋污染問題、危險廢物越境轉移問題、城市環境問題、水資源危機、生物多樣性喪失等。

一些無法取代的資源受到破壞或陷於枯竭。現代社會大量消耗的能源，主要是無法再生石化燃料資源。科學家推測：全世界石油可開採時間是45年，天然氣可開採時間是56年。鈾等核燃料可開採時間是68年，煤炭的可開採時間是328年，不可再生的資源煤、石油等已瀕臨枯竭。天然礦產資源形勢也不容樂觀，鐵礦石可開採時間為232年，生產金屬鋁的原鐵釩鐵石可開採233年，這就是說，人類坐吃山空只需200多年——僅是人類歷史上短暫的一瞬。

氣候變異和植被破壞造成旱情瀕發，江河湖泊被嚴重污染，水資源被大量破壞。世界上約有15億人口沒有可靠的飲用水源。經預測，到2025年約有30億人缺水，水資源的短缺和污染已經成為社會經濟發展的嚴重制約因素。

全球水體污染物最終的接納處是海洋，每年有幾十億噸污染廢物通過河流、大氣或直接流入海洋，引起近海赤潮的發生，使魚類大量死亡。沿海的開發也嚴重毀壞了海洋生物的生存環境。

預計到2050年世界人口將增至100億，農業生產必須增加3倍才能提供足夠的糧食，然而，全世界凡能開墾的土地目前差不多已開墾殆盡，而工業和城市還在拼命向農業爭地。由於地球生態環境的日益惡化，造成生物物種加速滅種，如果保守地假定全世界有物種1,000多萬種，目前正以每年2.7萬種的速度滅絕，那麼到2040年大約將有70萬個物種消失。生物物種是地球上寶貴的資源，每個物種都是經數千萬年進化而來的，一旦滅絕，人類將可能永遠失去寶貴的農業資源和抗御滅絕性疾病的藥品來源。

三、環境管理刻不容緩

(一) 環境管理的概念

環境（Environment）總是相對於某一中心事物而言的。環境因中心事物的不同而不同，隨中心事物的變化而變化。我們通常所稱的環境是指人類的環境。《中華人民共和國環境保護法》從法學的角度對環境概念進行了闡述：「本法所稱環境是指影響人類生存和發展的各種天然的和經過人工改造的自然因素的總體，包括大氣、水、海洋、土地、礦藏、蘆原、野生生物、自然古跡、人文遺跡、風景名勝區、自然保護區、城

市和鄉村等。」

環境問題產生的根源一方面是人類對自然資源的過度開發及不合理的利用，另一方面是人類在生產和生活中產生的廢棄物及余能所造成的日積月累的環境污染。因此環境問題既有人類文明發展的必然性，更有其技術進步及社會制度等問題。因此環境問題需要綜合管理，環境管理是一項系統工程。

環境管理通常的定義：「指依據國家的環境政策，環境法律、法規，從綜合決策入手，運用各種有效手段調控人類的各種行為，協調經濟、社會發展同環境保護之間的關係，限制人類損害環境質量的活動。」其管理手段包括法律、行政、技術和教育等。

環境管理的目的——維護環境秩序和安全。

環境管理的重點——針對次生環境而言的一種管理活動，注意解決人類活動所造成的各種環境問題。

環境管理的核心——是對人的管理。

環境管理的內容——對決策行為、經濟行為、消費行為的管理；環境管理是國家管理的重要組成部分。

(二) 世界環境日

由於生存環境的日益惡化，經濟發展和生活水平的提高將遭受到嚴重的影響，人類在為今日煩惱，也在為明天擔憂，環境保護、環境和發展等問題終於引起了廣大有識之士和各國政府的高度重視。1972 年 6 月 5 日，聯合國在斯德哥爾摩召開了第一次人類環境會議，通過了《人類環境宣言》，明確指出「為當代和將來世世代代，保護和改善人類環境，已經是人類的一個緊迫的目標」，並決定今后每年的 6 月 5 日為世界環境日。世界環境日的確立反應了世界各國人民對環境問題的認識和態度，表達了我們人類對好環境的向往和追求。聯合國環境規劃署在每年的年初公布當年的世界環境日主題，並在每年的世界環境日發表環境狀況的年度報告書。

2010 年上海世博會，正值國際社會關注全球氣候變化、低碳理念逐步深入人心的時刻，上海世博會以實際行動踐行這一低碳理念。2010 年上海世博會的主題是「城市，讓生活更美好」。每屆世界博覽會都是展現人類文明與科技進步的一場盛宴，上海世博強調節能減碳、綠色環保，相關的環保科技被多角度、多方位地展現及應用在本屆世博會上。為城市更美好的未來共同努力，中國需要低碳，需要可持續發展，世界也需要低碳，需要人與自然和諧共處。在低碳理念與實踐的交流中，我們才能擁有前所未有的發展動力。

第二節　可持續發展與中國環境保護管理體制

一、可持續發展的概念

(一) 可持續發展的定義

人類在向自然界索取、創造富裕生活的同時，不能以犧牲人類自身生存環境作為

代價。為了人類自身，為了子孫后代的生存，通過許許多多的曲折和磨難，人類終於從環境與發展相對立的觀念中醒悟過來，認識到兩者協調統一的可能性，終於認識到「只有一個地球」，人類必須愛護地球，共同關心和解決全球性的環境問題，並開創了一條人類通向未的新的發展之路——可持續發展之路。

1987年4月27日，世界環境與發展委員會發表了一份題為《我們共同的未來》的報告，提出了「可持續發展」的戰略思想，確定了「可持續發展」的概念，就是「既滿足當代人的需要，又不對后代人滿足其需要的能力構成危害的發展」。

(二) 可持續發展的基本思路

可持續發展是經濟增長、社會公平、環境保護三者並舉的過程，是以人為本的可持續經濟、可持續社會、可持續生態三方面的協調發展。因此，可持續發展包括下列主要思想。

(1) 可持續發展並不因環境保護而反對經濟增長。可持續發展鼓勵經濟增長，但更重視經濟增長的質量。可持續發展要求實行可持續發展的生產和消費模式，即實施清潔生產和文明消費，提高經濟活動的效率和效益，節約資源、減少廢物，實現經濟建設和環境建設的全面進步。

(2) 可持續發展要求經濟建設和社會發展有利於改善而不是激化人與自然的矛盾。發展的同時保護和改善環境質量，保證以可持續的方式使用自然資源，使人類社會的發展能夠在良好的支撐基礎上進行。

(3) 可持續發展以提高和改善生活質量為目的，使人類的生活質量不斷改善，健康水平不斷提高，創造一個使人人都享有平等、自由、教育、人權和安全的社會環境。

(4) 可持續發展面臨的壓力和挑戰，既有自然資源和生態環境方面的因素，更有社會行為和體制建設方面的因素。因此，必須從規範社會行為和加強體制建設入手，對環境問題既抓末端治理，更抓源頭預防，逐步扭轉自然資源和生態環境方面的不利條件，達到人和自然可持續發展的目標。

(三) 可持續發展的基本原則

《我們共同的未來》報告提出了可持續發展需要堅持的三個基本原則。

(1) 公平性（Fairness）原則。公平性原則的涵義包括：本代人之間的公平，即要滿足全體人民的基本需求和給全體人民以滿足他們要求較好生活的願望；代際間的公平，即本代人不能因為自己的發展與需求而損害子孫公平利用自然資源和環境的權力；公平分配有限資源，即認為目前存在的貧富懸殊、兩極分化的世界也是不可持續的。

(2) 持續性（Sustainability）原則。人類需求和願望的滿足要以人類賴以生存的物質基礎為限度，社會經濟發展不能超過自然資源和生態環境的承載力，否則，將破壞人類生存的物質基礎，發展就不可能長期持續.。

(3) 共同性（commom）原則。由於國情和發展水平的差異，可持續發展的具體目標、政策和實施步驟可以是多樣的。但是，可持續發展作為全人類共同發展的總目標，所強調的公平性和持續性原則應該是共同遵守的。因此，必須建立起全球範圍的合作夥伴關係。

二、中國環境保護管理體制

由於種種原因，中國的環境保護管理，長期沒有得到應有的重視，1973年第一次全國環境保護會議后，中國的環境管理才開始形成和逐步發展。開始是以污染治理為重點，后逐漸轉到以監督管理為中心。在1983年第二次全國環境保護會議上，提出了環境管理作為環境保護的中心環節，在第六個五年計劃實施期間環境管理逐步走向成熟。1989年全國人大常委會頒發了《中華人民共和國環境保護法》，特別是在污染源控制、管理領域、管理方式上的轉變，使中國環境管理上了一個臺階。1995年中共十四屆五中全會提出科教興國和可持續發展戰略，「九五」期間頒發了《國務院關於環境保護若干問題的決定》。

中國2010年遠景目標中對於環境管理作了明確規定，中國的環境管理進入了全面實施《中國環境保護21世紀議程》的新階段。

（一）中國環境管理組織系統

1972年人類環境會議后，國家計劃委員會牽頭成立了國務院環境保護領導小組籌備辦公室，1974年12月國務院環境保護領導小組正式成立各級地方政府比照中央政府的模式，也相繼設立了地方環境保護機構。經過近30年的發展和完善，中國已形成以國家、省、市、縣、鄉五級環保行政管理機構為主體，以各行業和部門管理機構為輔的環境管理組織機構體系。國環境管理組織系統如圖11-1所示。

（二）中國的環境管理制度

國的環境政策基礎是三大體系：預防為主、防治結合；誰污染誰治理；強化環境管理。中國的環境管理制度框架包括八項基本制度。

(1)「三同時」制度，就是環境保護法規定的「建設項目中預防污染的設施，必須與主體工程同時設計，同時施工，同時投產使用」。

(2) 環境影響評價制度，適用於對環境有影響的生產性、非生產性的開發項目。

(3) 誰污染誰治理及排污收費制度。

(4) 環境保護目標責任制。

(5) 城市環境綜合整治定量考核，從1989年1月1日起國家直接考核的是背景燈32個重點城市，242個省（自治區）級考核城市。定量考核5個方面（大氣環境保護、水環境保護、噪聲控制、固定廢棄物處理、城市綠化），共計20項指標。

(6) 污染集中控制。

(7) 排污申報登記與排污許可證制度。

(8) 限期治理污染制度。

（三）中國的環境法律、法規、標準

環境保護法是國家整個法律體系的重要組成部分，還具有自身一套比較完整的體系。1993年第八屆全國人民代表大會在其常務委員會增設了環境和資源保護委員會，主要從事環境法律的制定和監督實施，這極大地推動了中國環境保護法制化的進程。

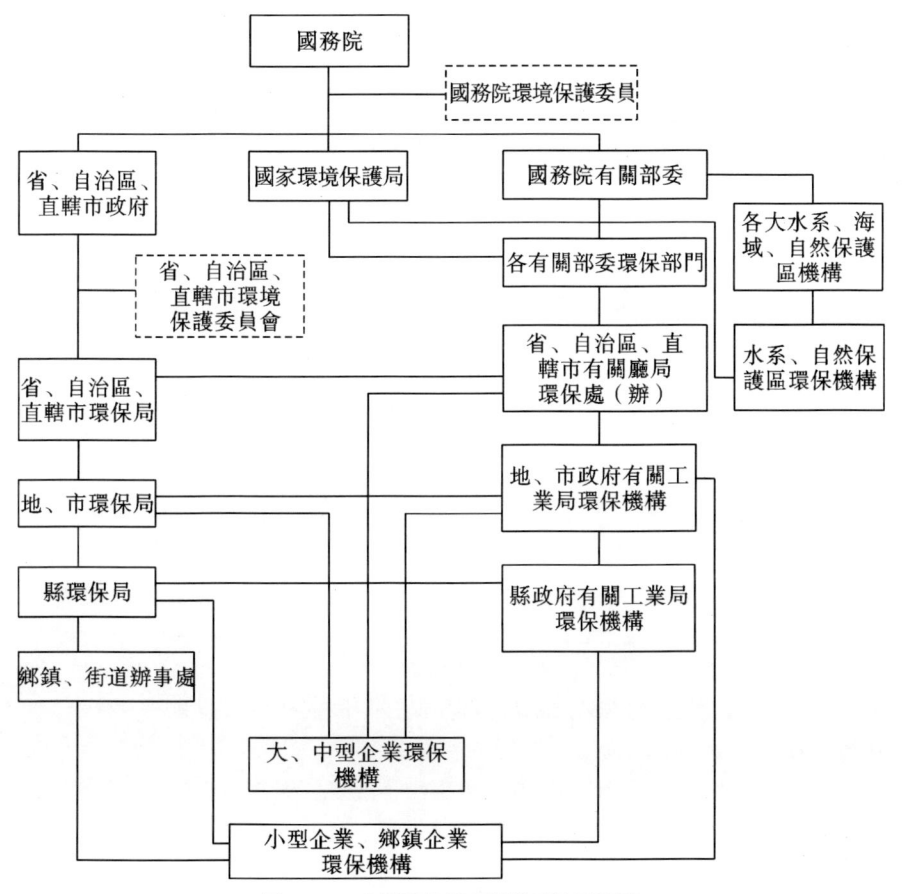

圖 11-1　中國環境管理組織系統示意圖

中國環境保護法規體系如圖 11-2 所示。環境保護法是保護人民健康、促進經濟發展的法律武器；是推動中國環境法制建設的動力；是提高廣大幹部、群眾環境意識和環保法制觀念的好教材；是維護中國環境權益的有效工具；是促進環境保護的國際交流與合作，開展國際環境保護活動的好手段。

中國的環境保護法（環保法）包括五個子系統：

（1）環境保護法律，由憲法、環境保護基本法和環境保護單位法組成。

（2）環境保護行政法規與規章。

（3）地方環境法規和規章。

（4）環境標準。環境質量標準、污染物排放標準、環境基礎標準、環境方法標準四類。目前，國家標準已經超過 300 項。

（5）中國加入並簽署的國際環境保護條約。目前，中國已加入並簽署的有關環境保護國際條約已經超過 20 項。

環境保護法除了具有法律的一般特徵外，還有以下特點：

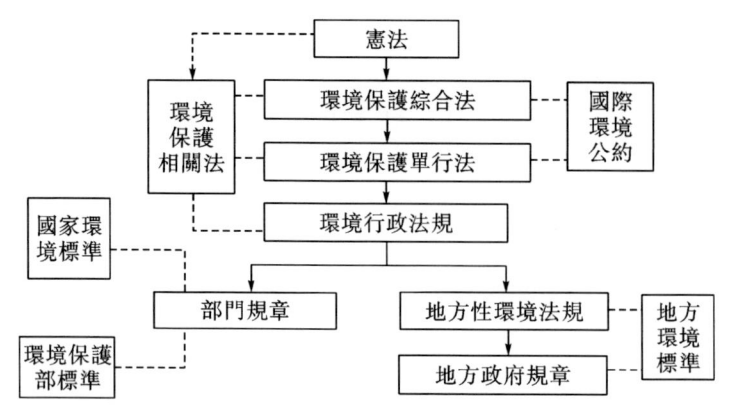

圖 11-2　中國環境保護法規體系圖

（1）科學性環保法是以科學的生態規律與經濟規律為依據，它的體系原則、法律規範、管理制度都是從環境科學的成果和技術規範中總結出來的。

（2）綜合性。環保法所調整的社會關係相當複雜，涉及面廣，綜合性強，既有基本法，又有單行法；既有實體法，又有程序法；而且涉及行政法、經濟法、勞動法、民法、刑法等有關內容。

（3）區域性。中國是一個大國，區域差別很大，因此，中國的環境保護法具有區域性特點。各省市可以根據本地區的特點制定不同的地方法規和地方標準，體現地區間的差異。

（4）獎勵與懲罰相結合。中國的環保法不僅要對違法者給予懲罰，而且還要對保護資源、環境有功者給與獎勵，做到賞罰分明。這是中國環保法區別於其他國家法律的一大特點。

第三節　環境質量管理

1992 年聯合國環境與發展大會提出了「可持續發展」戰略，揭示了人類文明的新篇章，引起了人類社會各領域、各層次的深刻變革。ISO 14000 系列標準的出抬是對可持續發展的積極回應，其目的是以「污染防治、持續改進」為指導思想，強化環境管理，保護當代人乃至今后人類賴以生存的環境。ISO 14000 系列標準的提出，是全球環境保護發展的必然趨勢。

一、ISO 14000 環境管理標準的產生與發展

自 20 世紀 60 年代以來，人類生存環境的不斷惡化，引起了人們的高度關注，環境保護意識在全世界範圍內日益深刻，保護人類共同家園已成為全人類的共識。

1972 年 6 月 5 日，聯合國在斯德哥爾摩召開了第一次環境大會，通過了《人類環境宣言》和《人類環境行動計劃》，成立了聯合國環境規劃署（UNEP），並規定 6 月 5

日為「世界環境日」。聯合國的這次會議引導世界許多國家開始制定環境法規，並按法規治理環境、管理環境。如工業發達且污染嚴重的日本、歐洲、北美洲等國家都制定了許多法律法規，並按法律法規進行管理，這在某些方面對改善環境起到了一定的控製作用。

1983 年，聯合國大會和聯合國規劃署授命布倫特蘭夫人組建了「世界環境與發展委員會」。該委員會在保護環境方面做了許多宣傳和呼籲，1987 年在日本東京召開的會議上通過了《我們共同的未來》的報告。該報告主張「在不危及后代人滿足其環境資源要求的前提下，尋找滿足我們當代人需要的、確保人類社會平等持續發展的途徑」。

1992 年 6 月，聯合國在巴西里約熱內盧召開廠環境與發展大會，這次會議受到了世界許多國家的重視，與會者中有 102 位是國家元首或政府要員，國際標準化組織（ISO）和國際電工委員會（IEC）也直接參與了大會。這次大會通過了 5 個環境方面的重要文件，即《里約內盧環境與發展宣言》《21 世紀議程》《聯合同氣候框架公約》《生物多樣性公約》《森林聲明》。其中《21 世紀議程》是綱領性文件，該文件正式提出了「可持續發展戰略」是人類發展的總目標，並定義「可持續性發展」的含義是「既滿足當代人的需要，又不對后代人滿足其需要的能力構成危害的發展」。文件中還公布了實施「可持續發展戰略」的國際合作與交流中涉及與環境有關問題的 27 條原則。

聯合國對全球性的環境問題所採取的對策與行動均標誌著國際社會正在努力協調人類發展與環境保護間的關係，朝著「可持續發展戰略」的方向發展。環保工程不僅包括環境保護技術，也包括環境管理技術。在國際社會對環境問題的高度關注下，包括綠色消費之風形成的市場壓力，迫使歐美國家的許多企業主動進行環境管理，改善環境績效。一些知名企業還請仲介組織對其環境績效進行評價，以此樹立良好的企業形象。到 20 世紀 80 年代末，在環境管理上已有不少經驗可以借鑑。

1989 年，英國標準化協會（BSI）根據英國的特點，按照英國質量管理標準（BS5750）制定環境管理體系標準，1992 年正式發布了 BS7750 環境管理體系標準。標準頒布后，英國標準化協會動員 230 個組織試用該標準，在總結試點經驗的基礎上，1994 年，英國標準化協會對 BS7750 標準進行了修訂。

BS7750 標準在英國得到了較好的實施的情況下，歐共體也開始做環境管理方面的工作。1993 年 6 月，歐共體理事會公布了《關於工業食業自願參加環境管理與環境審核聯合體系條例》（EEC 1836/93），簡稱「生態管理與審核制度（EMAS）」，環境管理體系要求的內容與 BS7750 標準相近。與此同時，世界其他國家也以不同的方式制定環境管理模式，如加拿大制定了環境管理、審核、標誌、設計、風險評定及採購標準。總之，在 20 世紀 80 年代末和 20 世紀 90 年代初，世界許多國家都迫切需要優秀的環境管理模式，這直接導致國際標準化組織（ISO）組建制定環境管理標準的技術委員會。

1990 年，ISO/IEC（同際電工委員會）在《展望未來——高新技術對標準化要求》一書中提出「環境與安全問題（SAGE）是目前標準化」作最緊迫的課題之一。1992 年，ISO/IEC 成立了「環境問題特別諮詢組」，專門關注世界環境問題。該組織在經過了一年多的調查，分析研究大量環境管理經驗方面資料的基礎上，向 ISO 技術委員會

提出應該制定一個與質量管理標準類似的環境管理標準，以加強組織改善和評價環境績效的能力。SAGE 不僅建議國際標準化組織成立專門的環境管理標準化技術委員會，還對制定環境管理標準提出三條原則性建議：①標準的基本方法應與 ISO 9000 系列標準相似；②標準應簡單，普遍適用，環境績效應是可驗證的；③應避免形成貿易壁壘。

1993 年 6 月，國際標準化組織正式成立了 ISO/TC207 環境管理技術委員會，開展了環境管理的國際標準制定工作。1996 年首次正式發布了與環境管理體系及環境審核有關的 5 個標準，即 ISO 14000 環境管理系列標準的部分標準，ISO 14000 是環境管理系列標準的總代號。ISO 中央秘書處給 ISO 14000 系列標準預留了 100 個標準號。ISO 14001：1996 標準是唯一能用於第三方認證的標準，並在實踐中得到了很好的應用，2004 年，國際標準化組織為了使該標準既具有可獨立的使用性，又具有與其他管理體系（主要指 ISO 9001 質量管理體系）的兼容一致性，對 1996 版的標準作了修訂，發布了 ISO 14001：2004 標準。

1990 年，國際標準化組織和國際電工委員會出版了《展望未來——高新技術對標準的需要》一書，其中「環境與安全」問題被認為是目前標準化工作最緊迫的四個課題之一。1992 年 6 月，在聯合國環境與發展大會上，一百多個國家就長遠發展的需要，一致通過了關於國際環境管理綱要，環境保護與持續發展已成為各國環境的重要課題。1992ISO/IEC 成立了「環境問題特別諮詢組（ISO/SAGE）」，同年 12 月，SAGE 向 ISO 技術委員會建議：制定一個與質量管理體系方法相類似的環境管理體系方法，幫助企業改善環境行為，並消除貿易壁壘，促進貿易發展。ISO 14000 被稱為是 ISO 繼成功地推出了 ISO 9000 之後的又一貢獻。ISO 14000 系列標準的影響和作用將會超過 ISO 9000 而被載入史冊。

二、ISO 14000 系列標準簡介

凡是 ISO/TC 207 環境管理技術委員會制定的所有國際標準稱為 ISO 14000 系列或 ISO 14000 族標準。ISO 中央秘書處為 TC207 預留了 100 個標準號，即標準編號為 ISO 14001~ISO 14100 共 101 個編號，統稱為 ISO 14000 系列標準。根據 ISO/TC 207 的分工，各技術委員會負責相應標準的制定工作，其標準號分配如表 11-1 所示。中國 1995 年 1 月成立了全國環境管理標準化技術委員會（SAC/TC207），其主要任務是負責與 ISO/ TC 207 的聯絡、跟蹤、研究 ISO 14000 系列標準，結合國內情況適時地把 ISO 14000 系列標準轉化為中國國家標準並組織實施。

表 11-1　　　　　　ISO/TC 207 各分技術委員會標準編號分配

分技術委員會	任務	標準號
SC1	環境管理體系（EMS）	14,001~14,009
SC2	環境審核和調查（EA）	14,010~14,019
SC3	環境標誌和聲明（EL）	14,020~14,029
SC4	環境績效評價（EPE）	14,030~14,039

表11-1（續）

分技術委員會	任務	標準號
SC5	生命週期評估（LCA）	14,040~14,049
	術語協調組（TCG）	14,050~14,059
	備註	14,060~14,100

ISO 14000 系列標準是繼 ISO 9000 系列標準之后推出的又一個管理標準體系（或稱戰略標準體系）。ISO 14000 系列標準是對近年來常用的環境管理技術的總結與提高。這些環境管理技術是近半個世紀以來人們反省工業與社會發展的結果，是人們為了保護環境，實現可持續發展所開發的最新管理工具。

ISO 14000 作為一個多標準組合系統，按標準性質分為三類。

第一類：基礎標準——術語標準。

第二類：基本標準——環境管理體系、規範、原理、應用指南。

第三類：支持技術類標準（工具），包括以下幾種：

（1）環境審核；

（2）環境標誌；

（3）環境行為評價；

（4）生命週期評估。

如按標準的功能，可以分為兩類。

第一類：評價組織

（1）環境管理體系。

（2）環境行為評價。

（3）環境審核。

第二類：評價產品

（1）生命週期評估。

（2）環境標誌。

（3）產品標準中的環境指標。

ISO/TC Z07 成立以來，已制定發布的國際標準（包括已廢止的三項）及中國政府已轉化情況如表 11-2 所示。

表 11-2　　　　　　已正式頒布的 ISO 14000 系列標準

序號	標準序列號	頒布日期	標準名稱
1	ISO 14001：2004 GB/T 24001-2004	2004.11.15 2005.05.10	環境管理體系　要求及使用指南
2	ISO 14004：2004 GB/T 24004—2004	2004.11.15 2005.05.10	環境管理體系　原則、體系和支持技術通用指南
3	ISO 19001：2002 GB/T 19001—2003	2002.10.03 2003.05.23	質量和（或）環境管理體系審核指南

表11-2(續)

序號	標準序列號	頒布日期	標準名稱
4	ISO 14015：2001 GB/T 24015—2002	2001.11.15 2003.08.09	環境管理　現場和組織的環境評價（EASO）
5	ISO 14020：1998 GB/T 24020—2000	1998.08.01 2000.09	環境管理　環境標誌和聲明　通用原則
6	ISO 14021：1999 GB/T 24021—2001	1999.04.15 2001.01.01	環境管理　環境標誌和聲明　自我環境聲明（Ⅱ型環境標誌）
7	ISO 14024：1999 GB/T 24024—2001	1999.04.01 2001.08.01	環境管理　環境標誌和聲明　Ⅰ型環境標誌　原則和程序
8	ISO 14025：2006 GB/T 24025—2009	2006.06.15 2009.07.10	環境管理　Ⅲ型環境標誌和聲明　環境原則和程序
9	ISO 14031：1999 GB/T 24031—2001	1999.11.15 2001.02.28	環境管理　環境表現評價　指南
10	ISO 14040：2006 GB/T 24040—2006	2006.07.01 2006.11.01	環境管理　生命週期評價　原則和框架
11	ISO 14041：1998 GB/T 24041—2000	1998.10.01 2001.02.21	環境管理　生命週期評價　目的與範圍的確定和清單分析
12	ISO 14042：2000 GB/T 24042—2000	2000.03.01 2002.07.10	環境管理　生命週期評價　生命週期影響評價
13	ISO 14043：2000 GB/T 24043—2000	2000.03.01 2002.07.10	環境管理　生命週期評價　生命週期解釋
14	ISO 14044：2006 GB/T 24044—2008	2006.01.01 2008.05.26	環境管理　生命週期評價　要求與指南
15	ISO/TR14047：2006	2003.10.13	環境管理　生命週期評價　ISO 14024 應用示例
16	ISO/TR14048：2006	2002.04.01	環境管理　生命週期評價 生命週期評價數據文件格式
17	ISO/TR14049：2006	2000.03.15	環境管理　生命週期評價　ISO 14041 應用示例
18	ISO 14050：2009 GB/T 24050—2004	2009.02 2004.04.30	環境管理 術語
19	ISO/Guide64：2008	2008.08.27	產品標準中對環境因素的考慮指南
20	ISO/TR14061	1998.12.15	ISO 14001/14004 在林業企業中的應用於信息
21	ISO/TR14062 GB/T 24062—2009	2002.11.01 2009.07.10	產品開發中的環境因素（DFE）
22	ISO 14063：2006	2006.08.01	環境信息交流　指南與示例

表11-2(續)

序號	標準序列號	頒布日期	標準名稱
23	ISO 14064—Ⅰ：2006	2006.03.01	溫室氣體　第1部分：組織溫室氣體排放和削減的量化、監測和報告規範
24	ISO 14064—2：2006	2006.03.01	溫室氣體　第2部分：組織溫室氣體排放和削減的量化、監測和報告規範
25	ISO 14064—3：2006	2006.03.01	溫室氣體　第3部分：組織溫室氣體排放和削減的量化、監測和報告規範
26	ISO 14065：2007	2007.04.15	溫室氣體　對認可機構或其他評定機構的要求及指南
27	ISO 14066：2011	2011.04.15	溫室氣體　溫室氣體檢驗組和確認組的能力要求

三、環境管理體系、規範及使用指南

(一) 環境管理的常用術語

GB/T 24001（ISO 14001，IDT）《環境管理體系、規範及使用指南》是 ISO 14000 系列標準中最重要的並且是唯一的用於體系認證的標準。環境管理體系是組織管理體系的一部分，用來制定和實施環境方針，對其產品、服務和活動中的環境因素進行管理。GB/T 24001 是在對各種環境管理體系運行模式進行分析總結的基礎上，提取其中合理的、有共性的內容而設計的。下面介紹有關環境管理的常用術語。

（1）環境（Environment）　在 GB/T 24001（1SO 14001，IDT）中被定義為：「組織運行活動的外部存在，包括空氣、水、土地、自然資源、植物、動物、人，以及它們之間的相互關係。」

定義中的「外部存在」，可以「從組織內延伸到全球系統」這個人類賴以生存的大環境。這就把對環境的理解和重視推向了一個前所未有的廣度和深度。因此「環境」是指與人類密切相關的影響人類生活和生產活動的各種自然力量或作用的總和，它不僅包括各種自然要素的結合，還包括人類與自然要素間相互形成的各種生態關係的組合。環境功能主要表現在兩個方面：一方面，它既是人類生存與發展的終極物質來源；另一方面，它又承著人類活動所產生的廢棄物和各種作用的結果。

（2）環境因素（Environmental Aspect）　在 GB/T 24001（ISO 14001，IDT）中被定義為：「一個組織的活動、產品或服務中能與環境發生相互作用的要素。」

定義中的「活動」是針對環境而言的將輸入轉化為輸出的一種過程。所有的環境因素都存在於活動、產品和服務中。環境影響是環境因素的結果，組織的活動、產品或服務中存在的某些環境因素對環境已造成或可能造成重大環境影響，這樣的環境因素稱為重要環境因素，組織在建立環境目標時，應優先對這些重要環境因素予以考慮。

(3) 環境影響（Environmental Impact） 在（GB/T 24001-ISO GB/T 24001-ISO 14001）中被定義為「全部或部分地由組織的環境因素給環境造成的任何有害或有益的變化。」

環境影響是由於環境因素產生的，它們之間存在因果關係。環境影響包括有害的，也包括有益的，而標準主要是針對有害的環境影響

(4) 環境績效（Environmental Performance） 在 GB/T 24001-1SO 14001 中被定義為：「組織對其環境因素進行管理所取得的可測量結果。」

環境績效就是組織對環境進行管理的結果。「可測量」不局限於用儀器設備測量出來的數值，要能與設定的評價準則進行對照考核即可。

(5) 環境管理體系（Environmental Management Wystem） 在 GB/T 24001-ISO 14001 中被定義為：「組織管理體系的一部分，用來制定和實施其環境方針，並管理其環境因素。」組織的管理涉及了許多方面的內容，包括質量管理、職業健康安全管理、風險管理、財務管理等。環境管理體系是一個組織全部管理體系的一個組成部分。管理體系是用來建立方針和目標，並進而實現這些目標的一系列相互關聯的要素的集合。

(6) 環境方針（Environmental Policy） 在 GB/T 24001-1SO 14001 中被定義為：「由最高管理者就組織的環境績效正式表述的總體意圖和方向。」環境方針為採取措施，以及建立環境目標和環境指標提供了一個框架。

環境方針是組織環境管理的基本承諾，也是組織全部環境管理活動的主導。環境方針是組織總體經營方針的一個非常重要的組成部分，它與組織的總方針以及並行的其他方針（如質量、職業健康安全等）應協調。

(7) 環境目標（Environmental Objective） 在 GB/T 24001-ISO 14001 中被定義為「組織依據其環境方針規定自己所要實現的總體目的。」環境目標是環境方針的具體化。

(8) 環境指標（Environmental Target） 在 GB/T 24001-1SO 14001 中被定義為：「由環境目標產生，或為實現環境目標所須規定並滿足的具體績效要求，它們可適用於整個組織或局部。」環境指標是組織直接要實現的環境績效。一般說來環境指標是環境目標的細化。

(9) 環境管理體系審核（Environmental Management System Audit） 在 GB/T 24001-SO 14001 中被定義為：「客觀地獲取審核證據並予以評價，以判斷組織的環境管理體系是否符合所規定的環境管理體系審核標準的一個以文件支持的系統化驗證過程，包括將這一過程的結果呈報管理。」

環境管理體系審核可由組織內部或外部人員來進行，但無論由內部或外部人員進行審核都應該保證其審核的客觀性、公正性和獨立性。

(二) 環境管理體系運行模式

ISO 14000 系列標準自 1996 年陸續正式頒布以來，作為系統管理組織環境風險、消除綠色貿易壁壘最有效的工具，迅速在全球各個國家得到了廣泛的採用和實施。就目前的發展狀況看，其發展趨勢已超過 ISO 9000 族標準的初始階段。

作為國際標準化組織頒布的第二套管理體系標準，在總結了 ISO 9000 標準制定經

驗的基礎上，ISO 14000 標準的制定之初就與 ISO 9000 標準有著較強的兼容性。隨著 2000 年 ISO 9000 標準的換版，本著與 ISO 9000 標準兼容的精神，ISO 14001 標準的修訂工作開始著手進行，並於 2004 年 11 月 15 日頒布了 ISO 14001：2004 新版標準。標準修改之後，總體結構沒有大的變化，但對技術性內容的表達更為準確，語言更加簡潔、嚴謹，並在形式上和 ISO 9001：2000 做到了更好的兼容。

ISO 14001 是 ISO 14000 系列標準的主體標準，它規定了環境管理體系的要求，為 ISO 14000 系列標準中唯一可供認證的標準，它適用於任何類型、規模和處於任何背景條件下的組織。ISO 14001 是 ISO 14000 系列標準中的主體標準，而「環境管理體系」（Environment Management System，簡稱 EMS）又是 ISO 14001 的主題、核心、靈魂和關鍵。它規定了自己獨特的運行模式，明確了體系的要素即環境方針目標、組織結構、策劃、過程、資源、檢查和評審等。因此，任何一個企業或組織只要建立一個適合自己企業特點的環境管理體系（EMS），就能達到標準的要求，實現環境方針和環境目標，並能保證持續發展，最終贏得企業形象、企業信譽、企業市場、企業經濟效益和社會效益。

1. 要素構成

按 ISO 14000 系列標準要求建立的環境管理體系由 5 個一級要素和 17 個二級要素組成，如表 11-3 所示。

表 11-3　　　　　　　　環境管理體系一、二級因素表

	一級要素	二級要素
要素名稱	（一）環境方針	1. 環境方針
	（二）策劃	2. 環境因素 3. 法律法規和其他要求 4. 目標、指標和方案
	（三）實施和運行	5. 資源、作用、職責和權限 6. 能力、培訓和意識 7. 信息交流 8. 文件 9. 文件控制 10. 運行控制 11. 應急準備和回應
	（四）檢查	12. 檢測和測量 13. 合規性評價 14 不符合、糾正措施和預防措施 15. 記錄控制 16. 內部審核
	（五）管理評審	17. 管理評價

2. 運行模式

環境管理體系的運行模式與其他管理的運行模式相似，共同遵守由查理·戴明（Chailes Demiry）提供的管理模式。ISO 14001 環境管理體系（EMS）要素運行過程的

質量管理

典型模式如圖 11-3 所示。

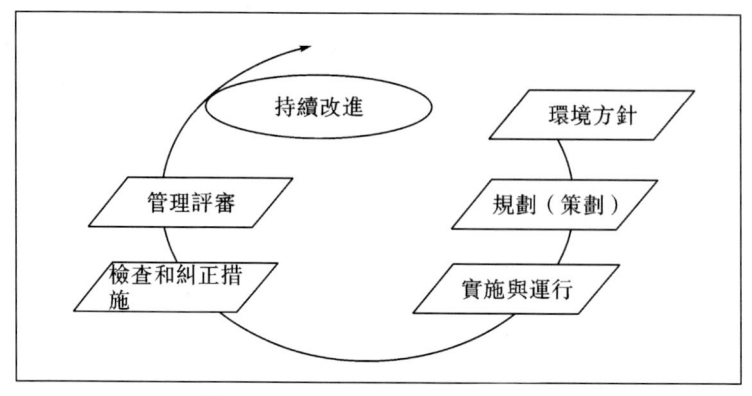

圖 11-3 環境管理體系 (EMS) 模式

它展示了一個周而復始、螺旋上升的動態循環過程，體系按照這一模式運行，在不斷循環中實現持續改進。由查理·戴明提供的規劃（Plan）、實施（Do）、驗證（Check）和改進（Action）運行模式也稱 PDCA 模式，見圖 11-4。概括戴明模型，其核心內容是根據管理學的原理，為組織建立一個動態循環的管理過程框架，以持續改進的思想指導組織系統地實現其既定目標。

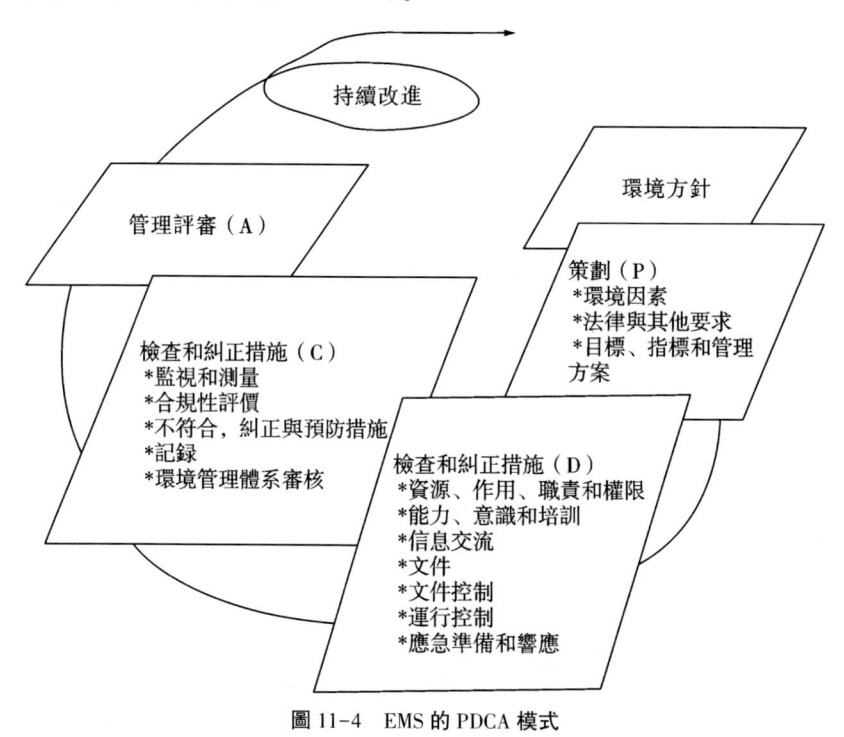

圖 11-4 EMS 的 PDCA 模式

環境管理體系除了遵循 PDCA 模式之外，它還有自身的特點。

250

（1）著重持續改進。
（2）重視污染預防。
（3）強調最高管理者的承諾和責任。
（4）立足於全員意識，全員承諾，全員參與。
（5）系統化、程序化的管理和必要的文件支持。
（6）和其他的管理體系的兼容與協同作用。

3. 環境管理體系（EMS）的作用

隨著可持續發展戰略在全球的實施，環境保護正朝著污染預防的方向發展。這要求組織以主動自覺的方式從其管理職能上推動生命週期的環境管理，將環境保護貫穿滲透到對組織的基本活動過程中，以促進組織環境表現的持續改進。其作用在於幫助組織：

（1）識別和控制其活動、產品或服務中的環境因素、環境影響和風險；
（2）發現有效的解決環境問題的機會；
（3）確定適於組織的環境法律、法規要求；
（4）制定環境方針指導組織的環境管理；
（5）建立處理環境事項的優先順序，以確定環境目標及行動方案；
（6）建立執行程序和支持保障機制，推進環境計劃的實施；
（7）監測環境的環境表現，評價體系的有效性，實施體系的改進。

環境管理體系的建立，將使組織從其管理職能上納入環境保護的要求，促進組織步入自我約束的環境管理軌道。

四、環境管理體系審核及實施

與質量體系審核類型相似，環境管理體系的審核可分為以下三種類型。

1. 第一方審核

為組織內部目的而進行的環境管理體系的審核。審核報告和形式都比第二方或第三方審核簡單。

2. 第二方審核

通常是對供應商或分承包商的環境管理體系審核，由需方組織中能勝任的人員承擔。

3. 第三方審核

通常是以 ISO 14001 標準的認證為目的的。例如，購買者希望由一個獨立組織評價潛在的供應商而不是他自身來進行。第三方審核是由公正的並由權威部門認可的機構來承擔。這種審核和評價要求相當嚴格。

第一方審核通常稱為內部審核，第二方和第三方審核通常稱為外部審核。

環境管理體系審核的審核員要求及具體的審核實施過程與質量管理體系審核基本相同，均應符合 ISO 19011 的規定。

本章習題

1. 簡述人類面臨的環境問題有哪些。
2. 什麼是環境管理？
3. 簡述世界環境日中國對環境管理重視的體現。
4. 簡述可持續發展的定義、基本思路、基本原則。
5. 中國環境管理制度有哪些？
6. ISO 14000 按標準性質分為哪幾類？
7. 環境績效是什麼？
8. 簡述 EMS 的運行模式。
9. 簡述環境管理體系的作用。

國家圖書館出版品預行編目(CIP)資料

質量管理 / 楊小杰, 陳昌華 主編. -- 第一版.
-- 臺北市 : 崧燁文化, 2018.11
　面 ；　公分

ISBN 978-957-681-526-3(平裝)

1.企業管理

494　　107013644

書　名：質量管理
作　者：楊小杰 陳昌華 主編
發行人：黃振庭
出版者：崧燁文化事業有限公司
發行者：崧燁文化事業有限公司
E-mail：sonbookservice@gmail.com
粉絲頁　　　　　　網　址：
地　址：台北市中正區重慶南路一段六十一號八樓815室
8F.-815, No.61, Sec. 1, Chongqing S. Rd., Zhongzheng Dist., Taipei City 100, Taiwan (R.O.C.)
電　話：(02)2370-3310　傳　真：(02) 2370-3210
總經銷：紅螞蟻圖書有限公司
地　址：台北市內湖區舊宗路二段 121 巷 19 號
電　話:02-2795-3656　傳　真:02-2795-4100　網　址：
印　刷：京峯彩色印刷有限公司（京峰數位）

　　本書版權為西南財經大學出版社所有授權崧博出版事業有限公司獨家發行電子書及繁體書繁體版。若有其他相關權利及授權需求請與本公司聯繫。

定價：450 元

發行日期：2018 年 11 月第一版

◎ 本書以POD印製發行